MANIFESTE NÉGAWATT

OUVRAGES DE L'ASSOCIATION NÉGAWATT CHEZ ACTES SUD

Manifeste négaWatt. Réussir la transition énergétique, Actes Sud, 2012.
Changeons d'énergies. Transition, mode d'emploi, Actes Sud, 2013.

ISBN 978-2-330-05631-5

ASSOCIATION NÉGAWATT

THIERRY SALOMON – MARC JEDLICZKA – YVES MARIGNAC

MANIFESTE NÉGAWATT

EN ROUTE POUR LA TRANSITION ÉNERGÉTIQUE !

NOUVELLE ÉDITION 2015

Préface de Stéphane Hessel
Postface d'Amory B. Lovins

BABEL

A Dominique Maigrot, présente à chaque page de ce Manifeste...

Cet ouvrage est le fruit du travail de la Compagnie des négaWatts, le cœur d'une association qui rassemble maintenant plus d'un millier de citoyens et de professionnels du secteur de l'énergie.

Il a été écrit par Marc Jedliczka, un des pionniers en France des énergies renouvelables, et par Thierry Salomon, ingénieur énergéticien, en collaboration avec Yves Marignac, expert indépendant de la sûreté nucléaire.

SOMMAIRE

Avertissement 15

Préface, par Stéphane Hessel.. 19

Introduction... 23

1. ÉNERGIE EN CRISE 31
Le climat bouleversé.. 33
La fin des fossiles faciles.. 37
L'atome à vau-l'eau 41
Le nucléaire, une histoire française… 48
Une indépendance en trompe-l'œil 51
Les renouvelables à l'index 54

2. L'ÉNERGIE SOUS TOUTES SES FORMES.................. 59
Réfléchir à nos besoins : la sobriété 66
Optimiser les chaînes énergétiques : l'efficacité 70
Répondre aux besoins résiduels : énergies de stock ou énergies de flux ? 73
Atouts et atours des énergies renouvelables 80
Se méfier des fausses solutions 85
La démarche négaWatt, une boussole pour l'action 88

3. DE LA DÉMARCHE AU SCÉNARIO : PRÉPARER LA TRANSITION ÉNERGÉTIQUE 91
Le scénario négaWatt : méthodologie et hypothèses fondatrices 94
La réalité énergétique doit transformer notre économie, et non l'inverse 96
Les cinq étapes du calcul 97
Les hypothèses retenues 99
Comparer à un scénario tendanciel 101
Comment initier la transition? 103
Mesure 01 : création d'une Haute Autorité indépendante de la transition énergétique 109
Rompre avec le centralisme énergétique 110
Mesure 02 : pour une gouvernance territoriale de l'énergie 113
Des territoires à "l'urbanisme négaWatt"..................... 118
Mesure 03 : pour un urbanisme ancré dans les territoires.. 119

4. BÂTIMENTS ET TRANSITION ÉNERGÉTIQUE......... 123
Bâtiments neufs : se fixer les bons objectifs 124
Un enjeu majeur : la rénovation du parc existant 127
Mesure 04 : vers des bâtiments énergétiquement sobres 130
Mesure 05 : vers des bâtiments énergétiquement efficaces... 134
Chauffage, eau chaude, cuisson : les options du scénario négaWatt 136
Comment réussir la rénovation? 137
Inciter ou contraindre? 142
Diviser par 2 les besoins d'électricité spécifique 143
Mesure 06 : vers des bâtiments optimisant les usages de l'électricité 145

5. TROIS SECTEURS-CLÉS DE LA TRANSITION : MOBILITÉ, INDUSTRIE ET AGRICULTURE 147
La mobilité des personnes 149
Une mutation de l'industrie 159
Le rôle majeur de l'agriculture et de l'alimentation 167
Réduire à la source les besoins de transport de marchandises 173
Mesure 07 : instituer une "redevance à la prestation" sur le transport 175
De la consommation à la production 180

6. L'AVÈNEMENT DES RENOUVELABLES 183
Le rôle primordial des réseaux 185
L'épineuse question de l'équilibrage du réseau électrique 188
Le méthane, vecteur-clé de la transition énergétique 192
La place prépondérante de la biomasse 196
L'essor de l'électricité renouvelable 200
Une meilleure valorisation de la chaleur renouvelable ou diffuse 207
Vers 100 % d'énergies renouvelables 211

7. DU CRÉPUSCULE DU NUCLÉAIRE À L'AUBE DES RENOUVELABLES 213
Une fermeture rythmée par la gestion des risques 216
Un processus transparent sur le rythme et l'ordre des fermetures 225
Mesure 08 : pour une fin maîtrisée de la production nucléaire 226
L'affligeant état des lieux des renouvelables en France 231
Priorité aux énergies renouvelables 236
Mesure 09 : faciliter l'essor des renouvelables 238

8. LES BÉNÉFICES MULTIPLES DE LA TRANSITION ÉNERGÉTIQUE 241
Des bénéfices énergétiques et environnementaux........ 242
Sobriété et efficacité au service de l'économie........ 244
Le vrai coût des renouvelables........ 248
L'emploi et l'activité, grands bénéficiaires de la transition........ 252
Transition et emploi dans le bâtiment et les transports........ 254
Transition et emploi dans la production d'énergie........ 257
Un bilan net positif en activité et en emploi........ 261
Sécurisation, robustesse et résilience........ 262
Réduire la précarité énergétique........ 264
Sortir des logiques économiques de court terme........ 266

9. DONNER LE BON SIGNAL DU DÉPART........ 269
Avant tout, sensibiliser........ 269
Informer et rendre visibles les négawatts........ 272
Donner un prix juste et attractif aux économies........ 276
Les limites de l'incitation ou les bienfaits de la réglementation........ 279
Une fiscalité écologiquement efficace et socialement équitable........ 282
Socialiser les rentes du passé........ 284
Freiner par la fiscalité les dérives du présent et du court terme........ 287
Infléchir le long terme en donnant les bons signaux........ 289
Mesure 10 : pour une contribution environnementale sur les énergies primaires........ 290
Refondre notre fiscalité par un signal universel et écologique de long terme........ 296
La progressivité des prix : un signal de bon sens !........ 297

10. FAIRE D'UNE NÉCESSITÉ UN PROJET DE SOCIÉTÉ... 301
Regard sur 2050, terme de la transition........ 303

Partir à temps, trouver le bon tempo 309
Un choix cornélien dans un océan de contraintes 312
La transition, un projet de société 315
Outre-Rhin, un virage bien négocié 319
Pour la France, enfin le temps des décisions ?................ 321

11. QUELQUES BONNES RAISONS D'ESPÉRER 323
En France, la sortie du "tout-nucléaire" ? 324
Quand les citoyens prennent la parole............................ 326
A la recherche de la bonne trajectoire 329
En route vers les 100 % renouvelables !.......................... 335
Du Débat à la COP 338
Dans l'entre-deux 340

12. EN ROUTE POUR LA TRANSITION ÉNERGÉTIQUE !.... 343
Le temps des décisions, le temps du courage.................. 345
Rendre possible ce qui est souhaitable 348

Postface, par Amory B. Lovins 351

Auteurs et contributeurs 363

L'association négaWatt.. 369

L'Institut négaWatt 371

Ressources 373
Problématiques énergétiques 373
Sobriété et efficacité énergétiques 374
Energies renouvelables... 375

Bibliographie 377

Petit glossaire de l'énergie.. 379

AVERTISSEMENT

Le *Manifeste négaWatt* a été publié pour la première fois au tout début de l'année 2012.

Depuis, l'actualité de la transition énergétique a été particulièrement riche en événements : Débat national sur la transition énergétique au premier semestre 2013, adoption du projet de loi après une année d'élaboration par le gouvernement et une autre de navette parlementaire, poursuite de la baisse spectaculaire du coût des énergies renouvelables, incertitudes techniques et financières grandissantes sur l'avenir du nucléaire, aggravation confirmée de jour en jour de l'urgence climatique…

Pour tenir compte de ces rapides évolutions, la publication du *Manifeste négaWatt* dans la collection Babel a donc été l'occasion d'actualiser et d'enrichir ce livre-manifeste.

La mise à jour de l'ensemble des chapitres apporte des compléments ponctuels basés sur les évolutions récentes qui renforcent le plus souvent les options du scénario énergétique proposé par négaWatt. Le chapitre consacré au déclin du nucléaire et à l'avènement des énergies renouvelables a fait l'objet d'une révision plus profonde, tant le basculement à l'œuvre entre ces filières – conforme là encore, et à quel point ! à nos intuitions – joue aujourd'hui un rôle central dans la dynamique de la transition énergétique.

Deux nouveaux chapitres décryptent justement en fin d'ouvrage cette dynamique dans une double perspective :

Comment la transition énergétique, cette belle idée qui était encore confidentielle en France lors de la première édition de ce *Manifeste*, se prépare-t-elle dans notre pays, mais aussi chez nos voisins et ailleurs dans le monde ?

Comment nos analyses et nos propositions s'inscrivent-elles dans l'actualité énergétique et géopolitique, à l'heure où la France reçoit à Paris en décembre 2015 la COP21, vingt et unième conférence de la négociation entre Etats pour la lutte contre le changement climatique ?

Enfin, le cahier qui regroupait en fin d'ouvrage un ensemble de graphiques et de courbes ne figure plus dans la présente édition. Le lecteur est invité à le retrouver sur le site de l'association négaWatt, sous une forme enrichie et aussi pédagogique que possible, intégrant de nombreux graphiques dynamiques, à l'adresse suivante :

http://www.negawatt.org/scenario/decouverte

LES AUTEURS

Stéphane Hessel nous avait fait l'honneur et l'amitié de préfacer la première édition du Manifeste négaWatt. *Nous reproduisons ici cette préface, écrite fin 2011.*

PRÉFACE

J'ai participé en 1948 à une étonnante aventure, la rédaction et la signature par cinquante-huit pays, sous l'égide de l'ONU, de la Déclaration universelle des droits de l'homme. Mais, aussi étonnant que cela puisse paraître, le mot "Terre" n'y figure pas !

A cette époque, au sortir d'années de guerre et de privations, nous ne nous sommes pas aperçus que les droits humains ne valaient que si l'on avait en même temps des devoirs envers la Terre. Du coup, la croissance économique et la prospérité des cinq décennies qui ont suivi la Seconde Guerre mondiale se sont accompagnées d'une exploitation sans retenue de nos ressources naturelles.

Or, notre planète – la seule dont nous disposons – n'est pas illimitée.

Déjà en 1931, le poète Paul Valéry écrivait : "Le temps du monde fini commence !" Et il y a quarante ans, en 1972, un rapport du Club de Rome nous alertait de façon prémonitoire sur "les limites de la croissance".

Aujourd'hui, des voix de plus en plus nombreuses s'élèvent pour nous confirmer que les limites physiques à l'exploitation de la biosphère sont maintenant largement dépassées : les matières premières se tarissent, les réserves pétrolières amorcent leur décroissance, la mer se vide de ses poissons, l'air se modifie, et avec lui le climat. Et l'accès à l'eau, si on n'agit pas très vite pour son partage, sera demain une source de conflits majeurs.

L'enjeu écologique est donc vital. Il nous demandera une réelle transformation, une "métamorphose", comme nous y invite Edgar Morin dans son dernier ouvrage, *La Voie*. Pour y parvenir, les idées et les propositions sur l'énergie développées par les experts réunis au sein de l'association négaWatt montrent justement un chemin possible, une "Voie" à la fois réaliste et désirable.

Mon intérêt pour les travaux initiés par négaWatt ne date pas d'hier. J'ai eu en effet l'occasion de prendre connaissance des tout premiers travaux de l'association, dès 2002, lorsque, avec mes amis de la fondation "Un monde par tous", nous avons alors, parmi les premiers, aidé l'association négaWatt à se développer et à élaborer son premier scénario énergétique.

La démarche initiée par négaWatt sur l'énergie répond à la fois à l'urgence d'agir et à un impératif de partage. Urgence d'agir car c'est dans la décennie qui vient que se jouera, pour une grande part, le climat à venir. Impératif de partage, car nous ne pourrons pas vivre à près de 10 milliards d'habitants sur notre planète sans un partage équitable des ressources naturelles, en bousculant l'ordre actuel du monde, ou plutôt ce que le philosophe Emmanuel Mounier appelait "le désordre établi".

Pour cela, il nous faudra réinventer la gouvernance mondiale, comme nous avons pu en 1945 l'initier avec la création de l'ONU. J'en appelle pour ma part à la création d'une Organisation mondiale de l'environnement, dont les prérogatives seraient supérieures aux institutions économiques et financières comme l'OMC et le FMI.

Aux droits humains fondamentaux il faudra ajouter les “droits de la Terre”, c’est-à-dire nos devoirs envers la biosphère et envers les générations futures, afin de leur laisser une planète tout simplement viable. Pour cela, il nous faudra de la volonté politique, bien sûr, mais aussi de la créativité pour imaginer un avenir plus solidaire, moins lié aux intérêts égoïstes et aux puissances d’argent.

De la volonté et de la créativité, les experts qui fondent les travaux prospectifs de négaWatt n’en manquent pas. Certes, ils n’ont aucun moyen puissant à leur service, mais cette faiblesse est aussi leur force : ils sont des experts et professionnels reconnus de longue date, mais aussi de simples citoyens, véritablement indépendants, capables de mobiliser et n’ayant d’autre ambition que de participer, là où ils sont, à l’indispensable transition énergétique, amorçant ainsi la “métamorphose” individuelle et collective qui doit être notre horizon.

STÉPHANE HESSEL

INTRODUCTION

Le choix d'un modèle énergétique n'est pas neutre : il est une composante essentielle de la paix et de la solidarité, une pièce centrale dans la relation des êtres humains avec leur Terre d'accueil.

Sur ce plan, notre responsabilité personnelle et collective est entière : il nous faut inventer aujourd'hui un avenir énergétique sobre, efficace et renouvelable.

C'est aujourd'hui possible, sans saut technologique majeur.

C'est économiquement soutenable, car il revient toujours moins cher, à long terme, de réduire la demande d'énergie que d'augmenter les équipements de production.

C'est politiquement difficile, tant sont grands la force de l'habitude, les intérêts sectoriels, la gestion à court terme : la démarche proposée, exigeante, se prête mal à la démagogie.

Mais il s'agit désormais pour toute notre société de passer des paroles aux actes.

Osons le premier pas.

C'est en ces termes que se concluait notre premier *Manifeste négaWatt*, publié en septembre 2003 et présentant ce qui était alors un exercice inédit en France : un scénario sur l'évolution du système énergétique français jusqu'à l'horizon 2050. Une prospective chiffrée, fondée non pas sur des analyses macroéconomiques, trop souvent déconnectées de la réalité, mais avant tout sur l'expérience acquise sur le terrain par une poignée d'experts et de praticiens passionnés des questions d'énergie.

Réuni et mis en réseau quelques années plus tôt grâce à la création de l'une des toutes premières listes de discussion sur Internet, notre petit noyau initial s'est peu à peu élargi, chacun apprenant à s'enrichir de ces échanges à titre strictement personnel, en toute indépendance, libre de toute contrainte ou de tout formalisme.

Nos réflexions nous ont alors conduits à mettre au jour une formidable ressource d'énergie dont peu de monde soupçonnait l'ampleur. Ni champ de pétrole, ni mine de charbon ou filon d'uranium, non, mais un gisement fait des innombrables possibilités d'économiser l'énergie se nichant dans nos maisons, nos voitures ou nos ordinateurs, mais aussi dans l'urbanisme, notre mode d'alimentation ou encore nos besoins de mobilité. Un gigantesque gisement de *non-consommation*.

Une telle découverte ne pouvait pas rester dans l'anonymat. Il fallait lui trouver un nom, un vrai nom qui fasse la différence avec le manque de relief des économies d'énergie et l'ambiguïté de la *maîtrise de l'énergie*. Nous nous sommes souvenus alors que, quelques années plus tôt, Amory B. Lovins, fondateur du Rocky Mountain Institute, l'un des organismes de recherche et de prospective sur l'énergie les plus en pointe au monde, avait inventé un drôle de mot pour désigner justement ces économies d'énergie : négawatt*[1].

1. Le lecteur trouvera page 379 un glossaire qui définit les termes peu courants. Ces mots sont signalés par un astérisque à leur première occurrence.

Une trouvaille qui a été le fruit de l'un de ces hasards dont on se demande toujours si c'en est vraiment un : il s'agissait en fait d'une "coquille" dans une interview dans laquelle Amory B. Lovins parlait d'économiser des *m*égawatts* d'énergie, c'est-à-dire des millions de watts*, transformés en *n*égawatts. Une erreur qu'il a trouvée si bien venue qu'il l'a reprise à son compte pour nommer toute l'énergie que l'on peut éviter de consommer.

Le mot fut introduit en France quelques années plus tard en ouvrant la porte de *La Maison des négawatts*, qui fut à la fois un livre et une exposition sur les économies d'énergie dans le logement[1]. Tous deux connurent un franc succès qui conduisit à la création d'une liste de discussion, de premières rencontres, puis de l'association. Une rencontre mémorable avec Amory B. Lovins[2], à l'occasion de l'un de ses trop rares passages en France, finit de sceller notre lien autour du concept étonnant et fertile des "négawatts".

C'est à partir de cette idée que nous avons ensuite développé notre réflexion en nous appuyant à la fois sur une rigueur de nature scientifique, sans cesse soumise au doute et à la vérification, et sur une exigence éthique, privilégiant les critères d'un authentique développement soutenable. C'est de cette réflexion qu'est née la "démarche négaWatt", une intelligence

1. A l'heureuse initiative de son fondateur, Claude Aubert, le centre Terre vivante, à Mens dans le Trièves, en Isère, accueille depuis 1998 une exposition permanente nommée "La Maison des négawatts". Le livre, coécrit par Thierry Salomon et Stéphane Bedel, est paru l'année suivante aux éditions Terre vivante.
2. Amory B. Lovins, et nous l'en remercions vivement, a rédigé la postface elle aussi actualisée de ce "manifeste négaWatt version 2015".

sur les usages, les équipements et les ressources qui se décline en trois temps : sobriété, efficacité, renouvelables, trois clés pour aborder les questions d'énergie avec un regard neuf.

Application systématique de cette démarche à l'échelle de la France entière, le premier scénario négaWatt fut lancé en 2003 presque comme un défi, ou plutôt comme un "Chiche !" adressé à un Premier ministre qui avait pour la première fois parlé d'un engagement à diviser par 4, d'ici à 2050, les émissions de gaz à effet de serre* de notre pays[1].

Partant de rien, cet exercice a occupé quelques nuits blanches pour parvenir d'abord à reconstituer une image fidèle de la réalité en collectant des informations dispersées et souvent peu accessibles, intégrer ensuite la multitude de paramètres ayant une influence sur le résultat, et enfin construire une vision de notre avenir énergétique sous la forme d'un scénario cohérent et argumenté.

En 2006, une version mise à jour et largement enrichie nous a permis de valider et de confirmer les hypothèses et les conclusions de 2003. Peu à peu, ce scénario a commencé à être reconnu et apprécié pour sa rigueur et sa créativité.

Cinq ans plus tard, les petits hauts et les grands bas du Grenelle de l'environnement, l'échec douloureux de la conférence de Copenhague sur le climat et la perspective d'une séquence électorale nationale en 2012 nous ont poussés à remettre l'ouvrage sur le métier dans l'espoir de placer enfin les questions énergétiques et climatiques au cœur du débat public.

1. Un objectif qui s'est finalement concrétisé par une "Loi de programme fixant les orientations de la politique énergétique", sans s'en donner toutefois réellement les moyens…

C'est ainsi qu'à l'été 2010 nous avons ouvert le chantier d'une nouvelle version du scénario négaWatt, avec l'objectif d'une publication à l'automne 2011. Un exercice d'intelligence collective qui s'est révélé d'une ampleur sans commune mesure avec les deux premiers : 12 experts "scénaristes", 4 ateliers prospectifs, 2 500 paramètres, plus d'un million de données, 4 niveaux d'analyse énergétique et une simulation en puissance heure par heure jusqu'à 2050…

Entre les deux scénarios de 2006 et 2011, il s'est aussi passé cinq ans, cinq années de moins pour atteindre des "objectifs 2050" qui s'éloignent par manque d'ambition des décisions prises. Mais cinq années pour engranger des retours d'expériences, mesurer les extraordinaires progrès réalisés dans le monde dans tous les domaines associant énergie et développement durable, affiner une approche pragmatique, consolider une méthode d'analyse transparente et renforcer des outils prospectifs performants. Cinq années, enfin, pour explorer de manière plus détaillée les orientations et les mesures à prendre en tenant compte des contraintes de moyen et de long terme qui s'imposent à nous.

Ces travaux de longue haleine sur des questions complexes auraient très bien pu rester dans l'ombre d'une actualité plus préoccupée de réagir dans l'instant que de réfléchir à notre avenir commun dans ce siècle. Mais le 11 mars 2011, la catastrophe de Fukushima est venue changer la donne en faisant brusquement remonter à la surface des questions trop longtemps refoulées : que se passerait-il si cela arrivait chez nous ? N'est-il pas temps de se préoccuper d'en finir à la fois avec les énergies fossiles à l'origine de la lourde menace des changements climatiques, et avec le nucléaire dont les impasses font elles aussi courir des risques insupportables ?

Aucun exercice prospectif officiel ou académique n'avait jamais envisagé une telle éventualité, jugée en France tout simplement inconcevable : le seul scénario prenant en compte cette hypothèse était en fait celui que nous avions publié en 2006. Ces événements dramatiques du Japon n'ont malheureusement pas été une surprise pour nous qui connaissions les risques et les faiblesses de l'option nucléaire prise par la France. Ils n'ont fait que confirmer et renforcer l'intérêt et l'opportunité des travaux entrepris quelques mois plus tôt dans un tout autre contexte, mais ils n'en ont changé ni le fond ni la forme. Et comme cela avait été prévu initialement, le nouveau "scénario négaWatt 2011" a été rendu public au début de l'automne 2011, point de départ d'un patient effort d'explication et de pédagogie afin qu'il puisse être compris par le plus grand nombre.

Un effort qui n'aura pas été inutile, loin de là !

D'abord à travers le constat que le fameux triptyque *sobriété-efficacité-renouvelables* a fini par s'imposer, au-delà du cercle des spécialistes, dans les discours politiques au plus haut niveau de l'Etat avant d'être repris régulièrement dans les médias. Nouvelle venue dans le paysage ultrarationnel des énergéticiens, la notion floue de *sobriété* est devenue un sujet d'analyses, de recherches et de débats au sein de la communauté scientifique comme entre citoyens éclairés, ce qui n'était pas gagné d'avance…

Utilisé pour l'une des premières fois en France dans le sous-titre de la première édition du *Manifeste négaWatt*, le terme de "transition énergétique" s'est popularisé au point de devenir l'objet d'un Débat national puis d'une loi annoncée comme un acte politique majeur.

Moins voyant mais encore plus important, le scénario négaWatt 2011, actualisé début 2013 et mis sur la table au tout début du Débat national, a été consacré comme l'une des références incontournables de la réflexion prospective sur l'énergie dans notre pays. Confronté à une dizaine d'autres publiés par des institutions et des entreprises autrement plus officielles et disposant de moyens sans commune mesure avec ceux de l'association négaWatt, il n'a pas démérité, bien au contraire. Soumis en continu au feu nourri de ceux dont il dérange le confort ou les certitudes, il a démontré sa robustesse face aux critiques visant à le délégitimer. Mieux : les importantes évolutions constatées en quelques années à peine dans la plupart des domaines-clés sur lesquels il repose ont renforcé sa pertinence et démontré son caractère réaliste. Au point que certains choix jugés comme des paris volontaristes au moment de la publication du scénario passent désormais pour trop prudents !

De quoi se dire aujourd'hui, avec ces quelques années de recul, que si le scénario négaWatt n'avait pas existé… il aurait fallu l'inventer !

L'inventer pour le bien de la planète peut-être, mais surtout pour le bien de la société. Car, au-delà des chiffres et des équations, c'est avant tout à un formidable exercice de démocratie que nous invitent démarche et scénario négaWatt. Quelles que puissent être les solutions qui seront retenues pour construire le système énergétique de demain, rien ne sera possible sans une adhésion pleine et entière de tous nos concitoyens. Rien ne sera acceptable ni même désirable si nous n'avons pas les moyens d'exercer un esprit critique et constructif face à tous les arguments que l'on nous assène aujourd'hui d'autorité, sous prétexte de complexité, sans que nous ayons réellement notre mot à dire alors que nous sommes tous concernés.

Le *Manifeste négaWatt* est un des éléments de ce travail de pédagogie. Il tente d'alerter sur l'urgence d'agir afin que chacun puisse prendre conscience que le piège sans fin des crises de l'énergie ne peut être évité ni par un brusque coup de frein, ni par un demi-tour incontrôlé, mais en faisant un pas de côté.

Ce pas de côté, volontaire et décisif, s'appelle la *transition énergétique*. Tout le propos de cet ouvrage est de faire comprendre que cette perspective, perçue à première vue comme une lourde contrainte ou un objectif irréaliste, représente en fait une formidable opportunité pour peu que l'on sache la saisir à temps, sans réticences ni arrière-pensées.

Tel est le chemin que nous vous invitons à parcourir en notre compagnie tout au long de ce livre. Avec le secret espoir qu'à sa lecture vous aurez, comme nous, envie de faire vôtres ces mots du poète Rainer Maria Rilke, que nous avions déjà choisis pour conclure en 2003 le premier *Manifeste négaWatt* :

Il est tant de beauté dans tout ce qui commence...

Oui, osons ce pas de côté.

Osons nous mettre en chemin vers une authentique, radicale et solidaire transition énergétique.

Et la route sera belle.

ASSOCIATION NÉGAWATT

1

ÉNERGIE EN CRISE

Depuis le premier choc pétrolier, en octobre 1973, les deux mots “crise” et “énergie” sont largement associés dans l’inconscient collectif des pays industrialisés. La multiplication par 4 du prix du pétrole du jour au lendemain avait alors entraîné des bouleversements dans tous les secteurs de la société, affectant chacun dans sa vie quotidienne et marquant durablement les esprits : récession économique, inflation hors de contrôle, chômage de masse ont été les maîtres mots de la décennie qui a suivi.

En 1972, le rapport au Club de Rome intitulé *Halte à la croissance ?* avait déjà tenté d’alerter l’opinion publique mondiale sur les limites de la planète. Et, en mai 1973, quelques mois avant le choc pétrolier, le penseur Ivan Illich pointait toute l’ambiguïté de l’association des mots “crise de l’énergie : cet euphémisme cache une contradiction et consacre l’illusion qui consiste à vouloir atteindre à la fois un état social fondé sur l’équité et un niveau toujours plus élevé de croissance industrielle[1]”.

Ces messages, lancés par une poignée de visionnaires, n’ont guère été entendus dans une société d’abondance

1. Introduction à *Energie et équité*, première édition en français dans *Le Monde*, 5-7 juin 1973, puis éditions du Seuil, Paris, 1973.

et d'apparente prospérité, plongée à corps perdu dans l'ivresse de la consommation. Certes, la puissance du "séisme pétrolier" a imposé aux gouvernants de l'époque de prendre des décisions devant l'urgence de la situation – pour le meilleur et pour le pire, comme nous le verrons plus loin. Mais ce qui aurait pu être l'occasion d'un questionnement en profondeur de notre modèle de développement a fait long feu.

Malgré quelques soubresauts tels que la crise iranienne (1979), les marées noires de l'*Amoco Cadiz* (1978) et de l'*Exxon Valdez* (1989) ou les accidents nucléaires de Three Mile Island (1979) et de Tchernobyl (1986), les affaires ont redémarré, bon an mal an, comme si de rien n'était. Les prix du litre d'essence et du kilowattheure* électrique ont continué à baisser en valeur relative. En France, entre contre-chocs pétroliers et montée en puissance du parc nucléaire, l'énergie, dont la consommation est repartie de plus belle, est peu à peu sortie des préoccupations quotidiennes des citoyens comme des décideurs. La douce torpeur de l'*ébriété énergétique* nous a alors peu à peu envahis, et nous nous sommes autorisé toutes sortes de comportements aberrants : tout cela n'était-il pas bel et bien bon pour le pouvoir d'achat ?

Seule une minorité de l'humanité est plongée dans cette ébriété. L'accès à l'énergie, besoin vital, est marqué par une profonde inégalité entre les pays riches, qui ne représentent que 20 % de la population mondiale mais s'octroient 80 % de l'énergie commercialisée, et les pays pauvres, dont les habitants n'ont souvent pas d'autre solution que de surexploiter l'environnement pour satisfaire leurs besoins de base. La crise du bois de feu pour la cuisine en Afrique subsaharienne et la désertification qui en découle n'en sont qu'un exemple.

Cette inégalité se propage aujourd'hui à l'intérieur même des pays dits "développés", où la précarité énergétique se répand comme un fléau, touchant plusieurs millions de ménages en France : ce seront les premières victimes des futurs chocs énergétiques.

Sortie depuis des décennies de nos esprits par la grande porte de l'insouciance, l'énergie s'invite cependant à nouveau dans nos vies par les multiples fenêtres de l'actualité : hausse des prix des carburants, du gaz et de l'électricité préfigurant de futures pénuries, constats toujours plus accablants de l'avancée des changements climatiques, choc de la catastrophe de Fukushima…

Alors, que faire ?

Répondre à cette question revêt une importance vitale : la profondeur des enjeux et le peu de temps disponible pour espérer nous en sortir sans trop de dégâts ne nous laissent pas le droit à l'erreur.

Mais avant de commencer à chercher les solutions adéquates, il faut être certain de bien comprendre les risques auxquels nous devons faire face, dans leur diversité et leurs interactions – en prenant garde aux illusions qui ont contribué à nous conduire dans l'impasse où nous sommes.

LE CLIMAT BOULEVERSÉ

La production et la consommation d'énergie sont la source de nombreuses pollutions atmosphériques, qu'elles soient localisées autour des sites d'émission, comme les particules imbrûlées des moteurs diesel, ou qu'elles se fassent sentir à une échelle plus vaste comme les pluies acides*, la destruction de la couche d'ozone[1] ou le "nuage brun" qui recouvre une vaste partie de l'Asie[2].

Au cours des dernières années, un autre phénomène est apparu avec de plus en plus d'acuité : le risque d'un bouleversement majeur, irréversible, de notre climat. Pressenti par le chimiste suédois Svante Arrhenius à la fin du XIXe siècle, le phénomène de l'effet de serre a commencé à être décrit précisément dans les années 1950.

Ce n'est qu'en 1975 que le terme a été employé pour la première fois par le climatologue Wallace Broecker de l'université Columbia, et il aura fallu attendre la création par l'ONU du Groupe intergouvernemental d'experts sur l'évolution du climat (GIEC), en 1988, pour que l'on puisse espérer que l'humanité en prenne enfin conscience. Depuis, des milliers de savants de toutes disciplines accumulent les preuves en remontant jusqu'à 800 000 ans dans le passé grâce aux carottages des glaces de l'Antarctique et constatent les évolutions sensibles du climat en s'appuyant sur des données recueillies dans le monde entier. A partir de l'observation du climat d'aujourd'hui, ils modélisent notre possible avenir climatique selon des scénarios contrastés.

Que nous enseignent-ils ? Que l'émission durant les deux derniers siècles des "gaz à effet de serre",

1. Le "trou de la couche d'ozone", souvent confondu avec les changements climatiques, est limité à certaines régions spécifiques (Antarctique et Australie notamment), où il rend l'exposition prolongée aux rayons du soleil dangereux pour la peau (risque de cancer).
2. Le "nuage brun d'Asie" est un immense nuage de particules, d'aérosols et de gaz polluants qui recouvre une grande partie du continent asiatique, dû à la combustion de la biomasse*, du charbon et du pétrole.

principalement du dioxyde de carbone (“gaz carbonique”), du méthane*, du protoxyde d’azote et des gaz fluorés, a changé la composition chimique de notre atmosphère. Et que ces rejets sont dus pour l’essentiel à la combustion des énergies fossiles que sont le charbon, le pétrole et le gaz naturel fossile, mais aussi à certaines pratiques agricoles[1] et industrielles.

Ils nous montrent que ces émissions ont provoqué une modification des échanges thermiques entre la haute et la basse atmosphère et entraîné une altération du climat vers une hausse sensible, déjà perceptible, de la température moyenne mesurée à la surface de la Terre. Ils nous expliquent enfin que tous les modèles simulant les évolutions à venir convergent pour dire qu’il est vital de contenir cette augmentation à moins de 2 °C par rapport à l’ère préindustrielle. Si nous n’y parvenons pas, les transformations radicales de l’environnement que subiront la plupart des régions du monde rendront les conditions de survie de l’humanité plus difficiles qu’elles ne l’ont jamais été.

Ces modèles prédisent : une augmentation du niveau des océans submergeant îles et deltas bien souvent surpeuplés ; une fréquence de plus en plus importante des épisodes climatiques extrêmes (canicules, sécheresses, cyclones, vagues de froid, inondations, tempêtes, etc.) ; la disparition de très nombreuses espèces végétales et animales et la migration de nombre de

1. Les émissions dues au système agricole représentent 20 % des émissions totales de la France, réparties entre le méthane produit par la digestion des ruminants (émissions “entériques”) et la dégradation des engrais chimiques dans le sol (nitrates). Au niveau mondial, les rizières constituent également un émetteur important de gaz à effet de serre.

celles qui auront survécu ; et d'autres "surprises climatiques" dont on peine à imaginer les conséquences, comme la perturbation du Gulf Stream ou la diminution des pergélisols[1].

Cela est d'autant plus inquiétant que la pression des 9,5 milliards d'êtres humains prévus pour 2050 (contre 7 milliards actuellement) ne laisse guère de marge de manœuvre en termes de disponibilité d'espace et de ressources : s'ajoutant à ceux qui cherchent à échapper aux catastrophes naturelles, aux conflits et aux dictatures, les réfugiés climatiques ne seront nulle part les bienvenus.

Certes, l'écosystème terrestre n'a pas attendu la révolution industrielle pour connaître des bouleversements climatiques. *Homo sapiens*, la lignée à laquelle nous appartenons, est assez ancienne pour avoir subi au moins deux périodes glaciaires et autant d'interglaciaires – et elle y a survécu. Mais l'ampleur et la rapidité des dérèglements déjà observés, malgré l'inertie des phénomènes en jeu, ne laissent aucune place au doute : il faut agir vite et fort pour stopper une évolution déjà bien engagée dans la mauvaise direction !

A ceux qui hésitent encore devant l'ampleur de la tâche et la crainte que cela puisse coûter très cher pour ne pas servir finalement à grand-chose, les rapports de l'économiste Sir Nicholas Stern publiés en 2006[2]

1. Le pergélisol (*permafrost* en anglais) est un sous-sol gelé en permanence, qui représente environ 20 % de la surface terrestre, dont un quart des terres émergées de l'hémisphère nord. La fonte de la glace recouvrant sa partie sud pourrait libérer d'énormes quantités de méthane, et rendre irréversible un changement climatique majeur.
2. Résumé en français et lien de téléchargement à l'adresse www.rac-f.org/Rapport-Stern-Cout-des-changement.html.

puis en 2014 démontrent que le montant des actions à mener pour enrayer le phénomène ne dépasse guère 1 % de la richesse mondiale (le PIB[1]), alors que les conséquences de l'inaction auraient un coût s'élevant de 5 à 20 % du PIB mondial, entraînant probablement une crise économique d'une ampleur inconnue. Le problème n'est plus de savoir si nous avons collectivement un intérêt à agir, mais bien d'arriver à bousculer les intérêts égoïstes des nombreux "acteurs à l'inaction" !

LA FIN DES FOSSILES FACILES

Le même déni de réalité se retrouve sur d'autres questions vitales ayant trait à l'énergie, comme l'épuisement des ressources fossiles. Bien sûr, nous n'en sommes pas encore à voir l'ultime baril de pétrole ou le dernier mètre cube de gaz sortir des entrailles de la Terre. Mais nous nous rapprochons à grande vitesse de la raréfaction des gisements accessibles à un coût économiquement supportable, ce que l'on appelle le "pic de production pétrolière" et sa variante, le "pic gazier".

Le terme de *peak oil* est apparu vers 1950, lorsque le géologue américain Marion King Hubbert a annoncé que la production de pétrole sur le sol des Etats-Unis allait commencer à diminuer vingt ans plus tard sans qu'il soit possible d'empêcher ce phénomène. Ce pronostic s'est avéré d'une exactitude étonnante, au point que l'on parle maintenant de "pic de Hubbert" pour désigner le moment où l'extraction d'un minerai ou d'une matière fossile d'un gisement atteint son maximum à l'issue d'une phase d'augmentation, avant

1. Le produit intérieur brut.

d'entrer dans une phase inéluctable de décroissance nommée "déplétion".

Au début des années 2000, un réseau informel d'experts, la plupart retraités de l'industrie pétrolière et donc délivrés de leur obligation de réserve, s'est structuré sous le nom d'Aspo[1] et a commencé à publier des analyses fondées sur des informations jusque-là tenues confidentielles par leurs anciens employeurs.

En extrapolant la méthode mise au point par Hubbert aux gisements mondiaux de pétrole et de gaz naturel, et en croisant les résultats avec les données auxquelles leur ancienne position stratégique leur donne accès, les experts de l'Aspo concluent dans leurs publications les plus récentes que le pic mondial de production pétrolière est désormais derrière nous : il a été atteint entre 2004 et 2008. On sait que le *peak oil* a déjà été dépassé pour les gisements de la mer du Nord, de Chine, du Mexique, du Venezuela, d'Indonésie, de Russie, de Syrie, de Libye, du Nigeria et du Qatar. Seuls les champs pétrolifères du Moyen-Orient et de la mer Caspienne y échappent encore. Mais pour combien de temps ?

Les experts de l'Aspo estiment que le prix du pétrole va inéluctablement augmenter et s'alarment du silence des autorités politiques quant à la nécessité absolue d'anticiper les violents chocs économiques et sociaux qui ne manqueront pas de se produire.

Ecoutons ces scientifiques de haut niveau qui n'ont rien à voir avec des idéologues exaltés : "Il n'y a pas d'autre solution à long terme que de réduire notre consommation d'énergie. Il ne s'agit pas simplement d'utiliser des bicyclettes, mais de réorganiser radicalement la société, et il n'y a aucune raison de penser que

1. Association for the Study of Peak Oil & Gas.

cela se fasse tout seul. Le pétrole a dominé le XXe siècle, la pénurie de pétrole dominera le XXIe siècle. Tel est le tic-tac de la bombe cachée sous le siège du système capitaliste mondial."

Moins médiatisé mais tout aussi inquiétant, le pic du gaz naturel fossile suit de peu le pic pétrolier : hors gaz de schiste*, il a déjà eu lieu aux Etats-Unis entre 2001 et 2007, et en mer du Nord probablement en 2010. La concentration des réserves mondiales dans un petit nombre de pays est un sujet de préoccupation supplémentaire : trois Etats peu réputés pour leurs penchants démocratiques – la Russie, le Qatar et l'Iran – en détiennent en effet à eux seuls les deux tiers.

Quelques dizaines d'années tout au plus nous séparent donc de la fin des "fossiles faciles". Ce délai déjà très court est appelé à se réduire avec l'augmentation continue de la demande d'énergie, notamment de la part des pays émergents. Les réserves annoncées par les Etats et les compagnies pétrolières ayant été très probablement surévaluées pour des raisons stratégiques, il devrait se raccourcir encore…

"Les progrès de la science et de la technologie nous sortiront bien de là", répètent en boucle quelques optimistes impénitents. Ceux qui les croient encore peuvent s'attendre à de sévères désillusions.

Le charbon, dont les réserves prouvées sont nettement supérieures à celles du pétrole et du gaz, serait-il la solution miracle ? La piste du "charbon propre" grâce à la capture et à la séquestration à long terme du carbone émis lors de sa combustion est un mythe aussi dangereux que coûteux. Sa transformation en carburant liquide (le "CtL", littéralement *Coal-to-Liquid*) a un rendement énergétique tellement faible et un coût si élevé que cela ne ferait qu'empirer les choses.

Les gisements de "pétrole non conventionnel" de l'Alberta, de l'Alaska ou du Venezuela ? Il faut consommer presque autant d'énergie pour extraire ce pétrole que celle que l'on peut espérer en tirer[1]. Ils ne pourraient donc, au mieux, que retarder le pic pétrolier d'une dizaine d'années.

Les gaz de schiste ? La seule méthode d'extraction aujourd'hui disponible pour ces gaz prisonniers de certaines roches à grande profondeur consiste à injecter dans le sous-sol de l'eau à haute pression contenant une multitude de produits chimiques pour fracturer la roche, au risque de polluer définitivement les nappes phréatiques. Une technologie d'apprenti sorcier totalement irresponsable.

Loin de ces échappatoires, il faut se rendre à l'évidence : quelle que soit la date exacte des pics de production de pétrole et de gaz, nous nous approchons inéluctablement d'une grave pénurie. Elle sera d'autant plus dure à supporter que nous aurons tardé à engager la nécessaire cure de désintoxication de nos sociétés sujettes à une redoutable addiction aux énergies fossiles.

De plus, les produits issus du pétrole n'ont pas que des usages énergétiques. Ils sont aussi utilisés pour la pétrochimie et les matières plastiques. Leur remplacement par des molécules synthétiques aux qualités équivalentes sera difficile et coûteux, pour autant que l'on puisse les fabriquer demain. Plutôt que le brûler en émettant toujours plus de gaz à effet de serre, nous devons donc gérer avec parcimonie ce patrimoine irremplaçable que la nature a mis plusieurs centaines

1. Consommer un baril de pétrole pour obtenir un baril, les géniaux Shadoks ne sont pas très loin !

de millions d'années à fabriquer – gratuitement ! La préservation de l'avenir impose de réserver le pétrole aux seuls usages pour lesquels nous n'avons pas, aujourd'hui, d'autres solutions simples disponibles, la combustion étant la pire utilisation possible.

Ainsi, la menace des changements climatiques et celle des pics pétrolier et gazier se rejoignent pour nous presser de sortir aussi rapidement que possible de notre dépendance aux hydrocarbures fossiles, sans attendre leur disparition. L'âge de pierre ne s'est pas terminé faute de pierres, mais parce que des techniques concurrentes, plus performantes et mieux adaptées aux besoins de nos lointains ancêtres, sont arrivées à maturité. Il en va de même pour les énergies fossiles.

L'ATOME À VAU-L'EAU

Certains voient dans l'urgence d'abandonner les combustibles fossiles une nouvelle chance pour le nucléaire, dont le poids dans le paysage énergétique et l'omniprésence dans le débat public sont des spécificités très françaises. Il est vrai que la production d'électricité nucléaire n'émet pas de gaz à effet de serre, ou plus exactement assez peu si l'on prend en compte l'ensemble du cycle de vie, de l'extraction du minerai au stockage des déchets. Mais l'atome est-il pour autant paré de toutes les vertus ?

Notons d'abord que l'énergie atomique a, elle aussi, recours à une matière première, l'uranium, qui se trouve en quantité limitée dans le sous-sol et dont les gisements exploitables sont concentrés dans un nombre réduit de pays : le Kazakhstan, le Canada, l'Australie, la Namibie, la Russie et le Niger. Alors que le nucléaire fournit aujourd'hui moins de 2,5 % de l'énergie consommée dans le monde, soit une part inférieure à celle de l'électricité hydraulique (environ 3 %), les réserves prouvées d'uranium correspondent à moins de cinquante ans de consommation actuelle : le même ordre de grandeur que le pétrole qui, lui, représente plus de 30 % de l'approvisionnement.

Depuis des dizaines d'années, des armées d'ingénieurs de haut niveau tentent, à grand renfort de fonds publics, d'augmenter ce potentiel par de très coûteux efforts de recherche, notamment à travers ce que l'on appelle la "génération IV". Ce terme regroupe plusieurs familles de technologies très différentes, parmi lesquelles les réacteurs à neutrons rapides dits "surgénérateurs", que la France avait expérimentés à Creys-Malville avant d'en abandonner l'exploitation en 1998. Les autres pistes, toutes à un stade purement théorique aujourd'hui, conduisent finalement aux mêmes impasses que les réacteurs actuels : ressources limitées, problèmes de sûreté, déchets extrêmement dangereux à gérer sur plusieurs siècles, risque de prolifération...

En supposant même que les études en cours finissent par conclure à la possibilité de maîtriser ces redoutables questions et que l'on trouve on ne sait où les considérables moyens financiers nécessaires à leur développement, aucune de ces solutions n'a le moindre espoir d'être opérationnelle avant plusieurs décennies. Elles ne peuvent donc en aucune manière répondre à l'urgence des défis d'aujourd'hui.

C'est encore plus vrai avec la fusion thermonucléaire qui mobilise pour le projet ITER, mené par le Commissariat à l'énergie atomique (CEA) à Cadarache, un colossal budget de recherche de plus de 16 milliards d'euros[1]. Ce réacteur expérimental de fusion produira peut-être un jour 500 mégawatts pendant 400 secondes, et une étape supplémentaire déjà baptisée "Demo" sera nécessaire avant – dans le meilleur des cas – un début de production industrielle vers la fin de ce siècle. Au lieu de mobiliser de considérables crédits pour une hypothétique solution qui ne pourra pas être opérationnelle avant après-demain alors que c'est demain que l'on n'est pas certain que la planète soit encore vivable, ne serait-il pas plus sage de tenter de résoudre avec un peu plus d'humilité nos problèmes de ce début du XXIe siècle ?

De fait, aucune des filières de production d'énergie nucléaire n'est en mesure d'apporter une contribution significative à la solution des défis climatiques et énergétiques dans la contrainte de temps qui nous est imposée par les données physiques incontournables. La question qui se pose alors aujourd'hui est simple : le jeu nucléaire en vaut-il vraiment la chandelle ? Cette question, qui pouvait passer pour saugrenue dans une France "fille aînée de l'Atome", a pris un sens radicalement différent depuis le 11 mars 2011, lorsque le mythe de l'infaillibilité de la technologie nucléaire a volé en éclats à Fukushima.

En 1979 à Three Mile Island, aux Etats-Unis, seul le sang-froid des agents de conduite de la centrale a permis de maîtriser de justesse, après bien des sueurs froides, la situation hautement critique de début de

1. Initialement estimé à 6 milliards d'euros, le budget d'ITER a déjà explosé, mi-2011, à 16 milliards d'euros. Sur ce total, la contribution européenne est passée de 2,7 milliards à 7,2 milliards d'euros, siphonnant de nombreux budgets européens (source : http://www.euractiv.fr).

fusion du cœur du réacteur. En 1986 à Tchernobyl, en Ukraine, l'amateurisme de l'équipe de pilotage a conduit à une catastrophe que certains continuent à considérer cyniquement comme un "accident soviétique" avant d'être un accident nucléaire. Vingt-cinq ans plus tard, en 2011, c'est le Japon, berceau de nombreuses technologies parmi les plus avancées, troisième puissance économique mondiale réputée pour la discipline et le sens du devoir de ses habitants, qui s'est trouvé confronté à un nouvel accident nucléaire majeur considéré comme quasiment impossible selon des calculs probabilistes.

Ne parvenant pas à maîtriser la situation, ce pays pourtant "à la pointe du progrès" s'est vu amputé de plusieurs centaines de kilomètres carrés d'un territoire déjà limité et sa population subit une contamination qui laissera des marques pour des décennies. Tchernobyl a précipité la chute de l'URSS, Fukushima affectera durablement le Japon. Peut-on imaginer ce qui se passerait dans un de ces pays candidats à l'achat de réacteurs, auprès desquels nos dirigeants ne se lassent pas de jouer le rôle de VRP du "nucléaire à la française", où la culture technologique est nettement moins développée et le système politique souvent très peu démocratique ?

La catastrophe de Fukushima a prouvé qu'en matière nucléaire ce qui passe pour extrêmement peu probable reste toujours possible. Et ce ne sont pas les incantations de quelques capitaines de l'industrie atomique ou responsables politiques exprimant leur foi inébranlable dans la technologie nucléaire française qui suffisent à contredire cette évidence.

Une autre question cruciale se pose : qui va payer les centaines de milliards d'euros que vont coûter à court, moyen et long terme les conséquences directes et indirectes de la catastrophe nucléaire de Fukushima – tout en sachant par ailleurs que la réparation des dégâts n'est évidemment pas qu'une question d'argent ? Ni les constructeurs ni les exploitants : ils n'en auraient de toute façon pas les moyens. Ni même les consommateurs japonais d'électricité : leur facture augmenterait démesurément, plombant lourdement la compétitivité de l'industrie et plongeant nombre de foyers dans la précarité énergétique. Pas non plus les assureurs : le risque d'accident majeur n'est couvert par aucune police d'assurance dans le monde entier, son coût serait bien trop élevé et rendrait impossible la "rentabilité" de n'importe quel type de réacteur[1]. Reste une seule solution : l'Etat japonais sera contraint de ponctionner l'économie du pays le temps qu'il faudra, au moins des dizaines d'années…

Aucune autre industrie ne bénéficie du privilège d'être assurée gratuitement par l'Etat, réduisant artificiellement le coût apparent du kilowattheure nucléaire en transférant cette charge sur la collectivité. Mais cet avantage concurrentiel, que l'on peut qualifier de déloyal dans le cadre d'une économie ouverte, ne peut se maintenir qu'à une condition : aucun accident majeur ne doit jamais venir enrayer une si belle mécanique…

Même s'il est peu probable, sous la pression des énormes intérêts en jeu, qu'on en vienne à une telle

1. La convention de Paris limite la couverture du risque à 700 millions d'euros pour les seuls dégâts subis par le réacteur lui-même ; au-delà, c'est l'Etat – donc nous tous – qui doit payer. Le coût global d'une catastrophe comme celles de Tchernobyl ou Fukushima est estimé pour la France à plusieurs centaines de milliards d'euros.

"extrémité", il faut s'attendre à une augmentation substantielle du coût de production du nucléaire, y compris en France. En effet, même les plus ardents partisans de l'atome sont aujourd'hui obligés d'admettre que le risque zéro n'existe pas et que l'amélioration constante des normes de sûreté et de sécurité est une condition impérative de sa crédibilité et de son acceptabilité par la population. Ainsi, chaque accident nucléaire répertorié conduit à réviser à la hausse les normes de sûreté en vigueur, non seulement pour les futurs réacteurs – l'EPR* a été conçu en tenant compte de Tchernobyl – mais également pour les réacteurs en fonctionnement.

Bien que les "tests post-Fukushima" conduits après la catastrophe restent loin de couvrir toutes les situations possibles, ils ont débouché sur des préconisations de renforcement très lourd – et donc coûteux – auquel il faut ajouter le coût de la rénovation de réacteurs vieillissants. Les estimations, marquées par de nombreuses incertitudes, couvrent une fourchette de 55 milliards à plusieurs centaines de milliards d'euros pour l'ensemble du parc de 58 réacteurs français. Ce coût additionnel va devoir être répercuté sur les prix de vente de l'électricité et s'ajouter ainsi aux augmentations déjà annoncées pour faire face aux besoins courants d'entretien et d'investissement, qui ont augmenté de 16 % ces dernières années et devraient continuer à grimper. Déjà, quelques semaines avant Fukushima, le président d'EDF de l'époque avait demandé un abaissement des normes de sûreté pour améliorer la compétitivité de l'électricité nucléaire. Si une telle exigence a été provisoirement mise en veilleuse, des voix s'élèvent à nouveau pour dénoncer l'impact économique jugé déraisonnable des exigences de sûreté.

Les leçons tirées du drame japonais ne feront qu'accroître la tendance constatée en France comme partout dans le monde : le coût de l'électricité nucléaire augmente et cette évolution va s'accélérer. Il rejoint déjà et dépassera inéluctablement celui des énergies renouvelables électriques qui, comme l'éolien ou le photovoltaïque, bénéficient à l'inverse d'une baisse régulière de leurs coûts. Plus ou moins rapide selon les filières en fonction de leurs caractéristiques, de leur maturité et de leur rythme de développement, cette baisse est inscrite de manière certaine dans la dynamique industrielle qui les porte.

De plus, la hausse des coûts de l'électricité nucléaire serait bien supérieure si les autres privilèges dont elle bénéficie étaient abolis : la non-prise en compte du coût de la gestion des déchets toxiques à vie très longue (jusqu'à plusieurs centaines de milliers d'années !)[1] ou le financement d'une bonne partie de la recherche par le budget de la défense tant il est vrai que le nucléaire civil et le nucléaire militaire sont fortement imbriqués.

Le choix du nucléaire se voulait une politique industrielle visant à maintenir un bas prix de l'énergie pour favoriser la consommation des ménages, améliorer la compétitivité de nos entreprises et exporter un savoir-faire dans le monde entier. Cinquante ans plus tard, force est de constater que nous sommes dans l'impasse. Le prix de l'électricité est maintenu artificiellement bas par le pouvoir politique alors que

1. Arguant du prétexte qu'aucun modèle économique ne sait calculer au-delà de quelques dizaines d'années un coût sur le très long terme, le "coût futur" des déchets est totalement minimisé dans les analyses comparatives entre énergies. Les générations futures paieront.

l'on sait sans équivoque qu'il ne reflète pas ses coûts. La France est en effet le seul pays de l'Union européenne, et probablement de l'OCDE, où le chef de l'Etat en personne continue de fixer le tarif de vente de l'électricité aux particuliers, alors qu'EDF ne cesse de réclamer de pouvoir l'augmenter pour refléter ses coûts de production.

La filière nucléaire française n'a plus ni cap ni boussole, plombée par des vérités qu'on tente de dissimuler. Que reste-t-il du mythe initial lorsque ses derniers espoirs d'exportation s'échouent sur le désastre des chantiers de construction de réacteurs EPR en Finlande et à Flamanville ?

Pendant ce temps, comme un château de cartes s'écroulant tout autour de la ligne Maginot des certitudes nucléaires françaises, l'Espagne, la Suisse, l'Allemagne et la Belgique ont confirmé, comme l'Italie et le Danemark bien avant elles, leur renoncement progressif à l'atome. Engagé dès 2001 dans cette voie, notre voisin d'outre-Rhin, grâce au soutien continu apporté à son marché intérieur et aux efforts de recherche de ses entreprises, réalise des excédents commerciaux exceptionnels en exportant des technologies à haute valeur ajoutée dans le secteur des énergies renouvelables et de l'efficacité énergétique.

LE NUCLÉAIRE, UNE HISTOIRE FRANÇAISE...

Pour comprendre à quel point le choix du nucléaire a façonné puis verrouillé la politique énergétique française depuis de nombreuses décennies, il nous faut remonter à la situation spécifique de la fin de la Seconde Guerre mondiale.

La France, qui figure officiellement dans le camp des vainqueurs mais a subi d'énormes dégâts, amorce sa reconstruction sous la direction d'un improbable attelage, sans équivalent en Europe, entre une droite prise en main par les gaullistes et une gauche dominée par le Parti communiste français (PCF). Ces forces politiques, auréolées de leur participation active à la Résistance, se rejoignent autour d'une tradition centralisatrice et jacobine propre à l'Etat français. Celle-ci s'incarne alors dans une approche planificatrice de l'économie et dans la volonté de restaurer une grandeur internationale ternie par l'épisode pétainiste. Le nucléaire, dont la communauté scientifique française se considère le berceau depuis les découvertes de la radioactivité naturelle par Henri Becquerel puis artificielle par Marie Curie, va parfaitement s'inscrire dans cette vision.

Cette période voit à la fois la nationalisation presque totale des secteurs de l'énergie, avec la création de trois entreprises exerçant chacune un monopole : EDF pour l'électricité, GDF pour le gaz naturel et CDF pour le charbon qui jouera un rôle important dans la reconstruction. Concession accordée au PCF, elles offrent à leurs salariés d'incomparables avantages sociaux propres à garantir dans la durée leur totale loyauté.

Simultanément est créé le Commissariat à l'énergie atomique, chargé à la fois de doter la France de l'arme nucléaire pour lui rendre son rang de "grande nation", et de préparer un programme nucléaire civil pour la production d'électricité, dans la droite ligne de la campagne "Atom for Peace" lancée par les Etats-Unis pour contrebalancer l'effet désastreux pour l'image de l'atome des bombardements d'Hiroshima et Nagasaki en août 1945.

Le premier objectif est atteint dès le 13 février 1960 avec “Gerboise bleue”, un nom poétique derrière lequel se cache le premier essai atmosphérique de la bombe atomique française dans le Sud algérien. Dans le cadre du programme nucléaire civil qui démarre trois ans plus tard, les 6 réacteurs des centrales de Chinon, de Saint-Laurent-des-Eaux et du Bugey seront mis en service entre 1963 et 1971, quelques années seulement avant le lancement en 1974 du second programme, marqué par le choix de la filière américaine Westinghouse, rachetée en 1999 par l'équipementier électrique suisso-suédois ABB avant de passer dans le giron du géant japonais Toshiba en 2006.

Objet jusqu'à aujourd'hui d'un quasi-consensus entre les forces politiques dites “de gouvernement”[1], la prééminence du nucléaire trouve aussi son origine dans la confiscation de la question de l'énergie par une institution très particulière fondée par Napoléon : le Corps des mines.

Ce club très fermé rassemble la crème des ingénieurs français qui ont vocation à investir la haute administration de l'Etat et les organes dirigeants des grandes entreprises. Adeptes de la première heure du nucléaire, ils occupent tous les postes de décision associés à sa promotion.

C'est cette connivence qui a permis que le programme de 1974, l'un des plus ambitieux au monde du point de vue industriel, ait pu être lancé sans aucun débat ni consultation démocratique, par un simple échange téléphonique entre le président d'EDF et le Premier

1. A l'exception notable des écologistes qui ont eu des ministres de 1997 à 2001 et de 2012 à 2014.

ministre de l'époque, tandis que le président Georges Pompidou vivait ses derniers jours.

UNE INDÉPENDANCE EN TROMPE-L'ŒIL

Parmi les arguments régulièrement assénés en faveur du nucléaire on trouve la fameuse indépendance énergétique, qui serait supérieure à 50 % grâce à l'atome et qui aurait même atteint en 2014, selon le bilan publié par le CGDD[1], le record historique de 56 % : impressionnant mais totalement faux !

Pour parvenir à ce chiffre, il faut prendre en compte la totalité de l'énergie produite par les centrales nucléaires. Pas seulement l'électricité fournie par les alternateurs, mais aussi les immenses pertes de chaleur, celles qui vont réchauffer les rivières ou qui s'évacuent dans les panaches de vapeur d'eau sortant des immenses tours de refroidissement qui marquent le paysage.

Pour comptabiliser cette chaleur perdue et faire croire qu'elle sert à quelque chose, nos ingénieux ingénieurs ont inventé la notion bien étrange, sous des apparences anodines, d'"électricité primaire" : pour bien comprendre la manipulation, un petit décryptage s'impose.

Le dictionnaire nous apprend qu'une source d'énergie primaire est celle qui est disponible dans la nature avant toute transformation : le pétrole brut, le bois, le vent ou le minerai d'uranium répondent à cette définition. Mais il n'existe pas de mines ou de gisements

1. Le Commissariat général au développement durable, qui dépend du ministère de l'Ecologie.

d'électricité ; on ne la trouve telle quelle dans la nature que dans les éclairs des jours d'orage, mais, entre leur puissance phénoménale et l'impossibilité de les prévoir, on n'est pas près de savoir en capter l'énergie !

L'INSEE affirme sans aucun argument que "l'électricité primaire est l'électricité d'origine nucléaire, hydraulique, éolienne, solaire photovoltaïque et géothermique". On comprend bien pour l'hydraulique, l'éolien et le photovoltaïque : la conversion est directe, sans perte de chaleur. Et la chaleur non utilisée par la géothermie est restituée au milieu dont elle provient, elle n'est donc pas perdue. Mais pour le nucléaire, comme pour le gaz, le charbon ou le pétrole, les lois de la thermodynamique[1] nous indiquent qu'environ un tiers seulement de la chaleur produite par la fission des atomes ou par la combustion peut être récupéré sous forme d'électricité.

Le CGDD précise de son côté que "la Convention internationale [...] veut que l'électricité d'origine nucléaire soit comptabilisée pour la chaleur produite par la réaction, chaleur dont les deux tiers sont perdus lors de la conversion en énergie électrique".

Ainsi, le nucléaire, malgré un piètre rendement entre énergie primaire* et énergie finale* bénéficie par convention d'un traitement de faveur : sa chaleur perdue est comptée comme de l'électricité ! Or cela n'a rien d'anecdotique : elle représente de l'ordre de 900 milliards de kilowattheures par an, plus que toute la chaleur nécessaire au chauffage de tous les

1. Principes physiques universels, peu susceptibles d'une réforme, qui furent découverts au XIXe siècle par Sadi Carnot, le savant homonyme et parent du président de la République assassiné en 1894.

bâtiments (logements, bureaux, industrie, équipements publics...) en France.

Calculé en ne prenant en compte que la fraction utile de l'énergie nucléaire, le taux d'indépendance de la France dégringole de 50 % à 30 %, dont 20 % seulement imputables à l'atome, le reste provenant des énergies renouvelables thermiques (bois) et électriques (hydraulique et éolien principalement).

Mais ce n'est pas tout : le plus élémentaire bon sens voudrait, pour évaluer le taux d'indépendance énergétique d'un pays, que l'on ne compte que les seules sources d'énergie primaire présentes sur son territoire. Or, depuis la fermeture en 2001 de la dernière mine française, la totalité du minerai brut d'uranium est importée du Kazakhstan, du Canada et du Niger. Pour pouvoir alimenter les réacteurs, cet uranium doit être "enrichi", c'est-à-dire concentré, dans des usines qui, elles, sont situées en France : à sa sortie, l'uranium enrichi est comptabilisé par ce subtil tour de passe-passe comme une ressource nationale.

Le même raisonnement appliqué au pétrole conduirait à considérer que les carburants qui sortent des raffineries françaises sont des ressources nationales contribuant à l'indépendance énergétique qui, à ce compte-là, serait proche des 90 % : cherchez l'erreur !

Voilà comment la France, en bricolant la réalité, est officiellement passée d'un taux d'indépendance énergétique de moins de 25 % en 1973, au moment du premier choc pétrolier, à plus de 50 % après le déploiement de son second programme nucléaire, alors que ce taux a en réalité diminué pour atteindre aujourd'hui à peine plus de 10 %.

Ce n'est pas tout. En plus de cette tromperie grossière sur l'indépendance énergétique, les ingénieurs du Corps des mines ont multiplié de petits arrangements avec les lois de la physique, comme le taux de conversion primaire-final de l'électricité ou le contenu en émissions de CO_2* du chauffage électrique par effet Joule*, ces convecteurs rebaptisés grille-pains par quelques esprits facétieux.

Le mot d'ordre "Tout électrique, tout nucléaire" inventé par eux au début des années 1970 a si profondément imprimé sa marque dans l'esprit de plusieurs générations d'hommes et de femmes politiques qu'ils sont encore nombreux à avoir beaucoup de mal à imaginer qu'un autre avenir énergétique soit possible...

LES RENOUVELABLES À L'INDEX

A l'heure où le mythe de la toute-puissance du nucléaire commence à s'effriter sérieusement, on peut mesurer à travers quelques exemples tirés de l'histoire plus ou moins récente à quel point la mainmise de l'atome sur le monde politique et scientifique a pu faire perdre des opportunités à l'industrie française.

Le premier remonte à près de soixante ans : c'est en effet en septembre 1958 que le Bureau des études scientifiques et techniques (le BEST), dépendant de la Direction des études et recherches d'EDF, a mis en service à Nogent-le-Roi, à une cinquantaine de kilomètres à l'ouest de Paris, une éolienne expérimentale baptisée "BEST-Romani" du nom de son concepteur, d'une puissance* nominale de 650 kilowatts*. Cette machine, assez semblable à celle des éoliennes actuelles, atteignait 30 mètres de diamètre pour une hauteur maximale en bout de pale de 46 mètres, et a fonctionné pendant presque cinq ans avec de très bons résultats. Mais en 1963, un essai avec un nouveau rotor plus rapide a conduit à la rupture d'une pale. Faute de financement pour la remplacer, la turbine est restée à l'arrêt plusieurs années et a fini par être démontée et ses composants mis à la casse en 1966[1].

Il faudra attendre 1995 (trente-deux ans plus tard !) pour que les Danois, considérés comme les pionniers mondiaux de l'éolien moderne, mettent en service des machines d'une puissance équivalente. L'entreprise Vestas, propriété à 80 % de petits actionnaires danois, est aujourd'hui l'un des leaders mondiaux du secteur, réalisant 15 milliards d'euros de chiffre d'affaires et exportant ses machines et son savoir-faire sur toute la planète.

Que s'était-il donc passé entre 1958 et 1963 ? La réponse est simple : le directeur de la recherche d'EDF était parti à la retraite, le premier programme nucléaire français avait été lancé et l'électricien national avait décidé d'arrêter le financement du développement de l'énergie éolienne, jugée sans aucun avenir…

Des mésaventures similaires affecteront les fours solaires d'Odeillo et de Mont-Louis, puis la centrale Thémis, tous situés à côté de Font-Romeu dans les Pyrénées-Orientales où furent menées dès 1949 des recherches avant-gardistes, d'abord sur la concentration de la chaleur solaire par Félix Trombe, chercheur au CNRS et figure historique du solaire, puis sur la production d'électricité par voie thermodynamique

1. Seule la présence sur le terrain des plots en béton qui supportaient les pieds de la machine atteste aujourd'hui la réalité de cette expérience. Sa mémoire a heureusement été conservée grâce au fils de l'un des ingénieurs, qui en a fait le thème d'un site Internet : http://eolienne.cavey.org.

par EDF. Alors que la France disposait d'une avance considérable, ces recherches furent abandonnées en 1986 pour les premières, en 2004 pour les secondes.

Quant à la filière photovoltaïque, basée sur la découverte du Français Antoine Becquerel en 1839 et dans laquelle la France comptait au début des années 1980 deux champions nationaux figurant parmi les quatre leaders mondiaux, France-Photon et Photowatt, elle subit en 1986, sous le gouvernement de Jacques Chirac, un brusque arrêt des aides à la recherche et au développement, qui eut pour conséquence la liquidation pure et simple de France-Photon. Photowatt, de son côté parvint tout juste à se maintenir à flot pendant une vingtaine d'années, d'abord en étant rachetée par des Canadiens puis en profitant du marché allemand en plein essor. Mais elle perdit peu à peu son rang jusqu'à une descente aux enfers qui se conclut à l'automne 2011 par son rachat imposé à EDF par Nicolas Sarkozy en personne, et, après sa mise en redressement judiciaire, le licenciement de la moitié du personnel et la vente sur Internet des lignes d'assemblage qui avaient fait la fierté de cette PME 100 % française…

Prisonnier du mythe d'un nucléaire tout-puissant qui entretient la confusion entre électricité et énergie et triche sur la réalité physique et économique, notre pays s'est enfermé dans une vision tronquée des conséquences environnementales et sociales de choix qui n'ont jamais été vraiment discutés démocratiquement. Le débat sur notre avenir énergétique a besoin de clarté et de transparence. Si nous voulons qu'il puisse se tenir de manière sereine et constructive, il faut commencer par rétablir la simple vérité des faits. Ce n'est qu'à cette condition que nous pouvons espérer trouver et mettre en œuvre les solutions à la hauteur des menaces et des enjeux.

Or ces solutions existent. Fondées sur une définition éthique et une vision à long terme du développement durable, organisées autour d'une approche "systémique" de l'énergie, elles ouvrent très largement le champ des possibles.

2

L'ÉNERGIE SOUS TOUTES SES FORMES

Au cœur de l'ensemble des phénomènes que l'on peut observer sur Terre et dans l'univers, l'énergie[1] est à la base même de notre existence : depuis le micro-organisme le plus minuscule jusqu'aux activités humaines les plus élaborées, il n'y a pas de vie possible sur Terre sans consommation d'énergie. Se nourrir pour survivre, se protéger pour ne pas mourir, se déplacer pour se rencontrer et se reproduire : nous avons besoin d'énergie pour assurer les fonctions les plus ancestrales et les plus vitales dont la nature nous a dotés, mais aussi pour les nombreux usages plus sophistiqués qui se sont ajoutés au fil du temps. Nous consommons de l'énergie en permanence, bien souvent sans même nous en apercevoir : en appuyant sur un interrupteur, en conduisant notre voiture, en téléphonant à nos amis et même en dormant, car notre corps est une machine régulée à 37 °C, qui a en permanence besoin d'énergie pour assurer ses fonctions vitales.

L'énergie est, pour simplifier, la force qui permet aux êtres vivants de croître et de se mouvoir, et aux objets d'être transformés et déplacés. Nous sommes

1. Le mot "énergie" vient du latin *energia*, lui-même issu du grec *energeia* qui signifie "la force en action", exprimant ainsi un concept rattaché à la notion de mouvement.

capables d'en ressentir les effets avec nos sens, par exemple la chaleur ou la lumière, mais pas vraiment de la percevoir en tant que telle. Un litre de pétrole contient *potentiellement* une certaine quantité d'énergie, mais celle-ci ne sera utilisée que si on le fait brûler dans le moteur d'une voiture, un poêle à mazout ou une centrale électrique. De même, les rayons du Soleil apportent de la lumière grâce aux *photons* qui les composent – des sortes de "grains de lumière" sans masse –, mais on ne pourra utiliser l'énergie qu'ils contiennent qu'à travers une transformation, en captant directement ces photons pour produire de l'électricité à l'aide d'un panneau photovoltaïque ou bien en brûlant le bois d'un arbre qui aura poussé en stockant le carbone de l'atmosphère grâce à la photosynthèse.

Les usages de l'énergie sont de trois grands types. En France, par ordre d'importance des quantités consommées, vient d'abord la *chaleur* (et son inverse, le froid), qui sert à maintenir la température dans les bâtiments, à fournir de l'eau chaude sanitaire, à conserver ou à faire cuire les aliments, alimenter des processus dans l'industrie. Le deuxième type est la *mobilité*, qui nous permet de nous déplacer et de transporter les marchandises. Enfin le troisième, l'*électricité dite "spécifique"*, regroupe tous les services que seule l'électricité peut fournir, comme l'éclairage, l'informatique et l'électronique, ou encore les nombreuses applications des moteurs électriques.

La somme de tous ces besoins énergétiques constitue la *demande* en énergie, à laquelle répondent des productions, c'est-à-dire une *offre* d'énergie. Offre et demande doivent autant que possible toujours s'équilibrer, mais dans des contraintes de temps différentes selon que l'on sait ou non stocker l'énergie : à tout instant pour l'électricité, sur quelques heures pour la chaleur, sur l'année voire davantage pour les carburants.

Mais au fait, avons-nous besoin d'électricité, ou bien de nous éclairer, de communiquer et de faire fonctionner des moteurs ? Avons-nous besoin de gaz ou de bois, ou bien d'avoir chaud à la maison et de prendre une douche ? Avons-nous besoin de litres d'essence, ou bien d'aller chez des amis ou de transporter des marchandises ? En réalité, ce dont nous avons "besoin", c'est d'accéder à un *service énergétique* et non de *consommer* de l'énergie.

Ces notions sont souvent confondues, suscitant la croyance qu'il faut et qu'il suffit de consommer plus d'énergie pour avoir un meilleur service rendu. Or, cela peut parfaitement être l'inverse ! Prenons l'exemple d'un logement mal isolé, aux parois froides et humides, aux fenêtres mal jointives. Dans cette maison, l'occupant devra pousser le chauffage pour vaincre les pertes de chaleur et l'humidité, augmentant la température de l'air sans vraiment améliorer le confort. Les parois froides et l'air chaud provoqueront des courants d'air, incitant encore à forcer le chauffage. La consommation (et donc la facture) sera plus élevée, pour un service rendu guère meilleur. Supposons maintenant que les murs aient été isolés et les fenêtres changées pour des huisseries plus étanches avec des vitrages performants. Les parois perdront alors peu de chaleur, la température superficielle des murs sera proche de la température de l'air et les courants d'air inexistants. Le service énergétique rendu sera alors meilleur, pour une consommation d'énergie plus faible !

On peut donc diminuer la consommation (la quantité) et augmenter le service (la qualité). A une échelle plus globale, l'expérience montre que la quantité de biens et de services consommés que traduit le PIB ne garantit pas une meilleure qualité de vie.

Mais continuons à décortiquer, pour mieux les comprendre, quelques termes qui sont souvent source de confusion, comme *énergie utile**, *énergie finale* et *énergie primaire*, ou encore *vecteurs énergétiques* et *chaînes énergétiques*.

Un besoin sera satisfait par de l'*énergie utile*, celle qui procure effectivement le service attendu. Mais pour fournir ce service, il faudra un équipement qui fonctionne avec des *pertes à l'utilisation*, déterminées par le rendement des appareils utilisés. Ainsi, une chaudière au gaz à condensation peut avoir un rendement de 95 %, mais le moteur d'une voiture ne dépasse pas 30 %, et une cheminée sans insert plafonne à 15 %.

Cet équipement sera alimenté par de l'*énergie finale*, celle qui est achetée à un fournisseur : le plein de carburant pour la voiture, la fourniture d'électricité ou de gaz, la livraison de bois, etc. L'énergie finale est donc égale à l'énergie utile consommée plus les pertes.

Pour produire, acheminer et délivrer cette énergie finale, il a d'abord fallu mobiliser une certaine quantité d'*énergie primaire*, celle que l'on trouve telle quelle dans la nature : le gisement de pétrole, de charbon, de gaz naturel ou d'uranium, le Soleil, le vent, le cours d'eau, la forêt, les courants marins ou la chaleur du cœur de la Terre. Entre énergie primaire et énergie finale, il y a également des *pertes à la production, à la transformation et à la distribution*.

Le lien entre toutes ces étapes passe par un *vecteur énergétique* (l'eau chaude ou la vapeur d'un réseau de chaleur, l'électricité, les carburants, l'hydrogène...), qui est le support physique permettant à l'énergie de se transmettre de proche en proche à travers des *chaînes énergétiques* plus ou moins longues et complexes, jalonnées de transformations. Entre les deux bouts de la chaîne que sont l'énergie primaire et l'énergie utile, les pertes s'ajoutent les unes aux autres. La quantité impressionnante des pertes générées par notre système énergétique actuel découle de choix inappropriés et de mauvaises pratiques à presque toutes les étapes : c'est là que se situe l'un des nœuds du problème ! Chercher à réduire ces pertes est donc l'une des pistes les plus fructueuses pour desserrer les contraintes.

Un exemple simple, comme le chauffage d'une maison par une chaudière au gaz, permet de mieux comprendre tous ces termes et d'appréhender comment les choses s'enchaînent entre elles. Le *besoin* consiste à se sentir confortable lorsqu'il fait froid dehors. Le *service énergétique* sera rendu par un ensemble d'équipements et de dispositifs (la maison qui nous isole de l'extérieur, la chaudière, ses radiateurs et son système de réglage) qui fourniront l'*énergie utile* pour maintenir la pièce à la bonne température. Cette chaleur arrive aux radiateurs par un *vecteur énergétique*, de l'eau chaude. Celle-ci est chauffée par une chaudière qui, pour fonctionner, a besoin d'être alimentée en *énergie finale* par deux *vecteurs énergétiques* : du gaz naturel pour produire de la chaleur et de l'électricité pour faire fonctionner le brûleur à gaz et la pompe de circulation de l'eau chaude. Continuons à remonter la chaîne énergétique : le vecteur gaz vient d'une source d'*énergie primaire*, le gaz naturel fossile, qu'il aura fallu extraire, purifier, transformer éventuellement en un autre *vecteur énergétique*, du gaz liquéfié, pour le transporter jusqu'à un point d'injection dans le réseau de distribution. Le second vecteur énergétique, l'électricité, provient le plus souvent d'une combinaison de sources d'*énergies primaires* comme l'uranium, le gaz, l'éolien, l'hydraulique… (on parle alors de *mix* ou de *bouquet énergétique*), qui ont été transformées par des équipements de production (centrale nucléaire ou à gaz, éoliennes, barrages et turbines) alimentant le réseau électrique.

Les pertes de transformation, de transport ou de distribution que l'on constate à chaque étape s'additionnent et il est très instructif de les chiffrer. Dans notre exemple, pour un potentiel de 100 d'énergie primaire contenu dans le gaz naturel fossile, les pertes dues à l'extraction, au raffinage, au transport et à la distribution du gaz dans le réseau sont de l'ordre de 15 %. Il ne reste donc de l'énergie primaire que 100 diminué de 15 %, soit 85, au niveau de la maison à chauffer, c'est-à-dire de l'*énergie finale*. Les pertes du système de chauffage peuvent être de l'ordre de 20 %, parfois plus. De 85, la quantité d'*énergie utile* fournie aux pièces de la maison est donc de 85 diminué de 20 %, soit 68. On aura ainsi perdu 100 – 68 = 32 %, soit près du tiers de l'énergie primaire mobilisée.

Le résultat peut être encore plus surprenant si l'on suppose maintenant que cette maison est chauffée par des convecteurs électriques, avec une électricité à 100 % d'origine nucléaire. Pour un potentiel de 100 d'énergie primaire contenue dans l'uranium, les pertes énergétiques dues à l'extraction, au transport et à l'enrichissement du minerai d'uranium sont de l'ordre de 14 %. Il ne reste donc de l'énergie primaire que 100 diminué de 14 %, soit 86, à l'entrée de la centrale nucléaire. Là, la conversion de la chaleur en électricité se fait avec un rendement de 33 %, la chaleur produite étant évacuée dans la mer ou les fleuves servant au refroidissement. Le vecteur énergétique électricité ainsi produit n'est donc que 86 multiplié par 33 %, soit 28 des 100 initiaux. Et ce n'est pas fini ! Les pertes en ligne étant de l'ordre de 8 %, l'*énergie finale* délivrée n'est donc que de 28 diminué de 8 %, soit 26. Le chauffage par convecteurs ayant pour sa part un rendement de 95 %, l'énergie utile n'est que de 26 multiplié par 0,95, soit 25 sur les 100 du départ. Les pertes globales sont donc de 100 – 25, soit 75 % : les trois quarts de l'énergie primaire sont perdus en cours de route !

Cet exemple montre que seul un regard complet sur l'ensemble de la chaîne énergétique permet d'apprécier la pertinence d'un système : le rendement local (final/utile) de 95 % d'un convecteur électrique est très bon, mais son rendement global (primaire/utile) de 25 % est franchement médiocre !

Il nous faut en réalité poser sur l'énergie un autre regard. Partir de nos besoins de services énergétiques, comprendre d'abord comment nous pouvons les réduire, puis comment nous pouvons y répondre avec le moins possible de pertes, et enfin choisir les sources d'énergie primaire les moins pénalisantes pour l'environnement et les plus abondantes sur le long terme : voilà le chemin que la démarche négaWatt nous invite à parcourir.

RÉFLÉCHIR À NOS BESOINS : LA SOBRIÉTÉ

Ce changement de regard doit nous conduire à appréhender autrement la réalité, en appliquant la première étape de la démarche négaWatt : la *sobriété.* Cette notion nous renvoie à nous-mêmes, à nos comportements individuels et collectifs. Elle nous invite à nous interroger avant tout sur nos besoins, sur leur importance réelle ou supposée, ainsi que sur les priorités que nous pouvons établir entre eux.

Un peu comme nous classons aujourd'hui les appareils électroménagers ou les logements selon l'"étiquette-énergie" qui va de A à G, il est possible de classer l'ensemble de nos besoins selon une échelle allant des besoins "vitaux", ceux dont aucun être humain ne peut se passer, aux besoins "nuisibles", ceux dont la satisfaction nous procure un plaisir souvent égoïste et dérisoire en regard des méfaits qu'ils provoquent directement ou indirectement sur l'environnement ou sur autrui, aujourd'hui ou demain. Entre ces deux extrêmes, nous pouvons définir une hiérarchie qui passe des besoins vitaux à ceux qui sont essentiels, puis indispensables, utiles, convenables, accessoires, futiles, extravagants et inacceptables.

Chacun peut se livrer à l'exercice pour lui-même, en famille ou au travail, de façon à prendre conscience de l'impact de tel ou tel achat, de tel ou tel comportement : est-il innocent d'aller passer le réveillon de Noël à l'autre bout de la planète en avion, de conduire un véhicule surdimensionné en centre-ville, de manger de la viande à tous les repas, d'avoir une piscine dans le jardin qui ne sert que quinze jours par an, ou encore d'éclairer toute la nuit comme en plein jour des espaces publics où personne ne passe ? L'analyse des chaînes énergétiques fournit la mesure de l'impact de ces pratiques, qui est souvent aussi méconnu qu'impressionnant.

Il est également très instructif de faire cet exercice à un niveau plus collectif, dans le cadre d'un débat entre citoyens préalablement sensibilisés et informés, de façon à fournir des indications qui puissent se traduire au niveau politique par la mise en place d'instruments réglementaires ou financiers, allant de l'obligation à l'interdiction en passant par l'incitation et son contraire, la *désincitation*, censée dissuader tel ou tel comportement.

Il ne s'agit pas de s'infliger une cure d'austérité en appliquant à la lettre des principes moraux qui guideraient nos moindres gestes et comportements, mais de faire jouer à plein ce qui est la contrepartie indissociable de notre liberté : notre responsabilité ! La difficulté provient du fait que ceux à qui nous devrions rendre compte, si nous perdons de vue le sens de cette responsabilité, sont hors de notre regard. Ils ne sont pas là pour agiter sous nos yeux la facture qu'il faudra bien que quelqu'un finisse par payer un jour ou l'autre : ce sont, bien sûr, nos enfants et les enfants de nos enfants, ceux à qui nous empruntons cette Terre[1].

Au-delà d'un simple classement de nos besoins, la réflexion sur la sobriété énergétique, en nous invitant à modifier nos comportements vis-à-vis de tel usage, nous aide surtout à mieux "calibrer" nos choix quotidiens et nous guide dans nos décisions, en particulier

1. "Nous n'héritons pas la Terre de nos parents, nous l'empruntons à nos enfants" : citation d'Antoine de Saint-Exupéry, proverbe indien ou dicton africain ? En fait, nul ne le sait, ce qui n'enlève rien à la profondeur du propos, bien au contraire !

pour l'achat des équipements. Cette réflexion est d'autant plus fertile qu'elle peut s'appliquer de manière complémentaire, à plusieurs niveaux.

Prenons par exemple nos besoins de mobilité individuelle. Le *principe de sobriété* nous incite d'abord à les réduire en essayant de nous rapprocher de notre lieu de travail ou de trouver un emploi à proximité de notre domicile, voire de pratiquer le télétravail. Nous pouvons aussi recourir de préférence pour nos trajets quotidiens à un "mode doux" de déplacement : marche, vélo, rollers, trottinette…

Un deuxième niveau, que nous appellerons la *sobriété dimensionnelle*, s'applique surtout au moment d'un choix d'investissement ou de l'achat d'un équipement. Elle va nous inciter par exemple à choisir la taille et la puissance d'un véhicule de façon qu'elles soient adaptées au mieux au type de déplacement que nous envisageons en fonction de la distance et du nombre de personnes ou de la charge à transporter. Elle conduira souvent à réduire la puissance d'un appareil, à éviter toute surpuissance inutile.

Vient ensuite la *sobriété coopérative*, qui exploite les avantages de la mise en commun pour réduire les besoins, par exemple par la mutualisation des équipements ou l'organisation collective des territoires. Elle incitera à préférer l'abonnement à un service d'autopartage ou la location ponctuelle d'une voiture plutôt que la propriété individuelle, poussera à pratiquer le covoiturage.

Enfin, la *sobriété d'usage* consiste à limiter le niveau ou la durée d'utilisation d'un appareil ou d'un système à ce qui est vraiment nécessaire. Ce juste usage nous évitera d'appuyer trop fort sur l'accélérateur et nous incitera à adopter une "conduite douce", avec comme bénéfice supplémentaire la réduction des risques d'accident.

Le même exercice appliqué au lavage du linge aura pour résultat la préférence pour des vêtements peu salissants, le choix d'un lave-linge adapté à la taille de la famille, la prohibition du "surlavage" (on ne lave que ce qui est vraiment sale !), la préférence pour la laverie collective ou la buanderie de pied d'immeuble comme cela se pratique couramment dans les pays nordiques, et enfin – si on le peut – l'abandon du sèche-linge électrique au profit de l'un des objets les plus négaWatt qui soient : la pince à linge et ses deux indispensables accessoires, la brise légère et le fil d'étendage !

Mais la sobriété ne s'applique pas qu'à nos comportements ou à une sélection judicieuse de nos appareils. Elle doit aussi guider nos choix collectifs, notamment d'aménagement de l'espace. Ainsi, en matière d'urbanisme, la sobriété dimensionnelle veillera à ne pas créer des équipements publics inutilement prestigieux, sans souci des charges de fonctionnement. La sobriété coopérative cherchera à mutualiser ces équipements ainsi que les moyens de transport, à permettre un accès de tous à la lumière et au soleil dans la conception du plan d'urbanisme. Quant à la sobriété d'usage, elle favorisera la flexibilité des espaces et des bâtiments afin d'en optimiser l'occupation.

Ni cette classification ni ces exemples ne prétendent bien entendu faire le tour de la question : la sobriété, ce premier maillon de la démarche négaWatt, reste un sujet fertile de réflexion et de discussion – c'est aussi ce qui en fait l'intérêt ! Mais il est illusoire de croire que la transition énergétique peut faire l'impasse sur les changements de comportements individuels et collectifs qu'elle implique.

OPTIMISER LES CHAÎNES ÉNERGÉTIQUES : L'EFFICACITÉ

La deuxième étape de la démarche négaWatt est plus classique dans le monde de l'énergie et, plus généralement, de l'industrie et de la technologie : c'est celle de l'*efficacité*. Elle consiste à utiliser le moins d'énergie possible pour répondre à un besoin que l'on aura bien entendu lui-même préalablement réduit par l'application du principe de sobriété. C'est elle qui nous conduit à bien isoler nos logements, à augmenter le rendement de nos appareils et de nos équipements, à optimiser les processus de fabrication dans nos usines ou à réduire les pertes des systèmes de production, d'acheminement et de distribution de l'énergie.

On retrouve ici la "chasse au gaspi" qui avait fait florès au moment du premier choc pétrolier au milieu des années 1970. S'appuyant sur des calculs rigoureux et mesurant le résultat des solutions choisies et mises en œuvre, l'*efficacité* va permettre, en limitant les pertes, d'améliorer les performances à chaque étape des différentes chaînes énergétiques, depuis la ressource primaire jusqu'à la satisfaction des besoins.

Comme pour la sobriété, on peut distinguer plusieurs niveaux d'application du principe d'efficacité en suivant les principales étapes d'une chaîne énergétique. Partons pour cela de l'*énergie utile*, dont on a vu qu'elle en est toujours l'origine. Il est possible de la réduire en s'appuyant sur l'environnement immédiat et sur les conditions réelles de l'usage considéré, par exemple en isolant un bâtiment, en récupérant le rayonnement solaire hivernal par une orientation judicieuse des fenêtres ou en favorisant la pénétration d'une voiture dans l'air (le CX). On parlera ici d'*efficacité adaptative.*

Au stade de l'*énergie finale*, l'*efficacité de fonctionnement* ou *d'appareillage* concerne l'augmentation du rendement des appareils et des équipements, la limitation des pertes ou des fuites, la performance des moteurs.

En remontant à l'*énergie primaire*, c'est le rendement du système de production, de transformation et d'acheminement de l'énergie sur lequel l'attention doit se porter pour réduire les pertes en ligne pour l'électricité ou les fuites pour la distribution du gaz, améliorer le raffinage pour les carburants ou limiter la distance de livraison pour le bois. On évoquera alors l'*efficacité productive.*

Si l'on reprend l'exemple de la mobilité individuelle, l'*efficacité adaptative* découlera de la récupération de l'énergie dissipée lors du freinage comme cela existe notamment sur les voitures hybrides, l'*efficacité de fonctionnement* sera liée au bon réglage et à l'entretien régulier du moteur, l'*efficacité productive*, enfin, s'appuiera sur une optimisation du transport ou du raffinage du carburant.

Pour que l'approche soit complète et cohérente, il est indispensable d'appliquer aussi le principe d'efficacité à un quatrième niveau qui intervient de manière transversale, à la fois en amont et en aval du processus de consommation. Il s'agit de l'énergie qui a été nécessaire à la fabrication des matériaux, des appareils et des systèmes ou à la construction des bâtiments, et que l'on appelle *énergie incorporée*. Si on lui ajoute, dans une logique de "cycle de vie", l'énergie qui sera nécessaire au recyclage, on obtient ce que l'on appelle l'*énergie grise*, nommée ainsi parce qu'elle n'est pas directement visible lors de la période de fonctionnement ou d'exploitation de ces équipements. Selon les secteurs, l'énergie grise a un poids relatif plus ou moins important en comparaison de toute l'énergie consommée pendant la durée de fonctionnement. Dans certaines situations, ce poids peut être tellement important qu'il diminue considérablement le bilan réel des actions d'efficacité sur les autres niveaux. C'est particulièrement net dans le cas du bâtiment. Nous savons aujourd'hui construire des bâtiments extrêmement efficaces, dans lesquels les besoins de chauffage sont tellement réduits, grâce à une bonne conception et à un excellent niveau d'isolation, qu'ils peuvent être chauffés uniquement par les "apports passifs internes", c'est-à-dire la chaleur dégagée par le corps des occupants[1] et les appareils électriques en fonctionnement, auxquels s'ajoutent les "apports passifs externes" du rayonnement solaire capté par les parois. Si pour édifier ces immeubles, qualifiés à juste titre de "passifs", on utilise les matériaux classiques fabriqués aujourd'hui, le contenu énergétique du bâtiment peut représenter l'équivalent de plusieurs dizaines d'années de la consommation d'énergie nécessaire à son usage.

Bien entendu, l'énergie grise concerne, au premier chef, l'industrie de fabrication des "biens intermédiaires", tous les matériaux, équipements, véhicules et machines de toutes sortes qui nous servent à différents usages. Mais le consommateur final qui les utilise a un rôle déterminant en tant que "donneur d'ordre" : à défaut d'une réglementation ou d'une fiscalité adaptée, c'est en définitive lui qui influe, consciemment ou

1. Que l'on récupère au niveau de l'extraction de l'air vicié.

non, sur le niveau d'efficacité qui s'applique à l'énergie grise.

Bien sûr, les différents niveaux d'efficacité peuvent s'appliquer à un même cas et se combiner entre eux en se renforçant, de même qu'ils peuvent se combiner avec les différents niveaux de sobriété. Sobriété et efficacité se conjuguent ainsi pour permettre de réduire la quantité d'énergie à mobiliser pour satisfaire nos besoins de services énergétiques et agissent donc sur la *demande* d'énergie. Mais même lorsque la consommation d'énergie est fortement réduite grâce aux actions de sobriété et d'efficacité énergétique, il reste toujours nécessaire de produire physiquement, d'une manière ou d'une autre, l'énergie nécessaire à la satisfaction du besoin initial. La troisième étape du triptyque négaWatt s'intéresse donc à la production, c'est-à-dire à l'*offre* d'énergie.

RÉPONDRE AUX BESOINS RÉSIDUELS : ÉNERGIES DE STOCK OU ÉNERGIES DE FLUX ?

Après avoir réduit la consommation d'énergie par des actions de sobriété et d'efficacité, il importe de choisir, parmi les multiples filières qui constituent l'offre d'énergie, celles qui répondent le mieux aux critères de ce qu'il est convenu d'appeler le "développement durable". Même si l'on peut considérer que le sens de cette expression a été galvaudé par un usage inconsidéré, on peut trouver, en revenant à sa définition originale, une source d'inspiration qui nous permet d'arbitrer entre différentes options. Ainsi, selon le rapport publié en 1987 par la Commission mondiale sur l'environnement et le développement de l'ONU, présidée par la Norvégienne Gro Harlem Brundtland, le développement durable est "un développement qui répond aux besoins des générations du présent sans compromettre la capacité des générations futures à répondre aux leurs".

Comme on l'a vu plus haut, aucune des sources d'énergie fossile ou fissile, qui représentent ensemble plus de 90 % de l'approvisionnement mondial d'aujourd'hui, ne répond à cette définition. Elles ont en effet comme premier point commun d'exploiter des stocks de matières qui se trouvent en quantité limitée dans le sous-sol de la Terre, et qui arriveront donc tôt ou tard à épuisement. Ensuite, leur consommation cause à l'environnement des dégâts à l'échelle locale, régionale ou mondiale qui sont souvent irréversibles, et dont le caractère cumulatif est particulièrement inquiétant. Même si nous cessions dès aujourd'hui de les utiliser, leurs méfaits (pollution de l'air, déchets toxiques) continueraient à se faire sentir pendant des décennies, des siècles, voire des millénaires.

Face à ces risques, pourquoi l'humanité s'est-elle mise à consommer de plus en plus d'énergie stockée, jusqu'à remettre en cause sa propre survie sur la planète qu'elle habite ? La raison principale est le *degré de concentration de l'énergie* au sein de la matière, de plus en plus élevé au fur et à mesure des découvertes, qui a permis à l'humanité d'augmenter dans des proportions absolument extraordinaires sa capacité à transformer le monde et à dominer les éléments naturels, au point de lui faire croire que sa toute-puissance était définitive.

Homo erectus, d'abord limité par sa propre force musculaire, a appris il y a 400 000 ans à maîtriser le feu. Puis, il y a quelques milliers d'années seulement, il a commencé à exploiter l'énergie physique d'autres créatures : celle de ses semblables réduits en esclavage ou celle des animaux domestiqués. Bien plus tard, les premiers systèmes rudimentaires ont permis d'exploiter pour des usages essentiels l'énergie fournie par les éléments naturels : sécher des aliments au soleil, puiser de l'eau à l'aide d'une noria, naviguer en bateau à voiles, moudre le grain grâce au vent... Autant de sources d'énergie renouvelables que l'homme a peu à peu appris à maîtriser, et qui lui ont permis de traverser les âges dans des conditions de moins en moins rudes, de commencer à se construire une histoire et de regarder l'avenir avec la conscience du pouvoir qu'il avait de l'influencer.

Ce n'est qu'à la fin du XVIIIe siècle que deux événements déclencheront la première révolution industrielle et changeront littéralement la face du monde : l'invention de la machine à vapeur par l'Ecossais James Watt et la découverte d'importants gisements de charbon dans le Nord de l'Angleterre. A volume équivalent, ce dernier dégage cinq à six fois plus de chaleur que le bois, seul combustible jusque-là disponible en grandes quantités. Il est donc moins encombrant et plus facile à manipuler. Grâce à des coûts de main-d'œuvre négligeables (les syndicats n'existaient pas à l'époque...), son extraction dans les mines de la plupart des pays européens a été immédiatement très rentable. Symbole par excellence de l'industrialisation triomphante de l'Europe puis du monde entier, le charbon a dominé le XIXe siècle, avec, en contrepoint, des conditions ouvrières très difficiles et, déjà, un premier retour de bâton environnemental sous la forme du *smog* londonien qui fit des centaines de milliers de victimes jusqu'aux années 1950.

Deux fois plus concentré que le charbon, et surtout beaucoup plus maniable grâce à sa forme liquide, le pétrole prendra le relais après la Première Guerre mondiale qui fut marquée, sur le plan énergétique, par la décision du Premier Lord de l'Amirauté, Winston Churchill, de lui faire prendre la place du charbon pour la propulsion de tous les bâtiments de la Royal Navy. Au tout début des années 1920, la découverte des champs pétrolifères du Moyen-Orient lui a ouvert de nouveaux et immenses horizons.

Un peu moins concentré que le pétrole, le gaz naturel[1], exploité dès le début du XIXe siècle aux Etats-Unis, a d'abord été réservé à l'éclairage public local, du fait de l'absence de solutions fiables pour le transporter. Longtemps considéré comme un sous-produit du pétrole sans grand intérêt, c'est surtout après la Seconde Guerre mondiale qu'il connaîtra un certain développement, qui s'accélérera à la suite des chocs pétroliers des années 1970 et 1980. Il représente aujourd'hui 21,3 % de l'approvisionnement énergétique mondial, contre 31,4 % pour le pétrole et 29 % pour le charbon[2].

Cette logique de concentration trouve son apogée avec l'uranium, dont le pouvoir calorifique[3], sous la forme d'uranium enrichi, est près de 10000 fois supérieur à celui du pétrole à poids équivalent. Il y avait là

1. Nommé ainsi parce qu'on le trouve directement à l'état de gaz dans la "nature" (en fait dans le sous-sol), par opposition au *gaz de ville* fabriqué à partir de charbon dans les "usines à gaz" que l'on trouvait alors dans toutes les grandes villes.

2. Production d'énergie primaire en 2012 (AIE – Key World Energy Statistics 2014).

3. C'est-à-dire la quantité d'énergie sous forme de chaleur dégagée par unité de masse.

de quoi faire croire au miracle d'une solution définitive au risque de pénurie. De quoi aussi faire tourner bien des têtes, aiguiser bien des appétits et susciter bien des ambitions de pouvoir, d'autant plus que ce même matériau permet également de fabriquer la bombe atomique...

A l'opposé de ces combustibles de stock, les sources renouvelables exploitent toutes des *flux d'énergie*, plus ou moins matériels selon les filières, mais qui ont toutes la particularité d'être inépuisables. La raison en est simple : elles proviennent presque toutes, directement ou indirectement, de notre étoile si vitale : le Soleil. Ses rayons apportent chaque année sur Terre, sous forme d'énergie, plus de 10 000 fois la consommation annuelle totale de toute l'humanité : c'est dire sa générosité... Immense boule de matières en fusion à des températures de plus de 6 000 °C à la surface, et de plusieurs millions de degrés dans le cœur, le Soleil est un gigantesque réacteur thermonucléaire, modèle de celui que les chercheurs du CEA s'obstinent, avec le projet ITER, à vouloir construire un jour à grands frais, sans aucune certitude d'y parvenir. Mais le réacteur solaire fonctionne parfaitement depuis 4,6 milliards d'années et devrait continuer à le faire à peu près aussi longtemps, avant de mourir au cours d'une gigantesque explosion qui lui fera absorber la Terre. Les matières hautement radioactives qui le composent sont strictement confinées par des "ceintures électromagnétiques" d'une puissance gigantesque : il ne connaît donc aucun problème de sûreté. Pas de souci non plus avec les déchets : à peine produits, ils sont immédiatement et intégralement recyclés – et pas seulement "retraités", c'est-à-dire séparés, comme on s'échine à le faire à l'usine de La Hague. Le rayonnement constitué de chaleur et de lumière, que le Soleil nous fait parvenir à travers les 150 millions de kilomètres qui nous séparent de lui, est à l'origine de toute la vie sur Terre, grâce notamment à la *photosynthèse.* Ce processus biologique permet aux végétaux, avec l'aide de bactéries, d'extraire le carbone du gaz carbonique présent dans l'atmosphère, de le fixer dans leurs propres organes (c'est ce qui leur permet de croître), et de rejeter l'oxygène indispensable à la respiration de tous les êtres vivants, végétaux et animaux.

A l'origine, l'atmosphère terrestre étant saturée de carbone sous diverses formes, il aurait été rigoureusement impossible à un être doté de poumons d'y survivre. Ce sont les plantes qui ont rendu notre atmosphère respirable, par un patient travail étalé sur des centaines de millions d'années, consistant à capturer le carbone puis à l'entraîner dans le sous-sol et à le fixer lors de leur décomposition, lui interdisant de retourner dans l'atmosphère. Une fois le taux de carbone présent dans l'atmosphère suffisamment réduit, les organismes marins, confinés jusque-là dans les océans où les branchies leur permettaient de respirer dans l'eau, ont pu envisager d'aller prendre un bol d'air à l'extérieur. Une fois dotés de poumons, puis de membres, ils ont enfin pu courir le vaste monde.

Piégé dans le sous-sol, le carbone issu de la décomposition des plantes a ensuite subi toutes sortes de réactions physiques et chimiques complexes à haute pression, provoquées par les mouvements de la croûte terrestre, pour finir par produire de la tourbe, du charbon, du pétrole et du gaz naturel. Autant de stades différents ou de variantes d'un même processus de stockage de carbone sur le très long terme : c'est pour cette raison qu'on les nomme "fossiles". On ne s'étonnera pas, au passage, que le *déstockage massif* de ce carbone, auquel nous participons au volant de notre voiture ou sur le siège de l'avion qui nous emmène à l'autre bout du monde, soit la cause de dérèglements majeurs, puisque la constitution de ces stocks a précisément été une condition préalable à l'apparition sur Terre de nos lointains ancêtres...

Contrairement aux énergies fossiles carbonées, l'uranium n'a pas une origine biologique : c'est un métal qui était déjà présent lorsque la Terre s'est formée par l'agglomération de matières issues d'une éruption de l'astre solaire. On le trouve en quantités limitées et très localisées dans l'écorce terrestre, mais il est abondant dans le noyau de notre planète. Il y alimente des réactions de fission nucléaire dégageant de la chaleur semblable à celles des centrales atomiques classiques, mais dans un environnement presque totalement confiné. Cette chaleur dite *géothermique*[1], qui est considérée comme une source d'énergie renouvelable, se transmet lentement à travers les divers matériaux composant les différentes couches du sous-sol. Elle parvient, très atténuée, à des profondeurs allant de quelques dizaines de mètres à quelques kilomètres de la surface du globe, où il est possible de la récupérer par de simples forages.

1. Du grec *gê*, la Terre, et *thermos*, la chaleur. Cette géothermie de grande profondeur ne doit pas être confondue avec la géothermie de faible profondeur ou de surface, qui, elle, vient du réchauffement du sol par le Soleil.

La seule source renouvelable qui ne soit pas issue du rayonnement solaire est l'énergie des marées, qui provient de la dilatation et de la rétraction cycliques des masses d'eau des océans sous l'effet de l'attraction lunaire.

ATOUTS ET ATOURS DES ÉNERGIES RENOUVELABLES

A l'exception de l'énergie marémotrice, les énergies renouvelables ont donc toutes pour origine le Soleil, soit directement (comme le solaire thermique qui produit de la chaleur et le solaire photovoltaïque qui fournit de l'électricité), soit indirectement : le vent exploité par les éoliennes résulte des différences de température entre masses d'air, l'eau qui alimente des barrages hydroélectriques provient de la pluie tombée des nuages eux-mêmes formés par l'évaporation des océans, et les bioénergies sont issues de la biomasse. Ces dernières, toutes enfants de la photosynthèse comme le bois, le biogaz* et les biocarburants, peuvent être considérées comme renouvelables car elles s'inscrivent dans un cycle court du carbone qui ne dure que quelques années, alors que les gisements d'énergies fossiles ont mis plusieurs centaines de millions d'années à se constituer.

Malgré des technologies rudimentaires et de faibles rendements, les énergies renouvelables ont accompagné pendant des dizaines de milliers d'années et sur tous les coins du globe les lents progrès de l'humanité vers des conditions de vie moins rudes. Ce sont elles qui ont rendu possible l'apparition des premières industries comme la poterie ou le travail des métaux, ainsi que quelques exploits comme la traversée des océans ou la création des polders hollandais grâce à la force du vent.

Détrônées par la montée en puissance des combustibles fossiles et cantonnées dans l'image d'un passé révolu, les énergies renouvelables sont pourtant les seules capables d'assurer dès maintenant et sur le long terme – en association avec la sobriété et l'efficacité – l'approvisionnement énergétique de l'humanité. Cette évidence découle de plusieurs constats, et d'abord de trois atouts majeurs : un caractère intrinsèquement inépuisable, une répartition relativement équitable à la surface de la Terre et un faible impact environnemental. Il n'est pas question d'affirmer qu'elles n'en ont aucun : nulle activité humaine ne peut s'en vanter. Mais il convient, pour comparer les technologies entre elles, de ne pas les juger sur leur seul pouvoir énergétique : il faut mesurer leurs impacts à travers une "analyse de cycle de vie" qui intègre la totalité des conséquences de leur utilisation sur l'environnement "du berceau à la tombe", c'est-à-dire aux étapes de conception, de production, d'exploitation et de fin de vie, y compris donc l'énergie grise évoquée plus haut. La plupart des renouvelables bénéficient de l'avantage inégalable de n'avoir que peu ou pas d'impact pendant leur fonctionnement. Le vent prélevé par une éolienne ou le rayonnement solaire capté par un panneau photovoltaïque seraient de toute façon passés par là… Les turbines hydroélectriques peuvent certes perturber l'équilibre écologique d'un cours d'eau, mais il est possible, moyennant quelques précautions et aménagements, de limiter ces perturbations qui restent locales, sauf à imaginer comme en Chine ou au Brésil de noyer des régions entières dans les retenues gigantesques des mégabarrages. La mauvaise combustion du bois, dans un insert ou pire encore une cheminée à foyer ouvert “à l’ancienne”, émet des particules aussi nocives pour les poumons que celles des moteurs diesel, mais le haut rendement des appareils modernes, poêles à granulés ou chaudières à plaquettes forestières, réduit considérablement cet inconvénient. Quant aux grandes chaufferies en milieu urbain, elles sont systématiquement équipées de filtres très efficaces qui retiennent la quasi-totalité des particules.

Les contre-vérités concernant l’énergie grise et le recyclage des moyens de production des énergies renouvelables, ainsi parfois que les impacts locaux connexes sur la biodiversité ou le paysage, méritent d’être rapprochées de la résistance au changement évoquée à propos de la sobriété. On entend souvent dire abusivement que les systèmes photovoltaïques consommeraient plus d’énergie pour leur fabrication et leur recyclage que toute celle qu’ils produiront sur toute leur durée de vie. Or le *temps de retour énergétique* d’un système photovoltaïque, c’est-à-dire le temps qu’il met à “rembourser” l’énergie incorporée dans sa fabrication, se situe selon les technologies entre six mois et deux ans, une durée à mettre en regard des vingt-cinq à trente années prévisibles de leur bon fonctionnement. Selon certains, les éoliennes provoqueraient pêle-mêle des troubles du sommeil, des perturbations électromagnétiques, le brouillage des radars ou la mort de milliers d’oiseaux. L’expérience de plus de 100 000 grandes éoliennes en fonctionnement à travers le monde, certaines depuis plus de vingt ans, montre que ces impacts sont minimes, localisés et toujours réversibles, dès lors que l’on prend un minimum de précautions. La réglementation française est d'ailleurs à cet égard l'une des plus sévères au monde, parfois même au-delà du raisonnable.

L'une des critiques fréquemment adressées aux énergies renouvelables électriques est leur production dite *intermittente*, ce qui laisse entendre qu'elle peut s'interrompre ou démarrer à tout moment, sans prévenir, au risque de plonger les consommateurs dans le noir. Le terme d'*intermittence* n'est pas pertinent. Il induit en erreur à la fois sur les problèmes posés et sur la manière de les résoudre. Il est vrai qu'un panneau solaire ou une éolienne ne produit pas en permanence la même puissance : elle peut varier de zéro en pleine nuit ou en période de calme plat jusqu'au maximum prévu en fonctionnement normal, la *puissance nominale*. Il est cependant plus exact de parler de *variabilité de la production* en fonction de paramètres que l'on ne peut certes pas maîtriser, l'ensoleillement ou le vent, mais que l'on peut tout de même prévoir sur une ou deux journées grâce aux prévisions météo de plus en plus affinées et aux moyens de mesure et d'analyse qui peuvent équiper les sites de production. On notera du reste que la *variabilité* n'est pas du tout la même d'une filière à l'autre. Si un nuage peut réduire la production d'un panneau solaire, la variation de la production d'un barrage hydraulique au fil de l'eau peut être en grande partie pilotée et elle se joue sur quelques heures ou quelques jours en fonction de la pluviométrie. Quant au bois ou au biogaz, ils peuvent se stocker aussi bien que le charbon ou le gaz naturel, pour être utilisés en fonction des besoins. Des études et des expérimentations en vraie grandeur, en France et à travers le monde, montrent qu'il est possible aujourd'hui d'affirmer qu'un système électrique peut fonctionner en étant alimenté à 100 % par des énergies renouvelables. Il suffit de jouer sur la diversité, en y ajoutant les moyens techniques qui permettent de compenser en temps réel les inconvénients de la variabilité (gestion de la demande et de l'offre, réseaux "intelligents", prévisions) et en développant différents modes de stockage.

Un dernier reproche est souvent adressé aux énergies renouvelables. Elles seraient incapables de relever le défi de la transition énergétique d'un point de vue industriel et économique : pas assez mûres, pas assez fiables, trop chères, pas assez compétitives… Que les sceptiques se rassurent, et surtout qu'ils aillent voir, dans les pays comme l'Allemagne ou le Danemark qui ont choisi de miser massivement sur ces nouvelles technologies, à quelle vitesse fulgurante l'industrie se développe dans toutes les filières renouvelables, électriques ou thermiques, drainant des dizaines de milliards d'euros d'investissement et créant des centaines de milliers d'emplois. Si certaines n'ont pas encore atteint une maturité industrielle suffisante pour être compétitives sans aides, toutes s'y dirigent à grands pas. Leur compétitivité progresse à des rythmes variables, mais généralement beaucoup plus vite que ne le clament ceux qui ne prennent pas le temps de s'informer sur leurs progrès réels. Qui sait aujourd'hui que l'électricité photovoltaïque, pourtant réputée hors de prix, sera compétitive avant 2020 partout en France avec celle livrée aux particuliers par EDF au "tarif régulé" qui, lui, augmentera inéluctablement ? Lorsque cette "parité avec le réseau" sera atteinte, il reviendra moins cher de produire soi-même son électricité avec quelques dizaines de mètres carrés de panneaux sur le toit de sa maison que de l'acheter à un fournisseur produisant de manière centralisée. Peut-on croire que cela ne changera rien à l'organisation du système électrique ?

Malgré les erreurs du passé, il n'est pas trop tard pour que notre pays se lance enfin sérieusement dans la course aux énergies renouvelables et rattrape son retard. Nous avons en effet de nombreux atouts : des gisements de très bonne qualité répartis sur tout le territoire, de solides infrastructures, des chercheurs de haut niveau dans tous les domaines, un tissu industriel qui s'est montré capable par le passé de relever des défis tout aussi difficiles, des pôles de compétitivité déjà sur le pont, des collectivités locales prêtes à se mobiliser, sans oublier une adhésion citoyenne qui ne cesse de croître malgré les campagnes de désinformation régulièrement orchestrées par ceux qui ont quelque chose à y perdre. Il ne manque plus que la volonté politique de passer outre au tir de barrage permanent des grands corps de l'Etat, qui occupent les postes-clés au sein de la haute administration et de l'industrie nucléaire, et de tous ceux qui refusent de reconnaître que nous avons changé d'époque.

SE MÉFIER DES FAUSSES SOLUTIONS

Sobriété, efficacité et énergies renouvelables sont les trois piliers de la démarche négaWatt. Aucun d'entre eux ne peut avoir de sens ni permettre d'avancer vers des réponses à la hauteur des enjeux s'il n'est pas accompagné des deux autres de manière indissociable.

Mais ce qui est de l'ordre de l'évidence, dès lors que l'on se penche sérieusement sur la question de l'énergie, a parfois du mal à être reconnu et admis. On entend ainsi régulièrement parler d'une solution-miracle ou d'une autre, capable à elle seule de résoudre tous les problèmes en nous évitant de changer nos modes de vie ou de renoncer à un confort matériel jugé non négociable. Ces fausses bonnes idées se présentent en général sous les habits séduisants d'une nouvelle technologie révolutionnaire pour laquelle on nous invite à mobiliser séance tenante de gigantesques moyens de recherche, bien souvent sans avoir la moindre certitude que cela puisse déboucher sur une solution applicable dans le peu de temps que nous avons devant nous, dans la limite de risques acceptables et à un coût raisonnable.

C'est typiquement le cas de la "génération IV" et de la fusion thermonucléaire[1], mais on trouve aussi, dans cette catégorie des mirages-alibis, l'exploitation des gisements dits "non conventionnels" de pétrole ou de gaz, qui recouvrent plusieurs catégories : les gaz de schiste, les huiles lourdes, les sables et schistes bitumineux ou encore les hydrates de méthane. Autant de tentatives, vouées à l'échec, d'échapper à l'inéluctable déplétion des champs gaziers et pétrolifères, mais qui risquent de coûter fort cher d'un point de vue économique et écologique. Plus exotiques et moins sérieuses, mais revenant régulièrement dans l'actualité lorsque celle-ci est un peu morne, les stations photovoltaïques en orbite géostationnaire, l'exploitation de l'"hélium lourd" présent sur la Lune et dans les planètes gazeuses, et d'autres inventions dignes du professeur Nimbus sont à réserver aux romans de science-fiction.

D'autres solutions reposent en revanche sur des filières et des technologies dont une partie est intéressante et peut effectivement, utilisée dans un contexte

1. Voir chapitre 1, page 41.

cohérent et ciblé, apporter une contribution réelle à la résolution des problèmes. C'est le cas par exemple de l'hydrogène. Ses supporters les plus enthousiastes vont jusqu'à prétendre qu'il pourrait devenir le pilier d'une nouvelle civilisation, mais passent sous silence les coûts gigantesques, les difficultés insurmontables et la durée bien trop longue qu'une telle mutation représenterait. Il est par contre certain que l'hydrogène produit à partir d'énergies renouvelables est un vecteur énergétique pertinent pour certaines applications "de niche", utilisant par exemple des piles à combustible. Il peut en outre être injecté sans danger dans les réseaux de gaz jusqu'à une teneur de 5 à 10 %, et jouer un rôle essentiel dans l'équilibrage des réseaux électriques.

La *capture-séquestration de carbone*, qui consiste à capter le carbone fossile issu de la combustion du charbon, du pétrole ou du gaz et à le piéger dans le sous-sol sur des temps géologiques, pour tenter d'en faire des "énergies propres", est inacceptable à la fois pour des raisons éthiques, puisqu'il est impossible de garantir à nos descendants que ce stockage sera efficace sur la très longue durée, et pour des raisons économiques, parce que les sommes gigantesques qui seront nécessairement englouties dans la mise au point et dans l'application de cette technologie hasardeuse seraient bien mieux utilisées au développement de solutions sans risques et maîtrisées, qui ont pour nom sobriété, efficacité et énergies renouvelables. Pour autant, les technologies de capture du carbone à la sortie des cheminées d'unités de combustion ou dans l'air ambiant actuellement en développement présentent, comme on le verra plus loin, un réel intérêt dans la perspective d'un approvisionnement énergétique 100 % renouvelable, mais à une condition impérative : qu'elles soient totalement découplées du volet séquestration, pour laquelle tout soutien public à l'effort de recherche doit être stoppé.

Il n'est pas besoin d'attendre d'hypothétiques "ruptures technologiques" pour aller de l'avant : on peut faire beaucoup avec ce qui est déjà connu et maîtrisé. Nous devons nous méfier de toutes ces échappatoires qui freinent la nécessaire transition énergétique : face aux enjeux, nous n'avons ni le temps ni le droit de nous fourvoyer dans de fausses pistes qui ne feraient que retarder les vraies solutions et en renchérir inutilement le coût. Toute notre attention, tous les moyens dont nous disposons doivent être mobilisés pour avancer vers des solutions dont nous connaissons aujourd'hui avec une certitude suffisante les chances de succès. Et tant mieux si de nouvelles découvertes nous permettent de faire demain encore plus et à moindre coût !

LA DÉMARCHE NÉGAWATT, UNE BOUSSOLE POUR L'ACTION

Sobriété, efficacité, énergies renouvelables : nous disposons maintenant, à travers ce triptyque indissociable de la "démarche négaWatt", d'une boussole fiable et solide, qui va guider nos choix individuels mais aussi les actions collectives qui doivent être engagées d'urgence dans les champs politique, économique, social, éducatif et culturel.

Dans tous ces domaines, les décideurs d'aujourd'hui et de demain doivent prendre conscience que les stratégies qu'ils vont définir, les orientations et les objectifs qu'ils vont fixer et les moyens qu'ils vont mobiliser dans les toutes prochaines années vont avoir un poids extrême. A cause de l'inertie structurelle de tout système énergétique, les conséquences de choix trop peu ambitieux ou mal calibrés seront lourdes.

Heureusement, la démarche négaWatt ne fournit pas seulement une vision de la direction vers laquelle tendre dans les prochaines décennies, elle constitue également un guide efficace pour l'action immédiate, pour le choix des moyens qui nous mettront sur la bonne trajectoire. Elle permet de dessiner un scénario énergétique pour la France de 2050, d'en décrire les étapes et d'en définir les moyens. Ce n'est pas un simple outil technique fondé sur des indicateurs purement quantitatifs relatifs à l'énergie ou à l'économie. Elle intègre dans ses prémisses, et dans sa formulation même, une dimension qualitative fondée sur un principe vital, de nature éthique. Il fait appel à notre responsabilité individuelle et collective : "Léguer à nos descendants non pas des fardeaux et des coûts, mais des bienfaits et des rentes[1]."

Un tel principe alimente la vision à long terme d'un avenir énergétique respectant les grands équilibres climatiques et environnementaux, condition impérative de la survie de l'espèce humaine. Dicté par ces contraintes physiques de long terme, il donne également des indications pratiques sur les choix à opérer à court terme et sur les orientations à prendre à moyen terme.

Un tel principe nous invite aussi à nous interroger sur ce qu'un changement aussi radical de système énergétique, même étalé sur plusieurs décennies, induit

1. Selon la pertinente formule d'un des fondateurs de négaWatt, l'énergéticien et économiste Bernard Chabot.

dans l'organisation de notre société. Le système énergétique détermine en effet non seulement nos modes de vie, mais aussi la structure des relations sociales : “Dis-moi quelles énergies tu consommes, je te dirai qui tu es et dans quelle société tu vis !”

3

DE LA DÉMARCHE AU SCÉNARIO : PRÉPARER LA TRANSITION ÉNERGÉTIQUE

Convaincus des raisons d'agir, munis du guide que constitue la démarche négaWatt, nous pouvons maintenant nous mettre à l'ouvrage : construire l'image réaliste d'un avenir énergétique à la fois possible et désirable. Mais la transition énergétique ne saurait se résumer à un *happy end*, si beau et attirant soit-il : c'est tout le film qu'il nous faut imaginer !

Bien sûr, il n'est pas question de prévoir tout ce qui va arriver, mais de montrer ce qu'il faudrait qu'il se passe. Un scénario énergétique est, en effet, la traduction en chiffres d'une certaine vision de l'avenir, la représentation d'un futur aussi réalisable que possible, un outil pour réfléchir aux priorités, aux rythmes, à la cohérence des orientations d'une stratégie énergétique soutenable. Repères pour l'action à court comme à long terme, ses résultats apportent aussi la matière nécessaire pour mettre ces orientations en débat au sein de la société.

Or, notre conduite est de plus en plus dictée par le court terme, la satisfaction immédiate de nos besoins de consommation, l'obsession de la croissance, l'exigence d'une rentabilité rapide purement financière. Aussi crédules qu'insouciants, nous nous comportons comme si nous comptions sur les bonnes fées du dieu Progrès pour qu'elles nous donnent à temps, d'un coup de baguette magique, les moyens d'échapper au pire.

La réalité que nous devons affronter est tout autre. Le temps de l'énergie est un temps long : une grande partie des infrastructures et de l'organisation économique et sociale que nous construisons aujourd'hui déterminera encore la production et la consommation d'énergie dans la deuxième moitié de ce siècle. Le rythme de nos actions est d'autant plus crucial que la plupart des risques auxquels nous devons faire face ont un caractère cumulatif : chaque goutte de pétrole consommée nous rapproche de la pénurie, chaque gramme de dioxyde de carbone émis dans l'atmosphère contribuera à l'effet de serre de très nombreuses années après son émission. Remettre à plus tard, c'est remettre à trop tard.

Deux conclusions évidentes s'imposent : la première est que toute réduction de la consommation est d'autant plus bénéfique qu'elle intervient vite, la deuxième que les mauvais choix d'aujourd'hui vont longtemps peser dans la balance en risquant de la faire basculer irrémédiablement. Il y a donc urgence à intégrer dans nos décisions de court terme les impératifs du long terme. C'est en cela que la visualisation d'une trajectoire qui relie concrètement notre situation actuelle à un objectif éloigné est précieuse. Il ne suffit pas en effet de s'accorder sur une vision désirable en 2050, encore faut-il s'assurer qu'on peut l'atteindre par des moyens réalistes et acceptables. S'inscrire dans la réalité commence par la mise en œuvre d'un ensemble de mesures précises et volontaires.

Vision d'un nouveau paysage énergétique, trajectoire pour y parvenir, ensemble de mesures pour se mettre en route. C'est sur ces trois piliers qu'est fondé le premier scénario de transition énergétique que l'association négaWatt a élaboré et publié dès 2003, avant de l'enrichir et de l'actualiser en 2006.

Il s'agissait à ce moment-là de montrer la faisabilité d'une division par au moins 4 des émissions de gaz à effet de serre, application à la France des conclusions mises en avant par le troisième rapport d'évaluation du GIEC en 2001. Largement commentés et débattus, soutenus par des instances très diverses de la société civile, les apports à la réflexion et à l'analyse du scénario négaWatt 2006 n'ont cependant pas été repris à l'époque par les scénarios officiels.

Forte de cette première expérience, l'association négaWatt a lancé à l'été 2010 le chantier d'une nouvelle actualisation de ses propositions. C'est ainsi qu'une version dénommée "scénario négaWatt 2011-2050" a été publiée en septembre 2011 puis réactualisée début 2013. Réalisé par une quinzaine d'experts et de praticiens de l'énergie, c'est le fruit de plus d'un an d'un intense travail méthodologique et prospectif, concernant tous les secteurs d'activité. Les réflexions, les données et les conclusions de cette version ont fourni les éléments descriptifs exposés ici[1]. Mais avant de plonger dans les chiffres du scénario, il est essentiel d'en comprendre la méthode et les conditions nécessaires à son démarrage.

1. L'ensemble des éléments de méthode, des hypothèses et des résultats détaillés du scénario est publié dans un rapport : *Scénario négaWatt 2011-2050, Hypothèses et méthode*, Rapport technique, mai 2014.

LE SCÉNARIO NÉGAWATT : MÉTHODOLOGIE ET HYPOTHÈSES FONDATRICES

L'approche classique utilisée en France dans les exercices officiels de scénarisation de l'avenir énergétique tente de rechercher un optimum purement économique en fonction des coûts et des spécificités techniques des différentes énergies. Conformément à l'éthique de sa démarche, le scénario négaWatt, pour hiérarchiser les solutions en fonction de leurs mérites respectifs, intègre aussi des critères environnementaux et sociaux, en n'oubliant pas de se pencher au passage sur la gouvernance.

Concrètement, cette priorité passe d'abord par l'exploration systématique des "gisements de négawatts", c'est-à-dire du potentiel de sobriété et d'efficacité énergétique dans les différents secteurs : bâtiment, transports, modes de production et de consommation…

Le scénario hiérarchise ensuite des moyens de production d'énergie en distinguant les énergies de stock, épuisables, et les énergies de flux, inépuisables, ainsi que leurs différents impacts, ce qui tend logiquement à privilégier les énergies renouvelables. "L'ordre de mérite" ainsi établi conduit notamment à écarter la construction de nouveaux réacteurs nucléaires, ainsi que les techniques de séquestration du carbone[1] qui sont loin d'avoir fait leurs preuves et posent le même type de problème éthique que les déchets nucléaires,

1. La technologie CCS *(Carbon Capture and Storage)* consiste à capturer le CO_2 dans les grosses installations industrielles puis à le stocker (le séquestrer) dans des cavités souterraines.

en léguant à nos descendants des fardeaux et des risques supplémentaires.

Le scénario évite par ailleurs tout pari technologique. Que des "ruptures" apparaissent en cours de route est une quasi-certitude, mais il est impossible de prévoir lesquelles. Le scénario n'intègre donc que des options techniques jugées réalistes et matures, c'est-à-dire celles dont la faisabilité est démontrée, même si elles n'en sont qu'au début de leur développement industriel : c'est le cas par exemple des éoliennes en mer sur plateformes ancrées. Le scénario dessine ainsi une trajectoire réaliste et robuste, tout en restant ouverte aux évolutions futures.

Sur le plan des objectifs, le scénario ne vise pas uniquement la lutte contre le changement climatique, mais un système énergétique "100 % négaWatt". Décarboner notre économie est insuffisant : il faut réduire aussi et en même temps l'ensemble des autres risques et impacts. D'autres contraintes sont également prises en compte comme la ressource en eau, les matières premières ou encore l'usage des sols. Le scénario négaWatt est ainsi couplé avec Afterres2050, un scénario développé par l'association Solagro[1] en suivant la même démarche pour étudier les concurrences entre les usages des sols et les utilisations de la ressource en biomasse pour l'alimentation, l'énergie et les matériaux. Le même horizon 2050 et le même cadre territorial ont été retenus pour les deux scénarios.

Le scénario négaWatt est la quantification d'un autre avenir énergétique. Volontairement limitée au périmètre

1. Association toulousaine spécialisée dans la recherche et la mise en pratique d'autres voies pour l'énergie, l'agriculture et l'environnement (www.solagro.org).

de la France métropolitaine, sa méthode serait tout à fait transposable à tous les pays occidentaux, et pourrait être adaptée à tous les autres.

LA RÉALITÉ ÉNERGÉTIQUE DOIT TRANSFORMER NOTRE ÉCONOMIE, ET NON L'INVERSE

A un point-clé des efforts diplomatiques sur le climat en 1992 à Rio, le président George Bush père avait fait grand bruit en déclarant que le mode de vie américain n'était pas négociable. Les limites de notre planète n'étant pas extensibles, c'est pourtant bien notre mode de vie qu'il faudra modifier. Le scénario négaWatt décrit ce changement de société au regard de l'évolution des usages de l'énergie.

Le modèle développé reste toutefois résolument centré sur une *représentation physique* du monde de l'énergie, plutôt qu'économique. Bien sûr, partir des contraintes physiques plutôt que des règles du marché va à l'inverse des modèles macroéconomiques classiquement utilisés, notamment par l'Etat, mais le "moindre coût" à un instant donné ne doit pas être le seul critère de hiérarchisation des solutions.

Le modèle négaWatt ne permet donc pas de calculer la sacro-sainte "croissance du PIB", cet indicateur si déformant que les gaspillages d'énergie ou les soins apportés aux victimes de la pollution le font grossir davantage que les travaux d'isolation des bâtiments ou la construction d'éoliennes… Il permet cependant l'essentiel : à partir d'une description réaliste de la transition énergétique, déterminer son contenu cohérent en termes d'emplois et de développement économique.

Le scénario repose donc sur la claire intuition – confirmée par l'observation des pays qui y sont déjà engagés – que la transition énergétique est porteuse d'une dynamique créatrice de richesses et d'emplois. Cet élan mobilise de nombreux secteurs et porte des investissements rentables, surtout si on le compare au coût des catastrophes économiques, sociales et environnementales auxquelles nous condamnent l'inaction ou les mauvaises solutions.

LES CINQ ÉTAPES DU CALCUL

Conformément aux priorités sur lesquelles se fonde la démarche négaWatt, le calcul du scénario se déroule en cinq étapes successives. Il s'intéresse tout d'abord aux besoins en services énergétiques, répartis entre les trois grandes catégories d'usage :

– la chaleur, qui comprend le chauffage des bâtiments résidentiels et tertiaires, l'eau chaude sanitaire, la cuisson des aliments et la chaleur (ou le froid) utilisée dans les processus industriels ;

– la mobilité, c'est-à-dire l'ensemble des déplacements de personnes, de matières premières et de biens ;

– l'électricité spécifique, qui regroupe les différents services spécifiquement rendus par cette forme d'énergie, incluant l'éclairage, l'électroménager (y compris le froid), l'informatique et l'électronique, ainsi que la force motrice (moteurs électriques).

Lors de la première étape, ces trois usages sont analysés par *secteur d'activité* : habitations, bureaux et commerces, industrie, agriculture… Le modèle est ainsi constitué de plusieurs "modules" d'évaluation des besoins et de représentation de leur évolution possible à long terme. Plusieurs milliers de paramètres, relevant tantôt de la sobriété et tantôt de l'efficacité, sont pris en compte pour fournir un chiffrage annuel des besoins en énergie pour chacun des usages.

La deuxième étape est celle des *vecteurs énergétiques* : un module central de calcul, un "plan directeur", permet de "remonter", via des choix sur l'utilisation de chaque vecteur (combustible, carburant, réseau de chaleur, gaz, électricité), jusqu'aux besoins en énergie finale, c'est-à-dire en énergie délivrée aux consommateurs finaux.

Dans la troisième étape, ce même module permet de "remonter", à nouveau via les différents vecteurs, des besoins en énergie finale jusqu'aux besoins en *ressources énergétiques primaires*, lesquelles peuvent être produites en France ou bien importées.

Les trois premières étapes permettent donc de passer du besoin de services énergétiques (chaleur, mobilité, électricité spécifique) jusqu'aux énergies primaires (les fossiles, le nucléaire, les renouvelables).

Ces besoins en services, puis en énergie finale, puis en énergie primaire sont ensuite comparés dans une quatrième étape au *potentiel de production*. Pour cela, le scénario intègre une évaluation du développement, filière par filière, des énergies renouvelables et du rythme de fermeture des réacteurs nucléaires, découlant d'une analyse multicritère globale et réacteur par réacteur, garantissant un optimum technique et économique, tout en respectant les impératifs de sûreté. La part des énergies fossiles est ajustée par différence entre la demande d'énergie et les capacités de production des renouvelables et du nucléaire, de façon à assurer année après année l'équilibre général entre besoins et fourniture, entre offre et demande.

La cinquième étape, essentielle pour le "bouclage" du scénario et sa crédibilité, s'intéresse spécifiquement à l'*équilibre du système électrique*. Celui-ci doit être assuré entre production et consommation non pas seulement en énergie fournie annuellement, mais aussi, parce que l'électricité ne se stocke pas ou très mal, à tout moment en puissance instantanée disponible. Il s'agit de répondre à l'une des principales réticences à la bascule vers les énergies renouvelables électriques : le risque de panne associé à leur supposée "intermittence" – un terme trompeur auquel on préférera celui de "variabilité", prévisible à plus ou moins longue échéance[1].

Pour répondre à cet enjeu majeur, le scénario négaWatt intègre une modélisation spécifique en puissance pour l'électricité. En croisant des courbes-types de répartition annuelle de la consommation selon les usages et de la production selon les filières, et en intégrant différentes solutions de stockage plus ou moins temporaire, le modèle assure l'équilibre heure par heure, pour chaque année, entre 2011 et 2050.

LES HYPOTHÈSES RETENUES

Voici pour les objectifs et la méthode. C'est ici que l'écriture du scénario commence véritablement. Elle suppose, comme toute bonne histoire, une unité de lieu et de temps. Mais pour savoir où l'on va et comment on y va, encore faut-il savoir d'où l'on part…

1. Voir chapitre 2.

L'année de référence du scénario négaWatt 2011 a été 2010, la dernière pour laquelle on disposait de suffisamment de données[1].

L'horizon choisi est 2050, une date commune désormais à tous les exercices sérieux de prospective. Une échéance plus lointaine risquerait de diluer l'urgence d'un changement ; plus proche, elle ne permettrait pas de décrire le processus de la transition énergétique jusqu'à son terme. S'arrêter en 2020 ou 2030 sans savoir ce qui passera ensuite, comme l'ont fait jusqu'à présent tous les scénarios officiels français, c'est rester myope sur les conséquences à long terme des mauvaises décisions d'aujourd'hui ou, pire, de l'absence de décision[2].

Sur le plan géographique, le scénario se limite à la France continentale plus la Corse, mais hors Dom-Tom. Si le modèle n'intègre qu'une évolution à l'intérieur de ces frontières, la France du scénario négaWatt n'est pas pour autant repliée sur elle-même. En particulier, pour l'électricité, l'objectif retenu est d'assurer une production au moins égale aux besoins, et éventuellement excédentaire : la France peut contribuer à l'équilibre énergétique de ses voisins et mutualiser des

1. Bien évidemment, l'actualisation du scénario exigerait de repartir des données plus récentes désormais disponibles… et de tenir compte du fait qu'elles n'ont globalement pas évolué dans le sens le plus favorable.

2. Dans le cadre des travaux préparatoires à la mise en œuvre de la “loi de transition énergétique pour la croissance verte”, les scénarios de référence élaborés par la DGEC n'échappent pas à cette critique, puisqu'ils se limitent à l'horizon 2035, ce qui ne leur permet pas d'envisager toutes les évolutions systémiques pourtant nécessaires au facteur 4.

moyens, mais elle ne doit pas dépendre d'eux pour assurer sa sécurité d'approvisionnement.

Les autres hypothèses déterminantes concernent la démographie, car l'évolution de la population pèse fortement sur les besoins énergétiques. Le scénario négaWatt retient l'hypothèse dite "centrale" (c'est-à-dire jugée la plus probable) des projections de l'INSEE publiées en octobre 2010. La population en France métropolitaine atteindrait ainsi 72,3 millions à l'horizon 2050, contre 63 millions aujourd'hui. Cette augmentation très significative par rapport aux hypothèses publiées les années précédentes (en 2006, l'INSEE prévoyait 65 millions d'habitants en 2050) impose à terme de nourrir, loger, déplacer 7 millions de personnes supplémentaires, soit plus que la population actuelle de la région Rhône-Alpes. Ce phénomène peut être amplifié du point de vue des besoins en énergie si certaines tendances observées actuellement se prolongent, comme la "décohabitation" (les membres d'une même famille habitent de moins en moins ensemble) ou l'augmentation du nombre de "familles recomposées" (les enfants peuvent avoir une chambre chez chacun de leurs parents). Le scénario négaWatt intègre différentes hypothèses concernant ces évolutions sociétales.

COMPARER À UN SCÉNARIO TENDANCIEL

Il a été nécessaire de construire non pas un seul mais deux scénarios, pour comparer la situation de la France jusqu'en 2050 avec ou sans trajectoire négaWatt. Le premier, dit "tendanciel", correspond à ce qui se passerait si les changements proposés n'étaient pas engagés. Le second, le "scénario négaWatt", propose par contraste une trajectoire cohérente avec l'objectif "100 % négaWatt" à 2050.

La définition d'un scénario tendanciel comporte deux écueils. Le premier réside dans la tentation d'interpréter le passé pour prédire l'avenir, un sujet particulièrement délicat si l'on regarde l'évolution au cours des années qui précèdent le point de référence du scénario : la consommation finale d'énergie française a connu une hausse modérée de 1,1 % par an entre 1990 et 2002, puis une stabilisation entre 2002 et 2008 suivie d'une baisse brutale de 4,3 % en 2009, due à la crise économique, avant une reprise de 1,2 % en 2010. Faut-il en déduire une tendance longue en hausse, en baisse, stable ou en accordéon ?

Le second écueil porte sur la prise en compte de l'effet des décisions politiques engagées ou annoncées. Il faut se situer entre l'affichage d'objectifs ambitieux et des mesures concrètes manifestement loin d'être à la hauteur : aucune action sérieuse, par exemple, ne vient concrétiser l'objectif de 38 %, très proche à l'époque du scénario négaWatt, de réduction des consommations d'énergie dans les bâtiments à l'horizon 2020 fixée par la loi issue du processus du Grenelle de l'environnement. Dans ces conditions, faut-il prendre en compte cet objectif légal, ou plutôt la réalité des mesures engagées, dont on sait avec certitude que leurs effets ne seront pas au niveau des ambitions ?

Le scénario tendanciel utilisé ici se place dans une logique de "continuité" : sans intégrer de façon précise le détail des mesures plus ou moins faibles prises à l'issue du Grenelle, il traduit néanmoins l'inflexion correspondante par rapport à la tendance passée. Cette inflexion se prolonge en une relative stabilisation à long terme, puisque les éventuelles mesures "post-Grenelle" ne sont pas (ou pas encore) connues. Les efforts entrepris compensent en termes de consommation d'énergie la croissance des services et de la population, mais sans plus.

Par contraste, le scénario négaWatt permet d'illustrer la nécessité et les effets d'une véritable rupture dans notre modèle énergétique. C'est avant tout une question de perspective : au lieu de raisonner étroitement sur ce qui semble possible à partir de notre situation actuelle, il part d'un objectif à long terme puis remonte dans le temps pour déterminer ce qu'il est nécessaire de mettre en place aujourd'hui pour y parvenir demain.

Si l'histoire que raconte le scénario négaWatt commence donc bien par une vision de la fin du film, elle s'attache ensuite à déterminer comment l'atteindre, par le chemin le plus praticable et le moins escarpé possible, un chemin qui doit être de non-regret…

COMMENT INITIER LA TRANSITION ?

Si la boussole de la démarche négaWatt nous indique la direction à prendre, il est préférable, pour bien commencer notre route et être certains de ne pas nous égarer, de nous assurer que le chemin à suivre est correctement balisé.

Car il ne faut pas se bercer d'illusions : les enjeux économiques et politiques de la transition énergétique sont considérables. Privilégiant le long terme plutôt que les intérêts immédiats, la mise en mouvement de la société vers la transition énergétique bouscule bien des positions acquises, remet en cause bien des idées reçues et menace bien des rentes de situation. Sa réussite exige des décisions à la fois courageuses, indépendantes et rapides.

Des décisions courageuses car l'idéologie du laisser-faire n'est qu'une forme de renoncement. Elle ne peut satisfaire ceux qui attendent des résultats de leurs actions et qui assument la responsabilité de leurs décisions malgré les scepticismes et les conservatismes de tous bords.

Des décisions indépendantes car les arbitrages doivent être rendus en toute clarté, à l'abri des groupes de pression dont les intérêts immédiats seront immanquablement écornés. On a vu trop souvent le diable se nicher dans les détails et les batailles d'influence se mener souterrainement, entretenant retards, confusions et bien souvent reculades.

Des décisions rapides, enfin, et d'application directe, car des idées fortes peuvent avec le temps se diluer dans des discussions sans fin jusqu'à être vidées de leur sens.

A cet égard, se pencher sur l'histoire du droit français de l'énergie permet de comprendre à quel point il va falloir être innovant, créatif et surtout terriblement vigilant sur la capacité d'inertie et de défense des intérêts acquis de notre "monarchie républicaine" !

Alors que les orientations énergétiques de la France n'avaient fait l'objet d'aucun vote ni même d'aucun débat au Parlement entre 1947 et le début des années 2000, c'est au contraire une avalanche de lois d'orientation, de lois ordinaires, décrets, arrêtés et autres circulaires qui s'est abattue depuis lors. La complexité qui en découle est telle que même les auteurs de ces multiples textes ont du mal à s'y retrouver. Quant au profane, pourtant censé ne pas ignorer la loi, impossible pour lui d'y comprendre quelque chose... La remise en ordre de ce fouillis juridique à travers l'exercice de "codification[1]" n'a été de ce point de vue qu'un coup d'épée dans l'eau : la machine à complexifier ne s'est en fait jamais arrêtée, sans compter que l'on attend parfois pendant des années des décrets d'application qui ne viennent pas et que certaines réglementations sont obsolètes avant même d'entrer en vigueur.

Dans une France qui a toujours autant de mal à débattre avec elle-même entre des échéances électorales majeures réduites trop souvent à un affrontement purement partisan, la "gouvernance à cinq" employée pour la première fois par le Grenelle de l'environnement avait suscité beaucoup d'espoirs[2]. Même si le cadre limité de cet exercice n'a pas permis de prendre en compte la totalité des problématiques liées à l'énergie (notamment sur le nucléaire par avance exclu des discussions), la richesse des débats, les efforts partagés pour parvenir à des compromis qui ne soient pas des compromissions, la pertinence des analyses produites et l'ambition de certaines mesures sectorielles proposées avaient témoigné du fait que l'intelligence collective est au

1. La codification consiste à rassembler dans un seul et même texte appelé "code" toutes les lois ou parties de lois concernant un grand domaine : Code civil, code pénal, code de l'urbanisme, etc. Lancée en juillet 2005, la première version du code de l'énergie a été publiée en juin 2011.

2. Il s'agit d'avoir autour de la table des représentants de cinq catégories d'acteurs organisés en autant de "collèges" : Etat, collectivités locales, entreprises, syndicats et associations environnementales (les "ONG").

rendez-vous dès lors qu'on lui donne un espace pour s'exprimer.

Mais cette expérience inédite dans une France qui prétendait déplacer des montagnes n'a finalement accouché que de quelques souris faméliques. Au-delà de l'inconstance d'un président de l'époque adepte du zapping permanent, l'absence d'un collège de parlementaires aux côtés des quatre collèges représentant la "société civile" (les collectivités locales, le patronat, les syndicats ouvriers et les associations) avait provoqué une coupure entre "démocratie participative" du Grenelle, empreinte de modernité, et "démocratie représentative" du Parlement. Frustré de ne pas avoir été associé au processus, ce dernier, à l'écoute des lobbies qui hantent les couloirs de l'Assemblée et du Sénat, s'était adonné à un méticuleux travail de sape et de détricotage des dispositions les plus ambitieuses, même celles validées par les groupes de travail pluralistes du Grenelle.

Issu d'une promesse de campagne du candidat Hollande, le Débat national sur la transition énergétique (DNTE) lancé à l'automne 2012 semblait avoir tiré les leçons du Grenelle. L'ajout d'un collège composé de parlementaires et d'un autre d'associations représentatives hors du secteur de l'environnement au sein d'un "Conseil national" et la mise en place d'un comité de pilotage collégial s'appuyant sur un secrétariat général et assisté par un groupe d'experts pluraliste ont permis d'asseoir une gouvernance de bon aloi, d'autant plus que la question jusque-là taboue de la place du nucléaire dans le mix énergétique avait été ouverte à travers l'engagement présidentiel d'une réduction de 75 % à 50 % de sa contribution à l'approvisionnement électrique de la France à l'horizon 2025.

Jalonnés de séances plénières mensuelles, entrecoupés de nombreuses réunions des huit groupes de travail et de multiples auditions d'acteurs et d'experts, couronnés par une *consultation citoyenne* organisée selon une méthode danoise particulièrement efficace, les six mois d'intense activité de cette instance originale ont mobilisé au bas mot plusieurs centaines de personnes. Le processus a débouché sur un grand nombre de propositions, largement débattues et synthétisées en un corpus de 15 enjeux se voulant aussi consensuels que possible – même si de sérieuses pierres d'achoppement subsistaient.

Citons-en trois : la notion même de *sobriété* qui a continué à signifier dans l'esprit de certains un véritable recul de la civilisation, la persistance quasi religieuse à croire que seul un prix bas de l'énergie peut asseoir la compétitivité de nos entreprises et créer de l'emploi, ou encore le refus aveugle d'envisager la fermeture du moindre réacteur nucléaire, comme si cette technologie pouvait échapper par on ne sait quel miracle au vieillissement et à l'obsolescence. Toutes ces pierres dans le jardin naissant de la transition énergétique peuvent conduire une nouvelle fois, malgré des avancées significatives, à faire retomber notre pays dans les mêmes ornières et dans le même conservatisme.

En témoigne le processus aussi long que chaotique d'élaboration de la loi de transition énergétique, privée de son caractère initial "de programmation" tout en étant colorisée "pour la croissance verte". Déposé en procédure d'urgence par le gouvernement en août 2014, soit plus d'un an après la fin du Débat national, le projet de loi a suivi un parcours erratique entre une Assemblée nationale bombardée de milliers d'amendements et un Sénat qui, ayant changé de majorité politique en cours de route, n'a cessé, malgré des enrichissements ponctuellement constructifs, de remettre en cause certains grands objectifs de la loi.

Ces derniers, qui, outre la réduction de la part du nucléaire et la reprise du facteur 4, comprennent par exemple une contribution de 40 % des énergies renouvelables à l'horizon 2030 et une division par 2 de la consommation d'énergie finale à l'horizon 2050, ont toutefois résisté à ce processus. Ils marquent incontestablement une ambition nouvelle, dans la direction de la vision portée par négaWatt tout au long de ce processus. Mais d'amendements en arbitrages, le conservatisme porté notamment au cours du DNTE par les représentants du patronat et par une grande partie des syndicats a eu raison d'une véritable vision d'ensemble, systémique et ambitieuse. Et faute d'imagination ou de volonté face aux différentes pressions, le train de mesures porté par la loi, incomplet et manquant de cohérence, reste très insuffisant pour atteindre les objectifs.

Ce jeu politique s'exerce comme si la transition énergétique restait dans l'esprit de certains une simple option ; comme si les menaces que fait peser sur nous le système énergétique actuel étaient toujours discutables ; comme si les solutions pouvaient être trouvées en conservant tel quel ce qui est précisément à l'origine du problème…

Devant un enjeu aussi vital, il est pourtant de la responsabilité des politiques de créer les conditions pour que la transition énergétique s'élabore dans l'intérêt général, à l'abri d'intérêts particuliers de ceux qui n'ont d'autre souci que de défendre des positions acquises ou de querelles politiciennes qui n'ont d'autre fonction que de retarder toujours et encore les nécessaires décisions.

La création d'une Haute Autorité indépendante de la transition énergétique pourrait répondre à ces objectifs.

Mesure 01 : création d'une Haute Autorité indépendante de la transition énergétique

Cet organisme, qui ne devra pas être un simple organisme de plus, se substituera en les regroupant à la CRE (Commission de régulation de l'énergie) et à un certain nombre de structures ou de services existants. Il aura pour missions de :

– contrôler et vérifier les déclarations de contenu énergétique et d'impacts environnementaux des producteurs, négociants et fournisseurs d'énergie ;

– définir et réguler les conditions d'accès aux réseaux énergétiques publics (électricité, gaz, chaleur) ;

– proposer au pouvoir exécutif les mesures tarifaires et fiscales jugées nécessaires ;

– réaliser des études et expertises, notamment sur les bilans environnementaux des chaînes énergétiques et sur les externalités*, positives et négatives, des différentes technologies et filières ;

– collecter, exploiter et publier toutes les données, observations et statistiques concernant l'énergie et le changement climatique ;

– suivre en continu l'état d'avancement de la transition énergétique, évaluer l'efficacité des politiques publiques mises en place et proposer le cas échéant des améliorations des dispositions existantes.

Le choix de la forme juridique de cette Haute Autorité devra lui assurer une totale indépendance, notamment des institutions politiques, exécutives et législatives. Dotée d'un pouvoir étendu d'investigation et de sanctions, elle devra disposer de moyens financiers suffisants pour assurer ses missions dans de bonnes conditions, et pour cela être dotée d'un budget autonome. Enfin, elle devra être libre de recruter ses collaborateurs selon ses propres critères.

D'une taille suffisante sans être pléthorique (de 9 à 13 personnes), son conseil d'administration devra faire une large place à des personnalités qualifiées issues de la société civile. Ses membres seront soumis à un devoir de réserve et ne pourront cumuler leur fonction avec un emploi public ou privé, ni avoir des intérêts dans les secteurs concernés.

Garante et gardienne de la transition énergétique, cette Haute Autorité de l'énergie du climat et de l'environnement agira dans un cadre régulé par la loi et selon des règles transparentes, tout en étant protégée des jeux d'intérêts et des ambitions personnelles.

ROMPRE AVEC LE CENTRALISME ÉNERGÉTIQUE

Une loi d'orientation et l'arsenal juridique qui l'accompagne, si bien construits soient-ils, ne suffiront pas. La transition énergétique négaWatt ne se décrétera ni depuis quelques bureaux haussmanniens ou la Grande Arche de la Défense, ni par des décisions hiérarchiques du haut vers le bas et de Paris vers les régions. Une démarche aussi innovante a besoin d'air neuf, du brassage des idées, de la diversité des visions et de la mobilisation de tous les acteurs. Elle devra s'appuyer sur une pacifique armée d'élus, d'acteurs économiques, de praticiens de terrain et de simples citoyens prêts à s'engager avec passion dans ce formidable défi qui consistera à construire en moins de deux générations un nouveau paysage énergétique.

Ces acteurs existent. On les rencontre partout : dans les collectivités locales, les entreprises, les associations, les administrations… Il convient de les mobiliser en leur donnant un véritable pouvoir sur leur propre avenir énergétique. Il faudra pour cela concilier deux approches politiques que l'on a trop souvent tendance à opposer : la planification et la régulation "par en haut" d'un côté, la décentralisation et l'innovation "par en bas" de l'autre.

Mais si les objectifs de transition énergétique et l'itinéraire à suivre doivent être fixés par l'Etat dans le cadre des engagements internationaux de la France, il revient aux collectivités locales d'être le moteur des actions à organiser et des moyens à mettre en œuvre pour y parvenir. Ce sont ces collectivités qui, proches des citoyens et ancrées au cœur des territoires, sont le plus à même d'identifier les gisements de sobriété, d'efficacité et d'énergies renouvelables qui s'y trouvent. Ce sont elles qui peuvent offrir aux acteurs de terrain un véritable projet mobilisateur consistant à exploiter ces gisements, en priorité au bénéfice de la population locale.

Dans le cadre institutionnel français, les collectivités ont jusqu'à présent eu très peu de pouvoir dans ce domaine : l'énergie ne fait pas partie de leurs champs traditionnels de compétences. La *loi de modernisation de l'action publique territoriale et d'affirmation des métropoles* votée en janvier 2014 et, dans une moindre mesure, la *loi de transition énergétique pour la croissance verte* leur confèrent un certain nombre de prérogatives mais surtout des obligations sans leur donner réellement les moyens juridiques, techniques et financiers d'agir résolument et efficacement en faveur de la transition énergétique.

Elles disposent notamment de très peu de pouvoirs réglementaires qui leur permettraient, dans le respect d'un cadre et d'objectifs nationaux, d'édicter des règles spécifiques en fonction des caractéristiques de leur territoire ou de fixer des objectifs s'imposant aux acteurs locaux, comme peuvent le faire de nombreuses collectivités chez nos voisins européens.

Les Länder allemands ou autrichiens par exemple ont le droit d'imposer dans le bâtiment une réglementation énergétique allant plus loin que les standards nationaux : c'est grâce à cette possibilité que les bâtiments passifs dans lesquels les besoins d'énergie sont réduits à leur plus simple expression sont devenus la norme dès le début des années 2000 dans certaines régions après avoir été expérimentés par des entreprises locales.

La municipalité de Barcelone quant à elle a imposé dès 1999 la production d'eau chaude solaire dans tous les logements neufs sauf impossibilité manifeste. Cette "ordonnance solaire" qui n'avait pas de statut juridique clair a pourtant été reprise d'abord dans toute la Catalogne puis par d'autres villes et régions et finalement a été généralisée à toute l'Espagne.

Puissent les TEPOS, ces "territoires à énergie positive" qui ont vu le jour dans les campagnes bretonnes et drômoises avant de conquérir de nombreux espaces ruraux, connaître le même sort sans perdre au passage l'esprit d'initiative, d'autonomie et de solidarité qui les caractérise, alors que l'Etat pourrait si l'on n'y prend garde imposer une fois de plus sa vision jacobine et centralisatrice après les avoir eux aussi colorisés en les renommant "territoires à énergie positive pour la croissance verte" ou TEPCV.

Des propositions ambitieuses et novatrices en faveur d'une nouvelle étape de décentralisation autour des questions d'énergie et de climat avaient été formulées lors du Grenelle de l'environnement en 2007. Mais leur traduction dans les lois qui ont suivi s'est limitée à la mise en place d'outils techniques tels que les "Plans climat-énergie territoriaux" (PCET) et les "Schémas régionaux climat-air-énergie" (SRCAE), dont les vertus pédagogiques pour faire prendre conscience des enjeux de la transition énergétique au niveau local sont indéniables, mais qui sont restés sous le contrôle bureaucratique d'un Etat manquant clairement d'ambition.

La transition énergétique ne pourra prendre corps et se traduire dans les faits qu'à condition que chaque collectivité locale à chaque niveau institutionnel ait les moyens juridiques et financiers d'agir là où elle est la plus efficace et la plus pertinente.

Au-delà de ces grands principes, une réflexion doit s'ouvrir quant à la répartition des rôles entre les différents niveaux de collectivités, dans le cadre d'une véritable gouvernance, ce quatrième pilier du développement durable si souvent oublié. Des pistes de réponse sont suggérées ci-dessous.

Mesure 02 : pour une gouvernance territoriale de l'énergie

Echelon de base de la démocratie à la française, les communes sont au plus près de la population avec laquelle elles ont des contacts quasi quotidiens. Elles sont donc particulièrement bien placées pour mener des actions d'information et de sensibilisation auprès des ménages et du tissu local des commerçants, artisans et PME, en s'appuyant notamment sur les associations locales et les acteurs de l'éducation populaire. La mission d'information et de conseil gratuits et indépendants sur l'énergie, remplie aujourd'hui par les "Espaces info-énergie" qui se sont créés au fur et à mesure du temps à l'initiative soit de collectivités, soit du mouvement associatif, aujourd'hui au nombre de quelques centaines à travers la France, doit être intégrée à un *"service public local de l'énergie"* renouvelé et tourné vers la réussite de la transition énergétique.

En charge d'appliquer et de contrôler la réglementation en matière d'urbanisme à travers la délivrance des permis de construire, les communes ont là aussi, pour peu qu'on leur en donne les moyens, un rôle important à jouer pour accélérer le mouvement vers l'urbanisme durable et les bâtiments à basse et très basse consommation. Elles devraient avoir la possibilité d'imposer des réglementations en matière d'urbanisme, de construction-rénovation ou d'approvisionnement énergétique qui vont plus loin et sont mieux adaptées à l'environnement local que la norme nationale, trop souvent "hors sol".

Cette possibilité serait bien plus pertinente si elle s'inscrivait dans le cadre intercommunal, échelon idéal à la fois pour élargir la vision au niveau des "bassins de vie", plus cohérents avec la réalité vécue par les habitants, et pour mutualiser des compétences humaines qui autrement resteront largement inaccessibles aux petites et moyennes communes.

C'est également au niveau intercommunal que peut se traiter le plus efficacement la question essentielle de l'identification et du suivi dans le temps de l'exploitation des "gisements" de sobriété, d'efficacité et d'énergies renouvelables qui irriguent le territoire, à travers un diagnostic préalable et la *mise en place de "tableaux de bord"*.

De tels outils sont en effet indispensables pour améliorer la connaissance nécessaire à la définition des actions les plus pertinentes. Connaître dans tous les secteurs d'activité la quantité et l'origine des consommations d'énergie et les émissions de gaz à effet de serre, pour en calculer l'impact environnemental et le coût ; évaluer l'état du patrimoine bâti public et privé et la situation de ceux qui l'habitent ou y travaillent ; mesurer et analyser les besoins de déplacement des familles et des entreprises ; identifier et quantifier les potentiels d'énergies renouvelables et les gisements de chaleur perdue récupérable ; comprendre, enfin, les dynamiques urbaines et sociales qui ont besoin d'être corrigées ou accompagnées : toutes ces analyses et études ne sont pas un luxe inutile, car l'on consomme parce qu'on ne sait pas, et la méconnaissance engendre toujours une *méconsommation* d'énergie.

Un autre champ d'action tout à fait essentiel est la *gestion coordonnée des différents réseaux publics* de distribution d'énergie (électricité, gaz et chaleur), mais aussi d'eau ou d'information (télécommunication, fibre optique…). Elle sera bien plus efficace et pertinente si elle est assurée au niveau intercommunal par le biais de syndicats spécialisés, en tout cas à travers une délégation des communes au niveau intercommunal, qui devrait à court terme devenir obligatoire.

Il est en effet urgent que les collectivités locales reprennent la main sur ces épines dorsales de la transition énergétique que sont les réseaux publics, la quintessence de ces "biens communs" qui ont été financés par les générations successives de nos aïeux. Les grandes entreprises monopolistiques les ont depuis confisqués à leur seul profit, tout en se prévalant d'un prétendu "service public" qu'elles n'ont plus de légitimité à représenter et dont elles ne se soucient guère que pour leurs besoins d'image.

Plus largement, le *"service public de l'énergie"*, auquel les Français sont à juste titre très attachés, *doit être remis entre les mains des collectivités locales*, à travers notamment un contrôle effectif, et non virtuel comme aujourd'hui, des concessions et autres délégations relatives à l'énergie : il est indispensable et urgent de retrouver la prééminence des "autorités concédantes" (les collectivités) sur les concessionnaires ou délégataires (les opérateurs).

Tous les contrats en cours doivent pouvoir être remis en cause lorsqu'ils arriveront à échéance et la collectivité doit avoir, conformément au droit européen, le libre choix du mode d'administration futur, que ce soit en interne, via une entreprise publique sous son contrôle direct (régie, société d'économie mixte, société publique locale…), ou via une délégation dans le cadre d'une consultation ouverte.

Compte tenu du découpage des compétences entre départements et régions, même si celui-ci évolue au cours des réformes actuelles, les premiers semblent les mieux bien placés pour prendre en charge la prévention et la lutte contre la précarité énergétique. Les conseils départementaux peuvent agir par des actions de sensibilisation et de formation des travailleurs sociaux et des intervenants associatifs, autant que par le financement de travaux de maîtrise de la demande auprès des ménages les plus en difficulté, après définition claire du cadre, des conditions et des modes de financement de leur intervention ; certains le font d'ailleurs déjà, par exemple dans le cadre d'Agendas 21 locaux[1].

Les régions quant à elles ont vocation à devenir le pivot essentiel entre les objectifs nationaux et les programmes d'actions qui seront mis en œuvre à chaque niveau territorial inférieur. Pour cela, elles doivent veiller à la cohérence des projets émanant des différents échelons de collectivités sur les différents usages et dans les différents secteurs, fournir l'appui technique et méthodologique aux acteurs de terrain, garantir l'équilibre économique des opérations via de nouveaux outils financiers adaptés permettant de drainer de l'investissement local. Elles doivent enfin assurer le suivi et faire procéder à l'évaluation des résultats par des audits externes de toutes les actions menées.

Tous les niveaux institutionnels doivent devenir moteurs de la transition énergétique au sein de leurs territoires respectifs, en se voyant imposer l'obligation de définir, dans le cadre d'une démocratie participative renouvelée, un plan de réduction des consommations d'énergie et des émissions de gaz à effet de serre, de développement des énergies renouvelables et d'adaptation aux conséquences prévisibles des changements climatiques. Ils doivent en contrepartie se voir

1. "Agenda 21" a été le nom donné au Plan d'action pour le XXIe siècle adopté lors du sommet de la Terre à Rio de Janeiro, en 1992, par 173 Etats du monde entier. Un "Agenda 21 local" est sa déclinaison au niveau d'un territoire, en général à l'initiative d'une collectivité locale.

reconnaître explicitement le *droit à l'expérimentation* de nouvelles méthodes et de nouvelles approches, de façon à alimenter un retour d'expérience qui pourra profiter à tous.

Planifier globalement, mais agir localement ! Entre les deux, de justes régulations doivent dynamiser les initiatives au lieu de les freiner, suivre avec constance un cap en opérant régulièrement tous les réglages nécessaires et non piloter à vue un bateau ivre d'énergie.

DES TERRITOIRES À "L'URBANISME NÉGAWATT"

Les territoires ne sont pas une entité abstraite. Ils sont faits d'une multitude de terroirs, de villages, de quartiers, de tous ces espaces dans lesquels nous vivons, travaillons, nous déplaçons et avons une vie sociale. Ce que nous appelons "urbanisme" n'est rien d'autre que la manière dont nous concevons et organisons ces espaces, et dont nous les relions entre eux pour en faire les écosystèmes qui nous abritent et nous font vivre – ou dépérir.

Depuis plus d'un demi-siècle, notre urbanisme est à l'opposé de la démarche négaWatt : artificialisation accélérée des espaces naturels et agricoles (en France, l'équivalent de la surface d'un département "disparaît" tous les sept ans !), spécialisation des zones urbaines entre logement, travail, loisirs et commerces imposant l'usage de la voiture individuelle, éclairages inutiles qui perturbent les espèces animales nocturnes et masquent les étoiles, bâtiments de prestige qui sont autant de gouffres à énergie…

Le constat est connu, mais le lien entre urbanisme et énergie est finalement très peu étudié, et ses effets rarement quantifiés. Or, de telles dérives n'ont été possibles que grâce à une énergie abondante et bon marché : l'énergie facile a généré un urbanisme de facilité, défigurant nos villes, engendrant des charges financières de plus en plus lourdes et entraînant une dislocation dramatique du lien social.

Nous le payons déjà très cher aujourd'hui, et ces choix risquent de poser demain des problèmes insurmontables. Ainsi, faudra-t-il isoler thermiquement une maison en lotissement alors que son usage dépendra toujours de la voiture individuelle, puisque l'étalement rend un transport collectif de qualité financièrement impossible à maintenir ? Ne vaudrait-il pas mieux utiliser le peu de moyens et de ressources disponibles à la renaissance d'un urbanisme de village ou de quartier, donc à des lieux de mixité des services et des usages, dont les besoins énergétiques seront bien plus faibles ?

Mesure 03 : pour un urbanisme ancré dans les territoires

La stratégie qui s'impose repose sur trois changements radicaux dans nos choix urbanistiques :

– rupture avec la spécialisation zonale fondée sur l'usage de la voiture ;

– rupture avec le rêve de la maison individuelle pour tous : consommateur d'espace, de voirie, de matériaux et d'énergie, ce modèle à faible densité, culturellement dominant, est incompatible avec le développement incontournable de transports collectifs économiquement viables ;

– rupture totale, enfin, avec tout urbanisme de prestige synonyme d'*ébriété énergétique*[1].

Toute opération urbaine d'envergure, que ce soit dans le neuf ou en rénovation, ne devrait être possible à l'avenir qu'à certaines conditions :

– existence (ou création certaine à court terme) d'un mode de transport collectif adapté et rapide, reliant le secteur concerné à un centre urbain proche ;

– compensation de toute nouvelle artificialisation de terrains par la revégétalisation d'une surface équivalente de terrains pour des fonctions d'agrément (parc public), de maintien de la biodiversité (mares, haies…) ou de production alimentaire de proximité (maraîchage) ;

– retour à une véritable mixité d'usages : toute zone résidentielle devrait pouvoir disposer des services essentiels (médecin, pharmacie, garderie, services publics de base : écoles, collège, poste…) dans un rayon de quelques minutes à pied[2] ;

– création de "zones à circulation apaisée" où la vitesse des véhicules est abaissée à 15 kilomètres par heure et le stationnement strictement limité aux opérations de chargement-déchargement de marchandises ou de prise en charge-dépose de personnes ;

– implantation des bâtiments prenant en compte les relations avec l'environnement : pièces de vie

1. Un exemple caricatural est cette mode des tours de grande hauteur imposant par nature des dépenses énergétiques élevées : la "tour verte et écolo" n'existe que dans le "*greenwashing*" des plaquettes de communication !

2. Cette mesure est appliquée dans des villes de plus en plus nombreuses aux… Etats-Unis, pourtant le pays réputé être celui de la voiture-reine !

bénéficiant d'un "droit au soleil hivernal", végétalisation des espaces publics pour éviter les effets d'îlot de chaleur, forme et disposition permettant une ventilation naturelle nocturne afin de réduire les surchauffes estivales ;

– réalisation, en phase d'élaboration des programmes de construction, d'analyses économiques comparatives intégrant les recettes et les coûts directs d'investissement, d'usage et de déconstruction, mais aussi les coûts et les bénéfices indirects pour l'environnement, la santé et la société ;

– obligation de réaliser aux phases-clés de la conception, depuis l'analyse urbanistique jusqu'au dépôt des permis de construire, des bilans énergétiques et environnementaux complets sur la base d'analyses en cycle de vie (ACV) ;

– objectif de triple neutralité des impacts : zéro énergie primaire non renouvelable, zéro émission de gaz à effet de serre, zéro déchet toxique. Cet objectif est d'ores et déjà à notre portée pour le chauffage, l'eau chaude sanitaire et les besoins en électricité, comme en témoignent à travers l'Europe de nombreux exemples d'écoquartiers innovants, initiés parfois par des autorités locales mais souvent par les citoyens eux-mêmes.

Cette synergie entre urbanisme et énergie est en rupture avec les pratiques actuelles, mais ce n'est ni une révolution ni un retour à une quelconque vision nostalgique et passéiste. Il s'agit simplement de faire renaître le centre-village et le quartier de ville, ces formes urbaines à échelle humaine, où le plaisir de vivre se conjugue avec un optimum énergétique. Une renaissance qui se nourrit des récents retours d'expérience et des formidables apports de l'innovation écologique :

bâtiments passifs dans lesquels les besoins de chauffage sont presque réduits à zéro, écoproduits et matériaux d'origine végétale ("biosourcés"), réseaux de chaleur à basse température, récupération systématique des pertes diffuses de chaleur, production combinée de chaleur et d'électricité (cogénération*) à partir de biomasse ou de biogaz local, production d'électricité solaire intégrée au bâti et au mobilier urbain, rafraîchissement naturel… Les solutions sont là, déjà à portée de main !

L'urbanisme de demain conjuguera avec bonheur la démarche négaWatt : sobriété dans les formes urbaines, efficacité de l'innovation technologique et utilisation intelligente des sources renouvelables.

4

BÂTIMENTS ET TRANSITION ÉNERGÉTIQUE

En cohérence avec la démarche négaWatt, c'est tout logiquement à partir des besoins, et non de l'offre, que nous allons maintenant jeter les bases d'un nouveau paysage énergétique pour la France, et décrire son évolution quantifiée jusqu'en 2050. Cette description ne sera bien sûr pas exhaustive : le scénario négaWatt est fondé sur plus de 2 500 paramètres évoluant année par année, des dizaines de modules sectoriels convergeant vers un “plan directeur énergétique”, une analyse par simulation de l'équilibre entre l'offre et la demande heure par heure jusqu'en 2050… Seules les principales lignes de force sont donc décrites ci-dessous, de nombreux éléments complémentaires étant précisés sur le site Internet de l'association négaWatt[1].

Commençons par la *transition énergétique dans les bâtiments*. C'est un enjeu prioritaire : le résidentiel (l'ensemble des logements) et le tertiaire (les bureaux, les commerces, les équipements éducatifs, sociaux, sportifs ou culturels) représentent 43 % de notre consommation d'énergie primaire, dont près des quatre cinquièmes sont consacrés aux usages liés à la chaleur (chauffage, eau chaude, cuisine).

1. www.negawatt.org.

C'est aussi un secteur où les évolutions sont très lentes : le total des bâtiments neufs construits chaque année ne représente que 1 % du parc de bâtiments existants et les démolitions seulement... 0,1 %, ce qui signifie qu'à ce rythme il faudrait un millénaire si l'on voulait reconstruire à neuf la totalité du parc ! En fait, les bâtiments neufs ne font qu'accroître le parc existant, ils ne se substituent pas à lui. Agir uniquement sur les normes de la construction neuve comme le fait la nouvelle réglementation thermique RT 2012*[1] ne peut donc suffire : seule une politique très audacieuse de rénovation permettra une indispensable mutation énergétique du parc. Celle-ci s'appuiera par contre sur l'expérience acquise dans les bâtiments neufs, qui serviront ainsi de référence pour l'ensemble du secteur : c'est donc à ceux-ci que nous allons nous intéresser tout d'abord.

BÂTIMENTS NEUFS : SE FIXER LES BONS OBJECTIFS

En ce qui concerne le secteur du bâtiment, le Grenelle de l'environnement a acté en 2007 trois engagements majeurs, soutenus à l'unanimité par les participants. Le premier consistait à imposer à tous les immeubles construits à partir de 2012 le niveau de performance du label BBC ("bâtiment basse consommation"), dont

1. La réglementation thermique actuelle se compose pour les bâtiments neufs de la RT 2012, et pour l'existant de deux arrêtés concernant uniquement les rénovations importantes (supérieures à 1 000 m²), avec des niveaux d'exigence trop peu performants.

l'association Effinergie[1] avait assuré la conception et la promotion, et qui est devenu la base de la nouvelle réglementation thermique. Le second engagement proposait que tous les bâtiments construits à partir de 2020 soient "à énergie positive", c'est-à-dire qu'ils produisent plus d'énergie qu'ils n'en consomment. Le troisième engagement spécifiait que la consommation totale du parc immobilier soit réduite en 2020 de 38 % par rapport à ce qu'elle était en 2007.

Où en sommes-nous aujourd'hui ?

Premier engagement du Grenelle, la généralisation des bâtiments BBC n'a été mise en application que quatre à cinq ans plus tard. Une période de latence et d'hésitation mise à profit par certains producteurs d'énergie et fabricants de composants ou de systèmes pour en limiter la portée et en retarder la mise en œuvre. Cependant, malgré de nombreuses dérogations et le refus d'imposer un véritable contrôle de la qualité lors de la réalisation, les objectifs généraux de la RT 2012 semblent cependant relativement cohérents avec la trajectoire du scénario négaWatt. Mais le niveau BBC ne suffira pas, et le second engagement du Grenelle est tout aussi essentiel : il importe de s'engager résolument vers les BEPOS ("bâtiments à énergie positive"), dans lesquels la production annuelle d'énergie dépasse les consommations pour les différents usages[2].

1. Créée en 2006, l'association Effinergie rassemble la plupart des régions françaises ainsi que de nombreux acteurs professionnels du bâtiment autour de la promotion de la basse consommation dans ce secteur (voir www.effinergie.org).
2. En notant toutefois que leur définition actuelle ne prend pas en compte l'énergie grise nécessaire à la construction et au recyclage des matériaux en fin de vie.

Bien entendu, la production d'électricité par des panneaux solaires sur le toit ou en façade d'un bâtiment ne doit pas "compenser" réglementairement les défauts d'isolation de cet édifice : ce serait tout l'inverse de la démarche négaWatt ! Ce concept de BEPOS n'a de sens que s'il s'applique à un bâtiment à très basse consommation de type "passif", dans lequel la qualité isolante est telle que le chauffage est assuré principalement par la chaleur apportée par l'ensoleillement des parois et par celle qui est dégagée par les occupants et les appareils en fonctionnement.

Sous cette réserve essentielle, l'obligation du BEPOS à partir de 2020, telle que prévue par le Grenelle, est cohérente avec la généralisation des bâtiments passifs proposée par le scénario négaWatt. De tels bâtiments ne sont pas de la science-fiction : la plupart des techniques et des matériaux nécessaires à ce type de construction sont aujourd'hui disponibles et il en existe déjà des milliers en Allemagne et en Autriche sous le standard "Passivhaus" ou en Suisse avec "Minergie-Plus" – trois pays au climat plus rigoureux que le nôtre.

Dans l'immense majorité des cas, la solution qui va s'imposer pour rendre "positif" un bâtiment très performant sera l'installation de panneaux photovoltaïques produisant plus d'électricité que les besoins résiduels en énergie. Cette solution sera d'autant plus accessible que le photovoltaïque sera devenu compétitif d'ici quelques années et n'aura donc plus besoin d'aides. Mais pour atteindre ce résultat dans de bonnes conditions, le secteur du bâtiment doit apprendre à bien connaître et maîtriser à la fois les techniques de la construction à très basse consommation et celles de l'intégration du photovoltaïque dans le bâti : c'est une raison supplémentaire pour relancer d'urgence la filière photovoltaïque.

UN ENJEU MAJEUR : LA RÉNOVATION DU PARC EXISTANT

Le troisième engagement – particulièrement ambitieux – du Grenelle visait à réduire de 38 % en 2020 la consommation d'énergie du parc existant, ce qui revient *de facto* à rénover pendant dix ans l'équivalent d'un million de logements par an en divisant par 4 à 7 leurs besoins. Même si l'on sait aujourd'hui que cet objectif global n'est plus à notre portée compte tenu de la timidité des mesures effectivement engagées, il demeure plus que jamais nécessaire : un plan massif de rénovation des bâtiments existants doit en améliorer très notablement les performances, à la fois par l'isolation du bâti et par l'optimisation des systèmes de chauffage et de production et distribution d'eau chaude sanitaire. C'est en grande partie là que se joue la réussite de la transition énergétique.

Compte tenu de l'évolution démographique prévisible dans les prochaines décennies, de l'état du parc immobilier, de son taux de renouvellement et des objectifs à atteindre, il est nécessaire de diviser par un facteur 4 d'ici à 2050 l'ensemble des consommations de chauffage. Concrètement, cet objectif signifie qu'il faudra atteindre, pour le parc résidentiel et tertiaire, une consommation annuelle[1] inférieure en moyenne

1. En kilowattheure d'énergie primaire (kWhep) par mètre carré de surface habitable (dans le logement) ou mètre carré de surface utile (dans les bureaux) et par an.

à 50 kilowattheures par mètre carré et par an pour le chauffage (contre plus de 200 aujourd'hui), et inférieure à 10 kilowattheures par mètre carré et par an pour l'eau chaude sanitaire (contre 40 actuellement). En ce qui concerne ce dernier point, les mesures montrent que le rendement global de la production, de la distribution et du stockage de l'eau chaude est médiocre et ne dépasse guère 20 à 30 % en énergie primaire. Il est possible de réduire fortement ces consommations en améliorant la performance des installations sans dégrader le service rendu, jusqu'à une division par 3 enregistrée sur les premiers bâtiments qui ont bénéficié d'opérations de ce type.

Les consommations d'électricité spécifique (éclairage, bureautique, froid...) devront, quant à elles, être divisées par 2 d'ici à 2050, dans les logements comme dans le tertiaire, malgré une augmentation sensible des services rendus par l'électricité, ce vecteur énergétique irremplaçable.

Bien que la recherche-développement dispose encore de marges de progrès considérables dans ce domaine, toutes les technologies sont d'ores et déjà disponibles pour atteindre rapidement ces niveaux de performance. Isolants sous vide, ventilation à récupération d'énergie, micropompes à chaleur, isolation par l'extérieur incorporant des gaines de ventilation et recouvrant le bâtiment telle une veste polaire protégeant du froid : les matériaux et équipements destinés à la rénovation énergétique performante existent déjà et sont promis à un bel avenir !

Une question vient cependant à l'esprit : vaut-il mieux rénover un bâtiment ou bien le démolir puis reconstruire ? D'un point de vue strictement énergétique, la réponse est claire : démolir puis reconstruire nécessite une quantité d'énergie grise[1] considérable, notamment pour la structure et les façades du bâtiment, correspondant à l'équivalent de trente à cinquante années de consommation pour son fonctionnement. Ce n'est pas ainsi que l'on réalisera rapidement des économies substantielles d'énergie ! Rénover, restructurer ou transformer, éventuellement avec une nouvelle affectation, au lieu de tout démolir pour reconstruire, consomme moins d'énergie tout en permettant d'atteindre de très bonnes performances à l'exploitation. C'est pourquoi il faut réserver, dans la mesure du possible, la démolition-reconstruction aux cas des bâtiments insalubres ou prêts à s'effondrer, ou bien à la restructuration de quartiers en déshérence d'un point de vue social.

Le bâtiment est par ailleurs un secteur très éclaté, avec de très nombreuses entreprises et un fort contenu en emplois locaux. C'est encore plus vrai pour la rénovation qui se prête mal à une mécanisation poussée des travaux. Un programme massif de rénovation thermique donnera donc du travail à de très nombreux artisans et PME, et créera des centaines de milliers d'emplois, répartis sur l'ensemble du territoire et non délocalisables : on ne peut pas envoyer un bâtiment se faire isoler en Chine ou en Pologne et le ramener ensuite !

En outre, réduire les consommations d'énergie tout en maintenant, voire en améliorant, le niveau de confort des ménages constitue la meilleure protection contre l'augmentation inéluctable du prix de l'énergie, qui affectera en priorité les foyers les plus

1. C'est l'énergie nécessaire à la fabrication des matériaux et à leur élimination en fin de vie, voir chapitre 2.

modestes. Rappelons que les dépenses moyennes d'énergie d'une famille représentent près de 1,5 Smic chaque année, et qu'elles croissent rapidement. Ainsi, le prix du gaz a augmenté de 60 % sur les dix dernières années. En ce qui concerne l'électricité, EDF prévoit dans les cinq ans une augmentation d'au moins 30 % de ses "tarifs régulés" de l'électricité pour les petits consommateurs.

Tous ces éléments convergent pour considérer qu'un vaste programme d'action en faveur de l'efficacité énergétique dans le bâtiment est une priorité absolue, d'un point de vue à la fois environnemental, social et économique : ne pas mettre en place immédiatement les conditions nécessaires à une action massive de rénovation serait d'une certaine manière reconnaître que l'on abandonne avant même de l'avoir engagée la lutte contre les changements climatiques et l'épuisement des ressources non renouvelables.

Comment ces choix se traduisent-ils dans le scénario négaWatt? Une nouvelle fois, la démarche nous servira de guide. Les besoins de chaleur dans les secteurs résidentiel et tertiaire augmentant régulièrement, il est essentiel d'infléchir cette tendance par une politique de *sobriété* énergétique. L'efficacité (l'isolation, les équipements performants...) ne saurait tout faire à elle seule : c'est une condition nécessaire, mais pas suffisante!

Mesure 04 : vers des bâtiments énergétiquement sobres

Le scénario négaWatt aborde la question de la sobriété dans les bâtiments sous plusieurs angles. Le premier est celui de la surface chauffée par personne qui est actuellement en hausse continue : il convient de freiner autant que possible cette évolution. C'est un défi complexe au vu des nombreux paramètres, parfois contradictoires, qui sont à l'origine de cette augmentation régulière. Si le scénario négaWatt se fonde sur les projections de nombre d'habitants fournies par l'INSEE, il considère cependant qu'il est déraisonnable de laisser se prolonger durablement la tendance à la baisse du nombre moyen de personnes par foyer : évalué à 2,25 aujourd'hui, ce nombre diminue pratiquement à 2 d'ici à 2050 dans les projections modélisées par l'INSEE. Des freins à la décohabitation, en lien avec de nouvelles pratiques aujourd'hui embryonnaires mais qui pourraient s'étendre rapidement en recréant du lien social et de la solidarité (habitat coopératif, cohabitation étudiants-personnes âgées), ou liés à des incitations ou désincitations diverses (fiscalité, conditionnalité des aides sociales), devraient permettre de stabiliser ce nombre aux alentours de 2,2. Ce paramètre est très sensible puisque la différence entre les deux hypothèses est de 3 millions de logements (34,7 contre 31,7 en 2050).

La seconde inflexion relevant de la sobriété concerne le type de logements, dont les surfaces moyennes dans le neuf sont supposées stables : 131 mètres carrés pour les maisons individuelles et 73 mètres carrés pour les appartements. En revanche, le scénario négaWatt prévoit que la proportion de maisons individuelles dans la construction neuve, au lieu de continuer à croître, passe progressivement de plus de la moitié aujourd'hui à seulement 20 % en 2050. La priorité doit aller à un habitat groupé à taille humaine, à l'opposé à la fois des grands ensembles et du pavillonnaire de plus en plus étalé, deux modèles opposés mais qui ne favorisent ni l'un ni l'autre la mixité sociale fonctionnelle.

La même modération est appliquée au secteur tertiaire, dont les surfaces chauffées augmentent actuellement bien plus vite que la population active, sans que l'on puisse considérer que cela induise nécessairement une amélioration des services rendus. De 930 millions de mètres carrés aujourd'hui, ce parc pourrait atteindre dans les projections officielles les plus hautes 1,5 milliard de mètres carrés en 2050. Le scénario négaWatt limite cette inflation au même taux de croissance que celui de la population pour atteindre 1,1 milliard de mètres carrés en 2050, cette moyenne pouvant le cas échéant cacher des disparités importantes entre sous-secteurs.

Après la maîtrise des surfaces, se pose la question du niveau de confort recherché. La température régnant à l'intérieur des logements et des bureaux, que la loi fixe théoriquement depuis 1979 à un maximum de 19 °C, tend dans les faits à augmenter régulièrement. L'impact sur les consommations d'énergie est considérable : dans le parc de bâtiments tel qu'il est projeté en 2050, une différence de 1 °C de la température intérieure entraîne une variation de l'ordre de 10 à 15 % des besoins de chauffage, et jusqu'à 20 % dans un BEPOS[1].

Dans le neuf, le scénario négaWatt prévoit un retour à la température intérieure “légale” de 19 °C, ce qui

1. On parle ici d'une variation ponctuelle de la température de chauffage, qui n'a rien à voir avec les changements climatiques ! Il ne faut surtout pas en déduire qu'une augmentation de 1 °C de la température moyenne nous ferait gagner 15 % de consommation d'énergie…

est possible sans perte de confort. En effet la température n'est pas le seul paramètre qui agit sur l'impression de confort : de nombreuses études montrent que la qualité thermique des parois (murs opaques et surfaces vitrées), qui dépend des matériaux utilisés, détermine très largement les sensations et qu'une bonne conception permet de se sentir bien à des températures moins élevées. C'est pourquoi, pour l'habitat existant, le scénario n'intègre pas la même exigence, mais prévoit une stabilisation de la température intérieure aux niveaux actuels, en attendant que la rénovation, une fois réalisée, permette de la ramener au niveau légal.

En ce qui concerne l'eau chaude, la moyenne actuelle de 27 litres à 50 °C consommés par personne et par jour révèle d'importants gaspillages à la production, au stockage et à l'utilisation. Il est possible de ramener sans grandes difficultés ni baisse du confort cette moyenne à 20 litres en 2050, contre une augmentation à 33 litres dans la projection tendancielle. L'arrivée sur le marché des dispositifs hydroéconomes permet d'ores et déjà de satisfaire les mêmes besoins en consommant 30 à 50 % moins d'eau : cette projection est donc facile à atteindre.

Quant au confort estival, la généralisation d'une conception appropriée des bâtiments (inertie thermique, ventilation nocturne) permet d'éviter l'expansion non maîtrisée et énergivore de la climatisation "active". Dans le scénario négaWatt, moins de 20 % des logements en sont équipés en 2050, et entre 15 % et 80 % des bâtiments tertiaires selon les secteurs d'activité. Elle est ainsi réservée aux seuls espaces où une alternative s'avère trop compliquée à mettre à œuvre.

Ces efforts de sobriété permettent de réduire à la source les besoins de chaleur ou de refroidissement sans pour autant diminuer le niveau de confort : c'est même souvent l'inverse ! Une température trop élevée par excès de chauffage ou au contraire trop basse par excès de climatisation peut ainsi entraîner un inconfort et même affecter la santé.

Examinons maintenant comment, à partir des besoins de chaleur ainsi réduits, on peut consommer le moins d'énergie possible grâce au deuxième principe directeur de la démarche négaWatt : l'*efficacité*.

Mesure 05 : vers des bâtiments énergétiquement efficaces

La priorité du plan massif de rénovation doit aller aux logements construits avant l'introduction de la première réglementation thermique en 1975, car ils représentent les gisements d'économies les plus importants et les plus "rentables", tant d'un point de vue énergétique qu'économique. Le programme s'étend ensuite progressivement à partir de 2020 aux logements construits après 1975. En rythme de croisière, jusqu'à 750 000 logements sont rénovés chaque année. La même action est engagée à partir de 2015 dans le secteur tertiaire, au rythme de 3,5 % du parc existant par an, soit environ 28 millions de mètres carrés utiles traités chaque année.

En régime de croisière, ce sont à l'horizon 2025 environ 95 millions de mètres carrés qui font l'objet d'une rénovation thermique poussée chaque année. Au terme de ce programme, les besoins moyens de chauffage du parc existant atteignent moins de 40 kilowattheures par mètre carré et par an en moyenne, soit cinq fois moins qu'aujourd'hui.

Bien sûr, l'exigence de performance s'applique aussi aux bâtiments neufs, qui sont tous de type BEPOS à partir de 2020, donc construits au niveau "passif", c'est-à-dire avec des besoins moyens de chauffage de 15 kilowattheures par mètre carré et par an, les bâtiments tertiaires neufs étant en moyenne au niveau de 35 kilowattheures par mètre carré et par an.

Au terme de ces actions de sobriété et d'efficacité sur les bâtiments, le gain est considérable : la consommation d'énergie finale pour la chaleur et l'eau chaude dans les bâtiments est globalement divisée par 2,5 à l'horizon 2050 par rapport à 2011. L'économie globale représente près de 365 térawattheures*, c'est-à-dire l'équivalent en énergie finale de toute la production électrique de notre parc nucléaire actuel !

Cet effort s'accompagne de l'introduction progressive des systèmes de chauffage, de production d'eau chaude et de climatisation les plus performants, basés en priorité sur les énergies renouvelables. A terme, le chauffage électrique direct par convecteurs, le fioul et le gaz butane ou propane en bonbonnes ou en cuves, actuellement dominants, sont quasiment abandonnés. En revanche, le gaz fourni par le réseau maintient sa présence, le gaz naturel fossile importé étant progressivement remplacé, sans aucune modification des installations, par l'injection dans le réseau de méthane d'origine organique (biogaz) ou synthétique (gazéification* ou méthanation*)[1].

1. Ces techniques sont détaillées dans le chapitre 5 consacré aux moyens de production d'énergie.

CHAUFFAGE, EAU CHAUDE, CUISSON : LES OPTIONS DU SCÉNARIO NÉGAWATT

A l'horizon 2050, les besoins de chaleur des bâtiments (chauffage, production d'eau chaude sanitaire) sont couverts selon cinq options, en fonction de l'usage, du type et de la densité des bâtiments :

– 30 % de chauffage individuel et collectif au bois, dont la part est ainsi triplée par rapport à aujourd'hui ;

– 30 % de chauffage au gaz sur réseau ;

– 13 % pour l'électricité grâce aux pompes à chaleur à haut niveau de performance, notamment sur l'air extrait ;

– 14 % pour les réseaux de chaleur, contre 5 % aujourd'hui, alimentés essentiellement par la biomasse et marginalement par l'incinération des déchets ;

– 9 % enfin pour le solaire thermique.

Cette répartition est bien sûr différente pour les maisons individuelles, les logements collectifs et les bâtiments du tertiaire. Une réduction de plus de moitié de la consommation via une profonde transformation des systèmes de chauffage et d'eau chaude sanitaire est ainsi possible à l'horizon 2050.

Bien entendu, le scénario intègre une montée progressive de ce programme de rénovation afin de laisser le temps nécessaire aux filières de production des matériaux, de construction des réseaux et de fabrication des systèmes de s'organiser, et aux professionnels de tous les corps de métier de se former. Il est également nécessaire de mettre en place les financements adaptés en collaboration avec les banques et les assurances, qui doivent se familiariser avec ce nouveau type d'opérations pour adapter leurs offres à ce nouveau marché.

La cuisson des aliments est un autre besoin essentiel de chaleur dans les bâtiments. Du plat mijoté sur le gaz au "prêt-à-manger" surgelé, précuit et réchauffé au micro-ondes, entre repas familial et recours croissant à la restauration collective, nos modes de cuisson sont de plus en plus diversifiés et les tendances difficiles à cerner. En conséquence, le scénario négaWatt n'intègre pas, sur ce plan, de profond changement, ni sur le nombre de repas pris à l'extérieur, ni sur les habitudes de cuisson. Toutefois, l'usage du butane ou du propane, qui représente actuellement plus d'un quart de la cuisson, régresse au profit du gaz de réseau et surtout de l'électricité ; le scénario intègre un progrès technologique sur chaque mode de cuisson, dont le potentiel reste toutefois limité. Au final, la consommation d'énergie pour la cuisson baisse d'un peu plus de 10 % malgré l'augmentation de la population.

COMMENT RÉUSSIR LA RÉNOVATION ?

Le parc de logements existants est constitué de 56 % de maisons individuelles qui absorbent 71 % des besoins de chauffage et de 20 % de bâtiments de moins de 10 logements qui en consomment 19 %. La conclusion est évidente : le marché de la rénovation sera majoritairement constitué de petits chantiers et s'adressera donc d'abord aux artisans et aux petites entreprises. Les opérations d'une certaine taille auront les moyens de faire appel à des bureaux d'études en principe rompus aux calculs complexes pour déterminer les solutions à mettre en œuvre, mais cela ne sera pas possible pour les 400 000 à 500 000 maisons individuelles et petits collectifs à rénover chaque année.

Il faut donc trouver une solution pour que les artisans et les petites entreprises, sans devenir des experts du calcul thermique, soient assurés que les solutions qu'ils envisagent pour leurs clients soient bien cohérentes avec les objectifs. On se heurte également à une autre difficulté : une rénovation thermique de qualité implique toujours plusieurs "corps de métier" (le maçon, le menuisier, l'électricien, le chauffagiste, etc.) qui doivent apprendre à coopérer et à comprendre les problèmes des autres professionnels, ce qui ne va pas toujours de soi dans un secteur traditionnellement segmenté par métiers, chacun ayant tendance à cultiver ses particularités. Une solution à ces deux problèmes peut être trouvée à travers deux outils complémentaires : les "bouquets de travaux" et les "groupements d'entreprises".

Les premiers ont commencé à être expérimentés par le Grenelle dans le cadre de l'"éco-prêt à taux zéro" (dit éco-PTZ). Celui-ci permet de bénéficier d'un prêt sans intérêt pour financer des travaux d'amélioration énergétique, à condition qu'ils correspondent à l'un des ensembles prédéterminés de travaux indissociables les uns des autres, les "bouquets de travaux". Le principe, issu des propositions de l'association négaWatt, est intéressant, mais les performances induites par les solutions proposées actuellement sont insuffisantes au regard des objectifs à atteindre. Il faudra donc aller beaucoup plus loin : grâce aux milliers d'études détaillées sur différents types de bâtiments[1] et aux nombreuses campagnes de suivi des

1. Il s'agit de *simulations thermiques dynamiques*, c'est-à-dire des calculs permettant de prévoir de manière très fine, heure par heure, l'évolution des consommations et des températures de chacune

performances de bâtiments rénovés, on connaît d'un point de vue technique le contenu de ces "bouquets" pour que, quel que soit le point de départ de chaque immeuble à rénover, on puisse être assuré que la moyenne de la consommation du parc sera finalement bien à la valeur recherchée, en l'occurrence 50 kilowattheures par mètre carré et par an.

L'autre partie de la solution repose sur le développement souhaitable des groupements d'artisans ou d'entreprises. Les Français ne font que rarement appel à un architecte ou à un bureau d'études pour les travaux concernant leurs logements. Dans le cas d'une rénovation thermique, cela pose le problème de la coordination des corps de métier et, le cas échéant, celui de la responsabilité en cas de "désordres" avérés. Pour répondre à ce besoin, les artisans et les petites entreprises aux compétences complémentaires ont intérêt à se regrouper et à se placer sous la responsabilité d'un mandataire qui a en charge la coordination des différents corps de métier. Ce mandataire est le seul interlocuteur des propriétaires, ce qui évite à ceux-ci d'avoir comme aujourd'hui à coordonner eux-mêmes les différents professionnels impliqués dans la réalisation des travaux. Cette formule a de multiples avantages : simplification des tâches et de l'administration, réduction des coûts par la rationalisation des familles de matériaux et de systèmes, identification plus aisée des produits adaptés, formation facilitée pour les professionnels qui n'utiliseront plus que des composants conçus pour être complémentaires, contrôle aisé sur le chantier, etc.

des pièces d'un bâtiment en fonction de très nombreux paramètres (matériaux, météo, scénarios d'occupation, etc.).

Un avantage supplémentaire du couple "bouquets de travaux + groupements d'entreprises" est de faciliter grandement les montages financiers des opérations en les rendant compréhensibles par les banquiers et les assureurs, puisque les solutions techniques éligibles sont bien identifiées et en nombre restreint.

Enfin, il est impératif de rénover en une seule fois, et au bon niveau : si une maison atteint, par exemple, une consommation annuelle de 300 kilowattheures par mètre carré, il est indispensable d'effectuer des travaux de rénovation permettant de l'abaisser directement à une valeur proche de 50 kilowattheures par mètre carré et par an. En effet, si l'on reste à une étape intermédiaire, par exemple à 100 kilowattheures, une deuxième intervention mobiliserait à nouveau des hommes, des matériaux et des investissements pour un gain de seulement 50 kilowattheures contre 200 kilowattheures pour la première : il y a fort à parier que cette deuxième rénovation ne se fera pas, à la fois pour des raisons économiques, car cela reviendra plus cher, et par manque de ressources humaines. On aura ainsi définitivement "tué le gisement" d'économies d'énergies qu'il était possible de réaliser…

Bien sûr, une rénovation énergétique est un investissement important, même si le coût observé pour des rénovations complètes et au niveau souhaité baisse régulièrement et se situe aujourd'hui entre 200 et 250 euros hors taxes par mètre carré de surface habitable[1]. Mais ces travaux ne représentent pas une

1. Une estimation pour des opérations sur plusieurs logements, en prenant en compte uniquement les travaux directement liés à l'énergie, à l'exclusion des travaux annexes (embellissement, peinture, etc.).

dépense à fonds perdu, comme pour un embellissement : ils génèrent en retour des économies d'énergie et donc des économies d'argent. Ces "non-dépenses" doivent permettent de financer au moins partiellement l'investissement, mais ce ne sont pas les seuls avantages financiers que l'on peut escompter : une rénovation thermique redonne de la valeur à un patrimoine, et protège les occupants face aux fortes augmentations à venir des prix de l'énergie.

Dans le domaine à la fois essentiel et particulièrement difficile de la rénovation énergétique des maisons individuelles, l'expérience DORéMI (pour Dispositif opérationnel de rénovation des maisons individuelles) menée par l'Institut négaWatt au cœur du TEPOS de la Biovallée dans la Drôme mérite d'être relatée.

Profitant de la mise en place par la communauté de commune d'une incitation de quelques centaines d'euros censée stimuler la demande, l'objectif a été de bâtir au cœur même de ce territoire rural une offre répondant à tous les critères évoqués ci-dessus.

La première étape a été la constitution et l'accompagnement de groupes d'artisans de différents corps de métiers prêts à travailler ensemble et à se former sur des chantiers collectifs sous la houlette d'un formateur expérimenté, avec le double objectif, grâce à cette coopération, de faire baisser le montant des devis tout en améliorant notablement la qualité des travaux afin de garantir l'emprunt par les économies d'énergie réalisées.

Une fois apportée la preuve de l'intérêt de la méthode par les résultats mesurables sur ces deux objectifs, la seconde étape a consisté à former durant plusieurs mois des formateurs aptes à accompagner de nouveaux groupes d'artisans.

Vient ensuite un travail “dans la dentelle” avec les différents institutions et organismes pouvant intervenir dans le financement des travaux (Etat, ADEME, ANAH, collectivités locales, banques, etc.) en vue de simplifier le parcours administratif des demandeurs et de viser à terme un “dossier unique de financement” (à ne pas confondre avec la notion pour le moins approximative de “guichet unique” annoncé à plusieurs reprises par l’Etat et par diverses entités mais jamais réalisé de manière effective).

Porté par une logique d’essaimage basé sur l’exemplarité et la reproductibilité, la démarche DORéMI a déjà convaincu plusieurs régions de financer l’introduction chez elles d’un dispositif répondant à un vrai besoin d’organisation plus efficace du monde trop éclaté de l’artisanat afin de lui permettre de bénéficier à plein du marché tout juste naissant de la rénovation énergétique.

INCITER OU CONTRAINDRE ?

Faut-il simplement inciter à rénover ou rendre la rénovation obligatoire ?

On pourrait penser que l’incitation par subvention facilite les travaux. Malheureusement, elle ne suffit pas, même si l’aide est substantielle. En Allemagne où elle peut atteindre 30 % du coût des travaux et où le reste est financé par des prêts à taux bonifiés, la part de rénovation vers la basse consommation ne touche chaque année que… 1 % du parc existant : il faudrait aller 5 fois plus vite !

En France, même dans les copropriétés sous le coup de “plans de sauvegarde” et bénéficiant à ce titre de taux de subvention et d'aides allant de 50 à 75 % du montant des travaux, il reste très difficile de faire voter la décision d'entreprendre une opération de rénovation à la majorité requise. Pour réussir la transition énergétique, il faudra *rendre les travaux de rénovation obligatoires par la loi*, en apportant bien entendu les montages financiers et les aides éventuellement nécessaires, adaptés à des situations très variées.

"Trop compliqué, trop cher, impossible à mettre en œuvre !" rétorquent tous ceux qui s'activent pour que, surtout, rien ne bouge… Certes, le passage à l'acte paraît parfois difficile mais de nombreuses obligations de rénovation s'imposent déjà à des propriétaires pour des mises en conformité sur les installations électriques, les ascenseurs, les aérations, la protection contre l'incendie. Pourquoi n'en est-il pas de même sur l'énergie, à titre de prévention des risques énergétiques ou climatiques à venir ? Peut-on se satisfaire de voir stagner le parc de bâtiments existants, alors que le neuf est en pleine (r)évolution énergétique ?

DIVISER PAR 2 LES BESOINS D'ÉLECTRICITÉ SPÉCIFIQUE

Nous ne consommons pas que de la chaleur dans nos bâtiments ! L'éclairage, l'électroménager et la bureautique représentent une grande partie de l'électricité dite "spécifique", celle qui ne peut pas être remplacée par une autre énergie. Ce poste ne pèse que 9 % de notre consommation finale, mais il imprègne toute notre vie quotidienne, recouvrant des usages très divers.

Dans les bâtiments à basse ou très basse consommation qui sont la norme du futur, les usages spécifiques de l'électricité représenteront une part prépondérante des consommations d'énergie : jusqu'à 90 % dans le tertiaire, et 70 % dans le logement. Contrairement à certaines idées reçues, il est possible de réduire très fortement la consommation d'électricité tout en augmentant les services que seule cette forme d'énergie est en mesure de nous rendre.

Des millions de mesures réalisées depuis les années 1990 en témoignent : les gisements d'économies d'électricité dans le bâtiment sont considérables, généralement faciles à mobiliser, et les travaux à réaliser sont le plus souvent très rentables. Des expérimentations à grande échelle sur des bâtiments publics montrent qu'avec les technologies déjà disponibles on peut diviser par 10 (oui, par 10 !) la consommation de l'éclairage des parkings ou des circulations, et même celle de la bureautique. Le temps de retour constaté de ce type d'opération est inférieur à trois ans.

L'économie la plus importante en quantité (près d'un tiers du gisement total dans un cas "standard"), mais aussi la plus immédiate et la plus rentable, est tout simplement… la mise à l'arrêt de tous les appareils qui n'ont aucune raison de fonctionner à un instant donné. Ceci peut facilement être fait de manière automatique, par exemple pour la ventilation mécanique, les pompes de circulation des fluides, l'éclairage, les machines de bureau, etc. Un seul exemple : de nombreuses mesures *in situ* ont montré qu'un ordinateur de bureau n'est réellement utilisé que 16 % du temps pendant lequel il est en marche, alors qu'il serait si simple de l'éteindre lorsque l'on n'en a pas besoin !

Dans des bâtiments très bien isolés, la chaleur dégagée par l'ensemble des appareils électriques en fonctionnement est une cause majeure des problèmes de surchauffe rencontrés en été. Plutôt que de climatiser en occasionnant une nouvelle consommation, améliorer l'efficacité des appareils électriques est une opération doublement gagnante, sur la facture et sur le confort d'été.

Mesure 06 : vers des bâtiments optimisant les usages de l'électricité

Le scénario négaWatt analyse 18 usages d'électricité spécifique dans le résidentiel, et une douzaine dans le tertiaire. Pour chacun, la même méthode est appliquée. En premier lieu, les paramètres qui influent sur la demande sont analysés d'un point de vue démographique et sociologique, puis différents facteurs de réduction de la consommation sont intégrés d'abord par la sobriété, puis par l'efficacité. Pour cette dernière, le scénario prend comme référence les meilleurs niveaux de performance observés actuellement pour chaque type de "service énergétique", en étant donc ambitieux sur les objectifs mais réaliste sur les moyens de les atteindre.

Pour l'éclairage dans le résidentiel, par exemple, on suppose une surface éclairée, un niveau d'éclairement et une durée de fonctionnement globalement constants par foyer. Sur cette base, la généralisation des équipements les plus efficaces conduit progressivement à une division par 4 de l'électricité consommée. Pour d'autres applications, on intègre différents facteurs : une part de mutualisation des équipements (par exemple, un lave-linge dans l'habitat groupé), une concentration progressive des utilisations informatiques et télématiques dans des appareils multifonctions, une réduction massive des consommations des veilles des appareils, etc.

Enfin, une marge d'incertitude est conservée en réservant une part de la consommation future à de nouveaux usages ou de nouvelles applications domestiques que nous ne connaissons pas encore, mais que les évolutions techniques et sociales laissent prévoir. Rappelons-nous qu'il y a seulement quinze ans, seule une minorité des familles disposait d'un ordinateur dont le disque dur n'aurait pu contenir qu'une seule grosse image d'aujourd'hui !

Au total, en additionnant tous les postes étudiés, la consommation moyenne en électricité spécifique d'un ménage diminue de 2 900 kilowattheures par an en 2010 à 1 500 en 2050 tout en permettant une meilleure satisfaction des usages. Dans le tertiaire, l'analyse aboutit à une baisse globale de 47 % de la consommation d'électricité spécifique par rapport à 2010.

Chauffage, eau chaude, cuisine, électricité spécifique : nos consommations sont en réalité aujourd'hui un navrant cocktail de deux ingrédients : un zeste de services énergétiques et beaucoup de gaspillage. Mais il ne tient qu'à nous d'en inverser les proportions : beaucoup de services énergétiques, et un minimum d'énergie consommée !

Poursuivant notre chemin à travers le scénario négaWatt, nous allons voir qu'il en est de même pour la mobilité des personnes, les transports de marchandises et les consommations d'énergie dans l'industrie et l'agriculture.

5

TROIS SECTEURS-CLÉS DE LA TRANSITION : MOBILITÉ, INDUSTRIE ET AGRICULTURE

Vivre dans des bâtiments protégés des rudesses du climat : nous avons vu comment le scénario négaWatt satisfait ce besoin ancestral par une nouvelle approche de l'énergie. Mais un autre besoin occupe une place croissante dans nos sociétés : la mobilité. "Mobilité", et non "transport" ou "déplacement"… La différence est essentielle, car la démarche négaWatt interroge avant tout nos besoins (sont-ils essentiels ou superflus, utiles ou futiles ?) et les croise avec les services énergétiques qui y répondent avec un moindre impact énergétique et environnemental.

La mobilité renvoie à la notion de déplacement dans un espace qui est soit physique, avec circulation des personnes ou des biens (on parle alors de fret ou de transport de marchandises), soit virtuel (les informations circulent dans des réseaux). Par exemple, le besoin de mobilité pour réunir professionnellement des personnes éloignées les unes des autres peut être satisfait par un déplacement physique (se rendre à une réunion) ou bien virtuel (participer à une vidéoconférence) : ces deux options seront assurées par des services énergétiques très différents, mais toutes deux permettent de satisfaire le même besoin initial de travailler ensemble.

C'est à travers ce prisme que la question de la mobilité doit être examinée, et cette approche est essentielle pour réussir la transition énergétique : en effet, la mobilité physique constitue le second poste de consommation d'énergie finale en France (33 %) – soit bien plus que les usages spécifiques de l'électricité (15 %).

Commençons par la mobilité des personnes, en nous souvenant du fameux paradoxe qu'Ivan Illich a mis en évidence dès 1973[1] en calculant le temps qu'un Américain de l'époque consacrait à sa voiture, soit en la conduisant, soit en travaillant pour l'acheter et payer l'ensemble des frais de fonctionnement qu'elle engendre : carburant, assurance, entretien, stationnement, etc. Ramenant ce temps au nombre moyen de kilomètres parcourus chaque année, il s'était rendu compte que la "vitesse moyenne généralisée" de notre automobiliste ne dépassait pas 6 kilomètres à l'heure, soit le pas d'un bon marcheur. Et encore ne comptait-il pas tout le temps passé par d'autres que lui pour concevoir, construire et entretenir les routes et les infrastructures…

Le constat est simple : notre liberté de déplacement, ou du moins ce que nous considérons comme telle, a un coût, celui d'une dépendance quasi exclusive à la voiture. Le scénario négaWatt tient ici sa vision directrice : *conserver la meilleure part de cette liberté tout en sortant du "tout-automobile"*.

1. Cette notion de "temps généralisé" est développée dans *Energie et équité*, *op. cit.*, 1973. En annexe de ce livre, le philosophe Jean-Pierre Dupuy a réalisé un calcul similaire pour la France, publié en 1975 sous le titre *A la recherche du temps gagné*.

LA MOBILITÉ DES PERSONNES

Bien que ce secteur soit actuellement dépendant du pétrole à plus de 90 %, nous disposons de peu de travaux de prospective qui intègrent une vision systémique du couple énergie et mobilité. Les idées et les études techniques ne manquent pas, mais l'approche des questions sociétales fait défaut. Comment les besoins de mobilité physiques – mais aussi virtuels – vont-ils évoluer ? Avons-nous déjà, là aussi, dépassé les limites acceptables de notre empreinte écologique ? Comment les gens vont-ils réagir à certains changements de leurs habitudes ? Et quel est en définitive le meilleur mode de déplacement ?

Pour répondre au mieux à ces questions, le scénario négaWatt analyse différentes solutions en croisant type d'urbanisme et mode de déplacement, de façon à proposer des évolutions différenciées selon les contraintes propres à chaque situation. Bien sûr, cette analyse est fonction de l'évolution dynamique, année par année jusqu'en 2050, de la demande de mobilité et, en regard, de l'offre en moyens et en services pour la satisfaire. Trois grands types de déplacements sont ainsi différenciés en s'appuyant sur les découpages et les statistiques de l'INSEE.

Le premier englobe les *trajets quotidiens et réguliers de moins de 80 kilomètres*, effectués essentiellement pour aller au travail ou à l'école et en revenir : ce sont des déplacements forcés auxquels nous sommes contraints d'accorder la priorité, mais auxquels bien souvent nous serions prêts à renoncer sans regret. Fortement conditionnés par le type d'urbanisme, ils ont été répartis en dix catégories d'environnement urbain, allant de l'hypercentre parisien jusqu'aux espaces ruraux en passant par diverses tailles de métropoles, de villes et de bourgs. Le mode de déplacement utilisé est par ailleurs classé selon un découpage en huit catégories comprenant les transports publics (TER, RER, métro, bus), la voiture individuelle et les deux-roues, motorisés ou non. Le deuxième type de déplacement rassemble également les *trajets de moins de 80 kilomètres*, mais ceux qui sont *occasionnels* et effectués soit par obligation (faire ses courses ou ses démarches, emmener les enfants à leurs activités sportives ou culturelles), soit par choix (se distraire, rendre visite à sa famille ou à ses amis). Le troisième enfin concerne les *trajets de plus de 80 kilomètres à moyenne ou longue distance*, avec un découpage en sept sous-catégories en fonction du kilométrage parcouru, et une distinction entre déplacements personnels et professionnels. Ce niveau de détail est indispensable pour pouvoir intégrer des évolutions souhaitables, qui seront assez différentes selon les catégories en fonction de multiples paramètres qui vont des comportements individuels aux choix urbanistiques en passant par les types de motorisation.

A partir de cette classification, le scénario négaWatt envisage, en premier lieu, l'évolution des besoins de mobilité motorisée. Il prend en compte l'aménagement du territoire et l'émergence de nouvelles pratiques, afin que le nombre de kilomètres parcourus par des moyens polluants chaque année par chaque personne soit réduit. Mais cette baisse n'est pas synonyme de privation : sobriété oblige, la priorité va à l'optimisation des distances nécessaires pour satisfaire les besoins essentiels et utiles, qu'ils soient d'ordre personnel ou professionnel.

Ces évolutions intègrent avant tout les effets positifs d'une politique de densification de l'espace urbain et de revitalisation de l'espace rural. Elles reflètent également des changements de modes de vie, tels que le recours croissant au commerce en ligne ou le développement du "télétravail". Ce dernier s'effectue soit à domicile, soit, de préférence, dans des espaces de bureaux partagés proches du domicile, permettant la mutualisation d'équipements bureautiques performants et évitant de rompre le lien social que l'activité professionnelle procure.

Le scénario tendanciel de "continuité" se contente de poursuivre les tendances observées. Il table sur une relative stabilisation de la distance parcourue par personne, ce qui entraîne une augmentation du nombre total de kilomètres proportionnelle à l'accroissement de la population, évalué à 7 millions de personnes en 2050 par l'INSEE.

Le scénario négaWatt introduit une réduction somme toute modeste de 14 % des distances parcourues en mobilité régulière et locale, et de 15 % pour les déplacements de 200 à 800 kilomètres. Quant aux déplacements de plus de 800 kilomètres, la réduction est plus conséquente, d'environ 45 % : sous sa forme *low cost* actuelle, le tourisme de masse à longue distance par avion n'est plus soutenable face aux urgences énergétiques et climatiques.

Quels moyens de transport privilégier pour les différents types de trajets ? Les déplacements en voiture individuelle représentent actuellement 87 % du nombre total de kilomètres parcourus par tous les voyageurs pour tous les transports réguliers et locaux : dans le scénario négaWatt, ils seront ramenés à 61 % en 2050. La réduction de la part de la voiture individuelle est d'autant plus forte que la densité urbaine s'accroît et que la distance à parcourir est courte. De moins en moins présente dans les centres-villes, la voiture individuelle continue à l'être en périphérie mais reste quasiment indispensable à la campagne et entre bourgs ruraux.

Dans les *centres urbains*, ce "transfert modal" bénéficie en priorité aux modes de déplacement doux tels que la marche à pied et le vélo pour les courtes distances[1] et aux transports en commun pour les distances plus importantes. Ceci suppose tout d'abord l'aménagement des espaces publics pour laisser la place à des parkings à vélos, à des trottoirs praticables et à des réseaux denses et fonctionnels de pistes cyclables sécurisées. Les réseaux de transports publics sous toutes leurs formes (métro, tramways, bus, trolleys) sont considérablement renforcés et complétés, surtout en périphérie des villes, par une offre diffuse plus individualisée et plus flexible, tels que des petits véhicules électriques (pour une part significative en autopartage), des minibus à la demande ou des taxis collectifs. A terme, la voiture individuelle à moteur à explosion telle que nous la connaissons aujourd'hui est exclue des centres-villes, comme le prévoit d'ailleurs explicitement le "Livre blanc" de la Commission européenne sur les transports[2].

Autour des villes, le renforcement et la densification des réseaux de trains régionaux et d'autocars s'appuient sur une diversification des matériels roulants, comme par exemple le "tram-train" qui circule aussi bien sur les voies de tramway en centre-ville que sur les voies

1. Mais aussi vélos à assistance électrique, trottinettes, rollers… et tous engins légers adaptés à la ville.

2. Sous le titre de *Feuille de route pour un espace européen unique des transports – vers un système de transport compétitif et économe en ressources* (mars 2011).

ferroviaires en périphérie. L'amélioration générale de l'offre de mobilité et du confort d'usage passe également par le cadencement des dessertes, l'utilisation des technologies de l'information et l'harmonisation des horaires et de la billettique[1].

Sur les *longues distances*, l'amélioration des liaisons ferroviaires entre les métropoles urbaines permet à la fois de concurrencer sérieusement la voiture et d'éliminer pratiquement l'avion pour tous les trajets inférieurs à 800 kilomètres. Elle passe par le développement de solutions techniques performantes comme les trains "pendulaires" qui augmentent la vitesse sur les voies classiques, ou par la construction de quelques nouvelles lignes à grande vitesse, mais seulement là où le gain de temps est réellement pertinent pour supplanter l'avion.

Le scénario négaWatt fait également appel à différents leviers pour réduire les consommations d'énergie, en commençant par des actions relevant de la *sobriété*. La première d'entre elles aboutit à une réduction quasi immédiate de la consommation d'énergie pour un coût tout à fait marginal : il s'agit de la limitation des vitesses autorisées, avec une baisse de 10 kilomètres par heure sur les routes (soit un passage de 90 à 80 kilomètres par heure) et de 20 kilomètres par heure sur les autoroutes (de 130 à 110 kilomètres par heure). Cette mesure amorce significativement la décroissance des consommations d'énergie fossile et des émissions de gaz à effet de serre, sans attendre des modifications plus structurelles comme le transfert modal ou l'évolution

1. C'est-à-dire la possibilité d'accéder avec les mêmes billets, tickets ou cartes à tous les réseaux d'une même région, voire d'une région à une autre.

des parcs de véhicules. D'autres actions visent l'amélioration du taux de remplissage des véhicules par la systématisation des "plans de déplacement des entreprises", la promotion et la sécurisation de l'auto-stop et des incitations réglementaires ou financières au covoiturage quotidien ou occasionnel.

Dans ce dernier domaine, le succès aussi fulgurant qu'imprévisible de la start-up française BlaBlaCar qui a démarré de rien en 2010 pour compter en 2015 plus de 20 millions de membres dans 19 pays montre bien que la société réelle, nettement en avance sur les décisions politiques, est prête à passer sans hésitation d'une économie de la propriété individuelle à une économie de l'usage partagé souvent intergénérationnel : si ce sont majoritairement les jeunes qui utilisent de plus en plus ce nouveau service de déplacement, leurs parents et grands-parents sont pour leur part ravis de pouvoir amortir les coûts de leurs voyages en voiture tout en profitant d'une compagnie bienvenue qui fait passer le temps plus vite : un service à bas coût et à forte convivialité !

Les efforts d'*efficacité* portent sur deux voies complémentaires. Tout d'abord l'optimisation au niveau de la conception des véhicules permet de diminuer leur consommation en adaptant mieux leur taille, leur poids et leur motorisation aux types d'usages auxquels ils sont destinés. La consommation unitaire diminue ainsi progressivement de 55 % entre 2012 et 2050, grâce notamment à la généralisation de la motorisation hybride non rechargeable, qui équipe 90 % des véhicules à moteur thermique en 2050. Par ailleurs, une meilleure "réparabilité" devient un objectif affiché du secteur automobile, au même titre que dans tous les autres secteurs industriels.

Le passage à une carburation quasi exclusivement *renouvelable* est la dernière étape de la démarche négaWatt appliquée à la mobilité. La plupart des publications et autres scénarios prospectifs présentant la "voiture du futur" ne mettent en avant qu'une solution unique, censée remplacer à elle seule le pétrole et ses variantes, essence, gazole et GPL. Ces propositions, qui ont chacune bénéficié à tour de rôle d'une sorte d'effet de mode, vont des biocarburants à la liquéfaction du charbon en passant par l'hydrogène, l'électricité ou encore l'air comprimé. Aucune n'est en réalité en mesure d'apporter à elle seule une réponse globale et durable à la question de la mobilité de demain, pour des raisons techniques, économiques ou de bilan énergétique médiocre, et surtout parce que la diversité des besoins et des contextes implique une diversité de réponses.

Le scénario négaWatt, pour sa part, considère que le choix du ou des vecteurs énergétiques les plus pertinents doit passer par une analyse globale et multicritère : celle-ci doit prendre en compte à la fois l'adaptation du type de véhicule à chaque usage, l'efficacité de la totalité de la chaîne énergétique, la disponibilité de la ressource, mais aussi la faisabilité opérationnelle de la transition dans un temps et à un coût compatibles avec toutes les contraintes, qu'elles soient industrielles, sociales ou environnementales.

Cette analyse conduit à retenir principalement deux types d'alimentation en énergie, s'adressant à deux types d'usages différents : le véhicule électrique et la carburation au gaz.

Le premier, le *véhicule électrique*, est très en vogue aujourd'hui dans les discours. Il est vrai qu'il bénéficie d'un bon rendement de propulsion : un moteur électrique est toujours nettement plus efficace qu'un moteur thermique, mais ce sont l'énergie primaire et la chaîne énergétique complète qui doivent être prises en compte pour en apprécier l'intérêt, et ce dernier sera forcément très limité si l'électricité est d'origine fossile ou nucléaire… Il a pour lui d'autres qualités, particulièrement appréciables en milieu urbain, comme l'absence d'émission de polluants locaux ou de bruit. Mais sa généralisation à l'ensemble du parc de véhicules se heurte à de nombreuses limites comme la capacité du réseau électrique à supporter des fréquences et des rythmes de charge des batteries extrêmement pénalisants, quelle que soit par ailleurs la source primaire utilisée pour produire l'électricité. Se posent, en outre, les questions de l'autonomie et du rayon d'action, ainsi que celle de la disponibilité et du coût à moyen terme de certaines matières premières indispensables (lithium, terres rares). C'est pourquoi son développement est réservé, dans le scénario négaWatt, aux usages pour lesquels il est le mieux adapté : les trajets courts en milieu urbain en voiture ou en minibus. En 2050, le véhicule électrique n'assure alors que 21 % du total des voyageurs-kilomètres[1] parcourus.

Le second type n'est autre que l'actuel "gaz naturel véhicule", ou GNV, qui n'équipe que quelques milliers

1. Une des principales unités de mesure de la mobilité des personnes est le nombre de voyageurs-kilomètres : une voiture transportant 3 personnes sur 100 kilomètres correspond à 300 voyageurs-kilomètres, c'est à dire autant que 50 personnes dans un bus parcourant 6 kilomètres. A partir de cette valeur et de la consommation d'énergie du moyen de transport utilisé, on peut déterminer une consommation d'énergie par voyageur-kilomètre, caractéristique de l'efficacité énergétique du moyen de transport.

de véhicules d'entreprises ou de transport en commun en France, mais déjà plusieurs centaines de milliers en Italie. Il se développe rapidement au Canada, aux Etats-Unis, au Brésil mais aussi en Allemagne, et il est déjà d'usage courant, avant tout pour lutter contre la pollution urbaine, dans plusieurs pays d'Asie, notamment en Inde, au Pakistan et au Bangladesh.

Cette carburation présente le grand intérêt de pouvoir être utilisée indifféremment avec du gaz fossile (le GNV) ou avec du gaz produit à partir d'énergie renouvelable, que l'on propose d'appeler en l'occurrence GRV, pour "gaz renouvelable véhicule[1]".

Le choix de ce vecteur présente de nombreux avantages. D'abord, le gaz, en fait du méthane, "naturel" et fossile (GNV) ou renouvelable (GRV), permet un très bon fonctionnement des moteurs thermiques classiques, y compris en bicarburation (il suffit d'adapter le carburateur et d'ajouter un réservoir de gaz). Contrairement à certaines idées reçues, les risques d'explosion sont nettement moindres aux normes actuelles qu'avec l'essence[2]. Il peut également être utilisé pour l'alimentation en carburant des poids lourds, en complémentarité avec du gazole[3].

1. Le GRV peut remplacer le GNV sans même que l'utilisateur s'en rende compte puisqu'il s'agit de la même molécule, le méthane. Le chapitre suivant explicite tout l'intérêt qu'il y a à développer le méthane d'origine renouvelable.
2. Il ne faut pas confondre le GNV avec le GPL ("gaz de pétrole liquéfié", un sous-produit du pétrole), dont le développement a été stoppé à la suite du traumatisme créé en 1999 dans l'opinion publique par l'explosion criminelle d'une voiture alimentée au GPL, qui avait gravement blessé six pompiers à Vénissieux, près de Lyon.
3. Le diesel est alors utilisé essentiellement au démarrage, avant un basculement au gaz ou un mélange des deux (technologie Dual-Flex).

Pour l'industrie automobile, cette évolution ne représente qu'une adaptation marginale, qui ne nécessite pas un bouleversement de l'outil industriel mais demande seulement d'optimiser ce qui n'est finalement qu'une variante. D'ailleurs, plusieurs constructeurs proposent déjà depuis longtemps des modèles de série tout équipés, notamment pour le marché italien. De même, l'adaptation du réseau de distribution ne pose pas de difficultés particulières : il suffit d'installer des bornes de remplissage rapide dans un nombre suffisant de stations-service (il n'en existe actuellement que quelques dizaines en France, généralement réservées aux flottes captives).

Plutôt destiné à se substituer aux véhicules à essence ou gazole actuels pour les usages en milieu rural et pour les moyennes et longues distances, le véhicule au GRV représente en 2050, dans le scénario négaWatt, 70 % des kilomètres parcourus en voiture et 78 % des kilomètres parcourus en bus ou en autocar, le reste étant effectué en véhicules électriques ou roulant encore à l'essence ou au gazole.

Ce choix prioritaire du vecteur gaz pour la mobilité en dehors des villes est stratégique. Il permet un passage en douceur du gaz naturel fossile au gaz d'origine renouvelable, sans rupture difficile à gérer puisque les consommateurs n'auront pas besoin de remplacer leur véhicule ni de le modifier de manière importante. Et comme pour le chauffage des bâtiments, de plus en

La part de gaz est alors adaptée en permanence aux besoins de puissance du moteur et, lorsque le moteur tourne à plein régime, la part de gaz est de 90 %. Comme c'est le cas notamment aux Etats-Unis, les poids lourds pourraient d'ailleurs être simplement équipés de moteurs à essence, ce qui simplifierait la généralisation du GRV.

plus de gaz d'origine renouvelable pourra, au fil des ans, être injecté dans le réseau pour remplacer le gaz naturel fossile.

Enfin, le transport aérien est progressivement réservé à des usages très limités pour les trajets de moins de 800 kilomètres ; au-delà, il est fortement découragé par une fiscalité dissuasive[1]. Par ailleurs, les avions sont toujours alimentés par du kérosène d'origine fossile : c'est là l'une des rares et très limitées exceptions à un approvisionnement énergétique à 100 % par les énergies renouvelables[2].

UNE MUTATION DE L'INDUSTRIE

Bien que le scénario négaWatt mette la question des besoins tout en haut des priorités, et qu'il prône une sobriété qui manifeste en quelque sorte une préférence de l'être sur l'avoir, il n'est pas pour autant un scénario de privations : nous aurons toujours besoin en 2050 de fabriquer et d'utiliser de nombreux biens et objets divers, qu'une industrie bien plus efficace et écologique continuera à produire.

Cet enjeu est loin d'être négligeable, puisque l'ensemble des secteurs industriels représentent 23 % de notre consommation finale d'énergie. Ce chiffre est aujourd'hui stabilisé : l'augmentation de la production est compensée

1. Aujourd'hui, les carburants aériens ne sont taxés ni au titre de l'énergie, ni au titre de l'environnement, ni même au titre de la TVA !

2. Le développement de biocarburants de deuxième ou de troisième génération en substitution au kérosène est bien entendu envisageable, mais les procédés de production sont aujourd'hui trop peu développés pour être pris en compte dans le scénario négaWatt.

par des gains en “intensité énergétique”, c’est-à-dire que l’on utilise de moins en moins d’énergie pour fabriquer un même produit. Mais cette stabilisation globale est trompeuse. Les délocalisations industrielles masquent en effet une partie importante de notre empreinte écologique, car celle-ci ne tient pas compte des consommations de matières premières et d’énergie nécessaires à la fabrication des objets que nous importons : selon les sources, cette part est estimée entre 25 et 40 %, qui s’ajoutent en réalité à la consommation nationale.

Si la tendance générale à la réduction de l’intensité énergétique est appelée à se poursuivre sous la pression de l’augmentation des prix de l’énergie, la démarche négaWatt introduit une nouvelle perspective en s’interrogeant d’abord, comme pour le bâtiment et la mobilité, sur la nature réelle de nos besoins à travers la notion de *sobriété*.

Appliqué à chaque grand secteur industriel, ce principe de sobriété conduit à rapprocher autant que possible la production de ses débouchés, et donc à réduire les besoins de transports de marchandises, qu’il s’agisse des matières premières ou des produits finis. En clair, il s’agit d’orienter l’ensemble de l’industrie – et, plus globalement, de l’économie – vers une nécessaire relocalisation.

Ceci est bien entendu beaucoup plus facile à dire qu’à réaliser dans le cadre d’une économie largement mondialisée, dont la France recueille par ailleurs de nombreux bénéfices. Parmi les raisons essentielles qui entraînent depuis bientôt un demi-siècle la mondialisation et son douloureux cortège de délocalisations, le coût beaucoup trop bas des énergies non renouvelables en vient à effacer totalement le prix de la distance en masquant le coût des impacts environnementaux. Bien sûr, le simple fait de payer le “juste prix” de l’énergie[1], l’un des axes majeurs de la transition énergétique, ne suffira pas à résoudre tous les problèmes, mais la transition énergétique proposée est une voie d’espoir, puisqu’elle offre des solutions cohérentes qui prennent en compte des impératifs trop souvent considérés comme antagonistes. Il ne s’agit pas bien sûr d’abolir toute importation ou exportation de produits industriels : la France négaWatt de 2050 n’est pas l’Albanie des années 1970, elle n’est pas autarcique mais beaucoup plus autosuffisante. Elle continue, bien sûr, à échanger des biens, mais dans le contexte d’un mouvement important de *relocalisation de la production* qui seul permettra d’atteindre une balance énergétique soutenable et un équilibre des impacts environnementaux entre importations et exportations.

Cependant, aussi souhaitable soit-elle, cette relocalisation d’une partie de la production industrielle aura un effet négatif sur nos consommations d’énergie et sur nos émissions de gaz à effet de serre : il nous faudra bien réimporter, en même temps que les usines et les emplois qui vont avec, les pollutions et les émissions qui sont dues à la fabrication des produits que nous importons déjà aujourd’hui.

Heureusement, la transition énergétique va exercer là aussi une influence positive en réduisant non seulement les volumes de production et les transports correspondants, mais également leur impact énergétique et environnemental à travers leur contenu en énergie. Ainsi, le bâtiment va connaître une profonde évolution : moins de béton, d’acier ou d’aluminium, de plus en plus de bois d’œuvre et d’isolants d’origine végétale

1. Voir chapitre 9.

et produits localement. Au total, le contenu énergétique sera sensiblement inférieur tant dans le processus de production que dans le transport de ces matériaux.

L'industrie automobile devra elle aussi s'adapter en réorientant une grande partie de sa production vers des gammes innovantes de petits véhicules électriques urbains légers. Châssis et carrosseries moins lourds, moteurs électriques remplaçant les moteurs à explosion auront évidemment une influence sur la qualité et la quantité des matériaux utilisés, avec un impact le plus souvent favorable sur l'environnement.

Mais la sobriété appliquée à l'industrie, c'est également la réduction des niveaux de consommation d'énergie et de matières premières par la "réutilisation", la "réparabilité" et la "recyclabilité" des produits. Trois mots pour un retour au bon sens et à des pratiques qui ont eu cours très longtemps dans nos villes et nos campagnes, mais qui ont été peu à peu délaissées et "ringardisées" par le règne du jetable qui s'est étendu à la quasi-totalité des objets et des équipements qui nous entourent. Dans ce domaine, nous aurions beaucoup à apprendre de l'ingéniosité qui règne dans les pays, en particulier en Afrique, qui n'ont pas les moyens de gaspiller comme nous…

La *réutilisation* renvoie à la bonne vieille consigne. Elle est restée une pratique courante en Europe du Nord pour les bouteilles en verre alors qu'elle a totalement disparu chez nous depuis une dizaine d'années, au profit du verre jetable, du plastique ou des emballages complexes à base de carton. La réutilisation réduirait considérablement les besoins de ces deux matériaux.

La *réparabilité* implique, bien sûr, des efforts à la conception mais aussi des engagements à long terme sur la disponibilité des pièces détachées et la compatibilité entre différentes générations d'un même produit.

L'augmentation de la part de *recyclage* d'un produit en fin de vie impose notamment de pouvoir aisément démonter et séparer ses composants en vue de les réinjecter dans le circuit de la production, en amont des usines de fabrication. Lorsqu'on sait qu'il faut environ 15 fois moins d'énergie pour recycler un kilogramme d'aluminium que pour le produire à partir du minerai de bauxite, on comprend tout l'intérêt qu'il y a à développer la recyclabilité. Même si le gain n'est pas aussi spectaculaire pour tous les matériaux, la réparation et le recyclage permettent des économies non négligeables d'énergie et de matières premières.

Plus largement, il s'agit de lutter contre cette tendance au "prêt-à-jeter", qui correspond à une réalité à laquelle chacun d'entre nous est régulièrement confronté dans sa vie quotidienne. Cette *obsolescence programmée* est la suite logique du modèle productiviste dominant : certaines enquêtes ont mis en évidence de véritables ententes entre les entreprises organisées en cartels pour limiter délibérément la durée de vie et la réparabilité des produits.

Dans le volet "Industrie" du scénario négaWatt, vingt secteurs industriels[1] sont passés à la loupe d'une analyse de l'évolution, d'ici à 2050, de leurs besoins en matériaux bruts et en produits intermédiaires, eux-mêmes divisés en treize catégories[2]. Les bilans

1. Dont alimentation, bâtiment, ouvrages d'art et industriels, voirie, parachimie et détergents, construction mécanique, transports terrestres, bateaux et avions, emballages, etc.

2. Dont biomasse et bois, acier, métaux non ferreux, ciment, terre, pierre et sable, plastiques, chimie minérale et organique, papiers-cartons, etc.

d'approvisionnement correspondants entre importations et exportations permettent d'avoir une vision complète des consommations d'énergie de l'ensemble du secteur.

Le scénario négaWatt intègre des efforts très importants de sobriété, par exemple une réduction sensible des emballages, qui représentent en 2010 environ 40 % des plastiques, 50 % des papiers-cartons et 65 % du verre. Les besoins de papier pour l'imprimerie sont réduits de 35 % en tonnage, avec élimination quasi totale des prospectus publicitaires. La consigne est généralisée partout où cela est pertinent et le recyclage des matériaux est fortement augmenté pour atteindre, à l'horizon 2050, des taux de collecte et de traitement proches des maximums réalistes, tant du point de vue des procédés que de la collecte. Ainsi, 30 % des plastiques et 90 % des aciers sont recyclés en 2050, contre simplement 4,5 % et 52 % aujourd'hui[1]...

Par ailleurs, l'évolution vers une agriculture plus respectueuse de l'environnement permet une diminution de 45 % des engrais, et celle qui conduit à des transports plus sobres et plus efficaces, une baisse de 30 % pour les matériaux dans la production automobile. Par contre, un besoin croissant de matériaux dans le bâtiment est pris en compte, avec la percée des maisons à ossature bois ou le remplacement des isolants issus de la pétrochimie par des matériaux "biosourcés" comme la ouate de cellulose, la paille et la laine de bois.

1. 75 % de l'acier est collecté aujourd'hui mais, à défaut d'un appareil productif adapté, on exporte 25 % des ferrailles au lieu de les recycler !

Dans ce domaine comme dans beaucoup d'autres, l'analyse globale et transversale proposée par le scénario négaWatt débouche ainsi, à partir des enjeux énergétiques, sur une problématique plus large de réduction de l'ensemble des impacts environnementaux dc l'industrie et rejoint le développement de ce que l'on appelle de plus en plus *l'économie circulaire*. Depuis la conception jusqu'à leur fin de vie des biens équipements en passant par leur commercialisation et leur utilisation, il s'agit bien de travailler à la réduction des besoins de ressources non renouvelables et de la production de déchets ultimes, c'est-à-dire ni réutilisables, ni récupérables, ni recyclables.

Cette analyse des besoins nationaux en matériaux et biens d'équipement détermine un volume de production industrielle pour satisfaire la consommation intérieure, l'évolution de l'activité de l'industrie domestique étant ensuite ajustée à ces besoins dans la logique d'une recherche d'autosuffisance.

Si la sobriété est l'adaptation des productions à nos besoins réels, l'*efficacité* vise à augmenter le rendement des biens et équipements. Bien que l'industrie ait régulièrement progressé dans ce domaine, d'importants gisements d'économies restent à exploiter. Ainsi, la généralisation des moteurs électriques à fréquence variable peut réduire à moyen terme de 35 % la consommation d'électricité correspondante.

Pour tous les processus utilisant des combustibles, le scénario suppose un alignement systématique à terme sur les meilleurs procédés aujourd'hui disponibles. La baisse moyenne par rapport à la situation actuelle atteint par exemple 32 % pour les hauts fourneaux de la sidérurgie, ou encore 50 % dans les cimenteries.

La conversion de différentes technologies reposant sur les combustibles fossiles vers des procédés électriques apporte d'autres économies. Le gain global en efficacité atteint 32 % en 2050 par rapport à 2010.

L'amélioration de l'efficacité passe également par une meilleure utilisation combinée des énergies produites et consommées sur les sites industriels. Le scénario négaWatt prévoit ainsi de développer la cogénération sur les sites utilisant chaleur et électricité, pour couvrir 25 % des besoins en 2050 contre seulement 2 % aujourd'hui. Il inclut également la récupération de chaleur de l'industrie pour la transférer via des réseaux de chaleur vers d'autres industries ou des bâtiments voisins. Pour que ces actions spécifiques à l'énergie prennent tout leur sens, il faut qu'elles s'inscrivent plus largement dans une démarche d'écologie industrielle, un concept forgé dès les années 1970 à partir de l'expérience de la petite ville danoise de Kalundborg. Ce concept est resté trop peu appliqué en France, malgré quelques exemples réussis, comme à Grande-Synthe à côté de Dunkerque[1]. L'écologie industrielle consiste à appréhender de manière globale les flux de matières et d'énergie, mais aussi les déchets et autres rejets des différentes industries présentes sur un même site, en identifiant les complémentarités entre elles et en les connectant les unes aux autres, de façon à optimiser les consommations d'énergie et de matières premières.

Au final, l'évolution générale du secteur industriel vue par le prisme de la démarche et du scénario négaWatt est claire : dans la *situation actuelle*, les importations sont plus importantes en volume et en

1. Voir les explications détaillées sur le site http://www.ecopal.org/.

valeur que les exportations, et l'on exporte majoritairement des produits à forte valeur ajoutée, en contrepartie d'importations massives de produits à fort impact environnemental. Il s'agit de passer de cette situation à tous égards déséquilibrée à une *situation future* où l'industrie sera fortement revitalisée et créatrice d'emplois grâce aux importants besoins de produits générés par la transition énergétique et par la relocalisation de nombreuses activités. En dépit de cette augmentation notable de l'activité industrielle, le trio sobriété-efficacité-recyclage permettra une division par près de 2 des consommations d'énergie en 2050 par rapport à aujourd'hui, avec à la clé un rééquilibrage et une diminution des impacts environnementaux des activités entre la France et les pays avec lesquels elle échange le plus.

LE RÔLE MAJEUR DE L'AGRICULTURE ET DE L'ALIMENTATION

Le secteur agricole relie lui aussi étroitement consommation et production. Dans le système officiel des statistiques de consommation d'énergie finale par secteurs d'activité, l'agriculture ne compte que pour à peine plus de 2 %, ce qui correspond pour l'essentiel au gazole des tracteurs et au chauffage des bâtiments et des serres. En revanche, le secteur agricole a un poids considérable sur d'autres impacts comme les émissions de gaz à effet de serre, puisque l'agriculture française représente, directement ou indirectement, près d'un cinquième des émissions totales.

Celles-ci proviennent de plusieurs sources : du gaz carbonique (CO_2), mais aussi du méthane (CH_4), généré notamment par la fermentation gastro-entérique des ruminants (le rot des vaches), et du protoxyde d'azote (N_2O) qui provient de l'épandage sur les sols des engrais chimiques, des fumiers et des lisiers. Cette part dans les émissions de gaz à effet de serre s'élève même à près du tiers si l'on prend en compte l'ensemble du système alimentaire "de la fourche à la fourchette", en intégrant la fabrication des engrais chimiques, la transformation, le transport et la distribution des produits agricoles et la cuisine. Les industries agroalimentaires, notamment, ont des besoins très importants en énergie : elles arrivent juste derrière la sidérurgie et représentent, à elles seules, 15 % de la consommation d'énergie de toute l'industrie. Au-delà du seul secteur agricole proprement dit, c'est donc l'ensemble de notre modèle agroalimentaire que ce constat doit nous amener à questionner.

Le scénario négaWatt s'appuie, pour son analyse du secteur agricole, sur un autre exercice prospectif avec lequel d'importantes passerelles méthodologiques et quantitatives ont été établies : le scénario Afterres2050, développé par l'association Solagro, spécialiste reconnue des liens entre énergie, agriculture et environnement.

Dans le cadre d'une approche globale très proche de celle de négaWatt, le scénario Afterres2050, également construit à partir des besoins, applique la même démarche de sobriété et d'efficacité à toutes les étapes de la chaîne agricole et alimentaire : maîtrise des besoins, réduction des pertes et des gaspillages dans l'agroalimentaire, dans la distribution et dans la cuisine, recyclage des déchets organiques, etc. Il vise à répondre aux besoins de production alimentaire, mais aussi à ceux qui sont liés à la fourniture de matériaux pour la construction et la rénovation (bois d'œuvre, isolants végétaux), le textile (fibres végétales) et la production d'énergie issue de la biomasse sous toutes ses formes, solide, liquide ou gazeuse. Bien entendu, le scénario respecte les limites et les contraintes imposées par l'environnement, la santé publique et l'usage des sols.

Cette réflexion sur l'agriculture commence dans l'assiette, avec une évolution de l'alimentation visant un meilleur équilibre nutritionnel et une réduction des surconsommations de glucides (sucres), de lipides (graisses) et de protéines animales, que l'on constate aujourd'hui avec toutes les conséquences que l'on connaît sur la santé. Le régime alimentaire de 2050 comprend ainsi environ moitié moins de viande qu'aujourd'hui et, dans une moindre proportion, moins de lait et de produits laitiers. Il contient en revanche une part accrue de fruits et légumes, de céréales, de légumineuses (lentilles, pois, fèves, haricots)[1] et de fruits à coques (noix, noisettes, etc.).

Ce rééquilibrage de l'alimentation est avantageux à de nombreux points de vue. Pour la santé publique, tout d'abord, en évitant une surconsommation de sucres et de graisses difficiles à assimiler. Il contribue aussi à un bien meilleur équilibre de l'agriculture, en réduisant la part de l'élevage. Celui-ci occupe en effet beaucoup d'espace et consomme d'importantes ressources en engrais et en énergie, avec un rendement faible : la production de 1 kilo de protéines animales

1. Les légumineuses constituent une excellente source de protéines et d'oligoéléments ; leur association avec les céréales, qui apportent des glucides, peut avantageusement remplacer la viande en évitant d'ingérer des graisses animales. De plus, elles présentent l'intérêt de pouvoir fixer l'azote de l'air et limiter ainsi sa concentration dans le sol et les nappes d'eau souterraines.

nécessite entre 2 kilos de protéines végétales pour les volailles et jusqu'à 15 kilos pour le veau. Réduire la consommation de viande contribue aussi à restaurer une indépendance alimentaire qui n'existe pas vraiment aujourd'hui puisque nous importons chaque année, pour nourrir notre bétail à viande, plusieurs millions de tonnes de tourteaux de soja cultivés le plus souvent sur des terrains conquis par la déforestation, en particulier en Amazonie. C'est notamment pour cette raison que notre niveau aujourd'hui très élevé de consommation de viande n'est pas généralisable à l'ensemble de l'humanité : il n'est tout simplement, physiquement, pas soutenable à l'échelle de la planète.

Il faut bien entendu relativiser cette diminution de la consommation de viande : loin de nous ramener à une période de restriction ou de disette, elle sera bénéfique à la santé et aidera à résoudre les problèmes de pollution locale chronique que connaissent certaines régions qui subissent des "excédents structurels d'azote", lorsque le développement inconsidéré d'un élevage trop intensif occasionne des rejets de nitrates[1] qui finissent par empoisonner l'eau potable et provoquer la prolifération des algues vertes, comme sur les plages bretonnes.

Enfin, pour revenir à la transition énergétique, une alimentation moins carnée permet de réaffecter des terres agricoles de culture ou des prairies d'une part à de nouvelles productions alimentaires végétales et d'autre part à des productions non alimentaires venant se substituer à la consommation de ressources non renouvelables d'énergie et de matières premières. Ces

1. Les nitrates sont des sels acides issus de la dégradation dans le sol de l'azote, dont l'ancien nom était "nitrogène".

productions se font toujours en ayant recours à des méthodes agricoles économes en intrants, ce qui permet de maintenir ou de restaurer les qualités écologiques des sols et de profiter à plein de leur capacité à stocker du carbone. Au total, ce sont, à partir de 2020, plusieurs centaines de milliers d'hectares par an qui peuvent être progressivement affectés à de nouveaux usages au service de la collectivité tout en répondant à l'ensemble des besoins en alimentation, en énergie et en matières premières.

Cette mutation du rôle de l'agriculture dans la société ne pourra pas se faire sans une évolution des modes de production agricole vers des techniques culturales moins intensives et mieux adaptées à une plus grande diversité des productions, tout en limitant les intrants et les impacts négatifs sur l'environnement. Ainsi, le scénario Afterres2050 envisage la généralisation de ce que l'on appelle la "production intégrée", une approche qui a fait ses preuves dans plusieurs régions et qui consiste à appliquer de manière complémentaire un ensemble de techniques respectueuses des équilibres écologiques. On peut citer, parmi les principes suivis : la mixité des productions au niveau des territoires et des parcelles ; la rotation longue et le travail des sols sans retournement avec l'abandon des labours profonds ; l'agroforesterie, c'est-à-dire la plantation d'arbres dans et en bordure des parcelles cultivées ; la lutte intégrée contre les parasites et les maladies, avec un recours limité aux produits chimiques ; l'insertion de légumineuses dans la rotation ; l'amélioration, enfin, de la conduite des intrants tels que la fumure, l'apport d'engrais et l'irrigation. Afterres2050 tient également compte, pour l'évolution de toutes ces pratiques, des conséquences des changements climatiques qui ressortent du programme d'étude "Climator" sur la vulnérabilité de l'agriculture, mené entre 2007 et 2010 sur financement de l'Agence nationale de la recherche.

Bien entendu, l'agriculture biologique, qui n'est qu'une variante plus poussée de l'agriculture intégrée en allant jusqu'à se passer totalement d'intrants chimiques, se développe aussi très fortement puisqu'elle occupe la moitié des surfaces cultivées en 2050. En se partageant chacune pour moitié les surfaces, agriculture "biologique" et agriculture "intégrée" permettent de diviser par 4 les besoins de traitements à l'aide de produits phytosanitaires, tout en maintenant de bons niveaux de rendement et en améliorant la qualité et la structure des sols grâce à l'apport de matière organique. Pour l'élevage, les cheptels sont au final divisés par 2 à l'horizon 2050, mais l'élevage intensif est divisé par 5 : dans les scénarios Afterres2050 et négaWatt, on mange mieux, plus sain, et la sobriété ne veut pas dire perte du plaisir gustatif et gastronomique, bien au contraire !

Comme pour l'industrie, la démarche adoptée pour l'agriculture vise la "souveraineté alimentaire". Les exportations sont réduites, même si la France conserve une vocation exportatrice : il est normal qu'elle participe à l'alimentation humaine dans l'espace européen, où la surface cultivable par habitant est en moyenne plus faible, ainsi que dans l'espace méditerranéen, incluant le Proche et le Moyen-Orient, dont les surfaces cultivées par habitant diminuent. Elle peut également contribuer à l'alimentation dans certains pays du Sud quand cela s'avère nécessaire, à condition toutefois que ce ne soit pas au détriment de la production agricole locale qui doit toujours rester prioritaire. A l'inverse, la France continue à importer certains produits tropicaux, mais cesse progressivement de faire venir d'Amérique du soja ou des tourteaux dérivés pour l'alimentation de son propre cheptel. Finalement, le modèle agricole et alimentaire de 2050 est bien plus créateur d'emplois que celui que nous connaissons aujourd'hui, qui fait de nos campagnes de véritables déserts humains…

Mais les biens d'équipement comme les denrées alimentaires dépendent d'un besoin vital : le transport. La circulation des produits sur nos routes départementales, nos autoroutes ou les artères de nos villes conditionne l'acheminement des matières premières et des produits vers les unités de fabrication, la distribution vers les points de vente et la gestion des déchets. Sans circulation des biens, nous risquons l'anémie. Trop de circulation, et c'est l'embolie qui nous guette… La question du fret est donc l'un des points-clés de la transition énergétique.

RÉDUIRE À LA SOURCE LES BESOINS DE TRANSPORT DE MARCHANDISES

Le transport routier de marchandises a connu en quelques décennies une explosion très rapide que seule la crise économique de 2008-2009 a ralentie, avant qu'il ne reparte de plus belle. En 2009, il représentait plus de 87 % des tonnes-kilomètres (le produit des tonnages transportés par les distances parcourues) dans les transports intérieurs de fret, contre moins de 10 % pour le transport ferroviaire et à peine plus de 2 % pour le transport fluvial. La part du fret routier ne cesse donc de progresser, marquant l'échec des politiques qui visent à maîtriser ces flux et à transférer vers le rail une partie du fret.

On pourrait multiplier les exemples jusqu'à la caricature parfois tragique, comme ce camion qui prit feu dans le tunnel du Mont-Blanc en mars 1999 : venant de Belgique, il allait faire empaqueter en Italie sa cargaison de margarine, avant que le produit, une fois emballé, ne soit de nouveau réexpédié en sens inverse. Logique purement économique, système écologiquement absurde.

Comme pour la mobilité des personnes, il convient avant tout de regarder si certains transports peuvent être évités, tout en obtenant un service équivalent… voire meilleur ! Si, au lieu de manger des légumes ou des fruits hors saison, nous préférons ceux qui sont cultivés à proximité, nous générons – le plus souvent sans nous en rendre compte – une spectaculaire réduction des consommations de carburant et d'électricité : moins d'énergie à la production pour le chauffage des serres, moins d'énergie à la distribution grâce aux circuits courts et à la conservation en ayant moins besoin d'entrepôts et de camions réfrigérés, moins d'énergie à la vente dans des grandes surfaces hyperclimatisées, éclairées en permanence, et accessibles uniquement en voiture. Sans compter que le service rendu – manger des légumes ou des fruits – sera bien meilleur, car les produits seront plus sains et plus goûteux.

C'est donc en premier lieu vers la *réduction à la source du besoin de transport* qu'il faut s'orienter. Pour y parvenir, la vision à long terme du transport de marchandises dans le scénario négaWatt intègre des réflexions transversales sur l'aménagement du territoire et les modes de distribution, qui se traduisent par exemple par une progression du taux de remplissage des camions et l'introduction de transferts modaux.

Le scénario négaWatt prévoit ainsi une inversion de la tendance actuelle, revenant puis se stabilisant à une valeur proche de celle de l'année 2000 : le nombre de tonnes-kilomètres transportées connaît une légère baisse de 2,3 % entre 2010 et 2050[1] malgré l'augmentation de la population, et donc des échanges.

Par ailleurs, la part du transport ferroviaire est presque quadruplée pour atteindre 40 % des tonnages-kilomètres en 2050, celle du transport fluvial passant de 2 à 5 %. Cette substitution s'effectue en priorité sur le transport routier de longue distance, aujourd'hui dominé par des camions d'un poids supérieur à 32 tonnes. Au final, par rapport à 2010, la part du secteur routier passe ainsi de 90 à 55 %, ce qui permet de respecter les objectifs fixés par le Livre blanc de la Commission européenne précédemment cité.

Pour y parvenir, les incitations ne suffiront pas à elles seules : le scénario négaWatt introduit donc un outil fiscal qui permet d'infléchir les besoins de transport dans une logique de "triple moins" : moins de tonnes transportées, moins de kilomètres parcourus, moins de gaz à effet de serre et autres polluants émis.

Mesure 07 : instituer une "redevance à la prestation" sur le transport

> Les circuits de plus en plus complexes et de plus en plus longs parcourus par les marchandises dans les chaînes de production et de distribution trouvent leur source dans une équation économique simple : les

1. Rien à voir, bien sûr, avec le retour aux chars à bœufs et au crottin de cheval, médiocres caricatures des tenants égoïstes de "l'après nous le déluge"...

bénéfices de la rapidité et de la flexibilité (la fameuse “logique” de flux tendu) ne tiennent pas compte de toutes les externalités que celles-ci engendrent : émissions de gaz à effet de serre, congestion du trafic, usure prématurée des routes, insécurité routière, impacts sur la santé (bruit, particules), épuisement accéléré de la ressource pétrolière dont le transport routier est totalement dépendant. Toute notre économie repose donc sur un moyen de transport inadapté à la nécessaire transition énergétique vers l’après-pétrole.

Si différentes mesures peuvent être prises en amont (dans l’aménagement du territoire et l’organisation des activités économiques) et bien en aval (dans une régulation de la circulation comme l’extension des restrictions existantes de circulation de transports routiers dans des zones ou périodes déterminées), un signal économique fortement régulateur est nécessaire.

La mise en place non pas d’une taxe mais d’une *redevance à la prestation sur le transport routier de marchandises*, sur le modèle de la redevance suisse RPLPI, permet de rompre avec cette croissance non maîtrisée.

Le principe est simple et repose sur les trois grands paramètres de la “prestation fret” que sont :

1. Cu, la capacité totale du camion (c’est-à-dire sa charge utile – Cu – totale, et non pas son remplissage réel) ;

2. Km, le kilométrage effectivement parcouru sur le territoire français ;

3. Eee, l’efficacité énergétique et environnementale de la motorisation (la consommation et les émissions spécifiques du véhicule).

La redevance collectée – que nous proposons de nommer par le sigle CKE – est directement fonction du produit Cu × Km × Eee. Agir sur chacun des termes de la redevance permet donc :

1. De remplir au mieux chaque camion et d'éviter les retours à vide (sobriété) ;

2. De réduire et d'optimiser les distances parcourues (sobriété) ;

3. De limiter la consommation et les émissions polluantes (efficacité et renouvelables).

L'optimisation de ces trois paramètres permet aux gestionnaires de flottes de transport routier de minimiser la redevance dont ils devront s'acquitter, réduisant ainsi globalement le transport routier et son impact énergétique et environnemental, à condition bien sûr que le niveau de cette taxe soit bien calculé et suffisamment élevé.

La redevance CKE s'applique sur tout le territoire français au-delà de 3,5 tonnes de charge utile, y compris pour le transit routier international, exactement comme la RPLP suisse s'applique sur l'ensemble du territoire helvétique.

Le produit de la redevance est versé dans un fonds dédié aux mesures liées à la mobilité des personnes et au transport des marchandises, notamment pour financer les infrastructures ferroviaires et les transports collectifs, ainsi qu'à la modernisation de la flotte de transport routier pour la préparer à sa mutation vers le "gaz renouvelable véhicule" (GRV).

La réduction importante de la part du transport routier ne signifie pas, comme on le voit, la mort de ce dernier, loin de là, puisqu'il reste malgré tout prépondérant : il est en effet difficile de se passer de la grande flexibilité qu'offre ce mode de transport, capable d'aller en amont de la chaîne logistique collecter les produits sur leur lieu de production pour les livrer en aval au plus près du consommateur final.

D'un point de vue énergétique, le transfert vers le ferroviaire d'une part significative du fret permet d'augmenter la part du vecteur électrique. Par ailleurs, le remplacement des carburants d'origine pétrolière par du GNV, puis progressivement par du GRV, permet d'opérer "en douceur" une profonde transformation du bilan énergétique et climatique du transport de marchandises.

Au final, en 2050, 85 % des transports par camion dans le scénario négaWatt sont effectués avec du GRV, contre 15 % pour les carburants liquides. Pour les véhicules utilitaires légers (camionnettes), la part du GRV représente 69 % des usages, et celle de l'électrique 13 %.

Le transfert du mode de transport de la route vers le fret ferroviaire doit être une priorité. Or la tendance va globalement à l'encontre de cet objectif, comme ce plan "Fret d'avenir" publié par la SNCF fin 2010, qui prévoyait l'abandon de 60 % de l'activité du fret de proximité (ce que l'on appelle "les wagons isolés"). La redevance CKE doit permettre d'inverser cette dérive, en agissant à deux niveaux : réduire la distorsion de concurrence de la route vis-à-vis du fret sur rail en prenant en compte les impacts environnementaux, et aider puissamment au financement des infrastructures ferroviaires.

Comme toutes les infrastructures de réseaux qui doivent être considérées comme des biens communs, quel que soit le vecteur concerné (électricité, gaz ou chaleur, mais aussi eau, télécommunications, transports publics, etc.), la propriété du réseau doit rester publique et sa gestion doit être confiée à une ou des entreprises contrôlées par la puissance publique, non seulement du point de vue financier mais aussi opérationnel, afin de rendre à l'Etat toute la capacité régulatrice dont il doit faire preuve.

A cet égard, l'épisode désastreux de l'écotaxe telle qu'elle avait été conçue par le gouvernement Fillon puis gérée par les gouvernements Ayrault et Valls rassemble à lui seul un catalogue à peu près exhaustif de ce qu'il ne faut pas faire pour avoir la moindre chance de réussir la mise en place de la redevance CKE. Absence totale de pédagogie et d'explication préalables sur le pourquoi et le comment, attribution de la concession à un opérateur privé dans des conditions pour le moins opaques, passage de témoin rocambolesque entre gouvernements opposés, gestion déplorable de la crise une fois déclenchée, retraite sans gloire en rase campagne à un coût prohibitif et finalement discours récurrent sur le caractère non punitif que doit revêtir l'écologie. Lu en langage subliminal, doit-on comprendre qu'il doit être compris comme l'abandon pur et simple de toute fiscalité sur les transports ? Si c'était le cas, ce serait une véritable incitation à tous les égoïsmes et autres visions courtes pour bloquer toute évolution favorable à la transition énergétique !

Enfin, il ne faut pas négliger l'intérêt qu'il y a à développer le transport par voie d'eau, notamment pour les "pondéreux", c'est-à-dire les matériaux ou les produits volumineux qui connaissent peu de problèmes de conservation (typiquement les minerais, les matériaux de construction, les céréales). Le "cabotage" (un bateau allant de port en port en exploitant la complémentarité des besoins entre les différentes catégories de marchandises), les "autoroutes de mer" (une liaison maritime rapide et régulière) ou des liaisons fluviales à l'aide de barges ou en péniche doivent être également développés. Là aussi, la redevance CKE permet de réduire les distorsions de concurrence avec la route.

En donnant un double signal économique clair et de long terme, cet instrument fiscal constitue un levier efficace pour changer la donne économique et faire émerger des solutions plus rationnelles comme le transport combiné rail/route ou bien mer/route, le transport routier étant réservé autant que possible aux premiers et aux derniers kilomètres.

DE LA CONSOMMATION À LA PRODUCTION

Bâtiment, production industrielle et agricole, mobilité des personnes et transports des marchandises : au terme de cet examen attentif et méticuleux des gains sur les consommations, il est possible, malgré 15 % d'augmentation de la population, de consommer en 2050 environ 2,2 fois moins d'énergie pour satisfaire les besoins de la société française.

Notre "gisement de négawatts" en sobriété et en efficacité, aujourd'hui très peu exploité alors qu'il représente en fait le plus important gisement d'énergie, permet en moins de quarante ans d'accomplir près des deux tiers du chemin vers un système énergétique "100 % soutenable". Pour cela, il suffit d'embarquer avec soi une once de bon sens, un zeste de sagesse et un assortiment d'outils adéquats.

Le dernier tiers du chemin qui reste à parcourir n'est pas le moins ardu : c'est celui de la production physique d'énergie. Un parcours escarpé, mais bigrement captivant : on y assistera, tout au long de la route, au crépuscule du nucléaire, à la fin du charbon et du pétrole puis à celle du gaz, jusqu'à voir, progressivement, le soleil se lever avec l'avènement des énergies renouvelables.

6

L'AVÈNEMENT DES RENOUVELABLES

Ensoleillée du Nord au Sud, balayée par trois grands régimes de vent, disposant d'un sous-sol riche en géothermie et couverte de la plus grande surface de forêt d'Europe… la France dispose d'un atout exceptionnel : son potentiel[1] de production d'énergies renouvelables. A tel point que, de façon paradoxale, un scénario négaWatt serait plus difficile à réaliser en Allemagne, beaucoup moins bien dotée dans ce domaine par la nature !

De plus, ce remarquable potentiel concerne toutes les filières, qu'elles soient déjà exploitées (hydroélectricité, bois, biocarburants et dans une moindre mesure géothermie), en phase de développement (éolien terrestre, solaire thermique et photovoltaïque, biomasse liquide, biogaz) ou bien émergentes (éolien offshore, énergies marines). Certaines sont des énergies de flux, tant dans leur production (soleil, vent) que dans leur utilisation (électricité), d'autres sont des énergies de stock, comme l'essentiel de la biomasse. Et cette belle diversité – ce maître mot du XXIe siècle, pour le domaine du vivant comme pour les énergies ! – autorise

1. Les termes de "potentiel" ou de "ressources" sont préférables pour les renouvelables à celui de "gisement", qui laisse croire que l'on pourrait les épuiser…

la complémentarité entre sources variables et sources stockables.

Le rythme du remplacement progressif des énergies fossiles et fissiles par ces énergies renouvelables est déterminé par trois contraintes : le temps nécessaire à la montée en puissance de la production renouvelable, la complémentarité entre ces différentes filières et leur capacité à s'insérer dans les réseaux qu'elles alimentent.

Ce dernier point est fondamental : c'est l'une des clés de l'indispensable équilibre entre la demande (la consommation) et l'offre (la production). Pour pouvoir bénéficier pleinement des renouvelables, il faut bien sûr concevoir, fabriquer et installer les équipements qui permettront de les exploiter, puis apprendre à optimiser leur utilisation en jouant au mieux sur leurs complémentarités. Mais il faut aussi les insérer progressivement dans les réseaux qu'elles alimentent (électricité, gaz ou chaleur).

Chacun de ces réseaux s'inscrit dans un environnement humain, économique et juridique particulier et possède des caractéristiques techniques et des contraintes opérationnelles spécifiques. Mais tous ont un point commun : ils n'ont pas été conçus pour accueillir les productions d'énergies renouvelables. Non à cause de particularités physiques liées à ces dernières (l'électricité, le gaz ou la chaleur obéissent aux mêmes lois, quelle que soit leur origine...), mais parce que le caractère fortement décentralisé des renouvelables change le rôle des réseaux. A la fonction d'acheminement et de distribution à partir de quelques grands sites de production vers une multitude de consommateurs, il ajoute en effet la collecte de la production d'un très grand nombre de sites disséminés sur l'ensemble du territoire.

Avant de revenir au scénario négaWatt pour en détailler les grandes lignes concernant la production d'énergie par des sources renouvelables, prenons le temps de nous attarder sur cette problématique des *réseaux*, aussi nécessaires à la transition énergétique qu'ils le sont dans les relations entre les êtres humains.

LE RÔLE PRIMORDIAL DES RÉSEAUX

Les besoins des consommateurs fluctuent en permanence et nous ne faisons pas tous appel au même moment à la même quantité d'électricité, de gaz ou de chaleur. Heureusement d'ailleurs, sinon il faudrait augmenter considérablement la puissance du parc de production pour une utilisation très occasionnelle au maximum des possibilités. Ce phénomène s'appelle le *foisonnement*, et il est au cœur du métier des gestionnaires de réseaux, qui maintiennent en permanence l'équilibre entre offre et demande.

Comme on ne sait pas stocker l'électricité, ou très mal, et qu'elle se déplace quasi instantanément d'un site de production à un site de consommation, c'est sur le réseau électrique que cet équilibre est le plus sensible et le plus complexe à maintenir. Il doit en effet être assuré à chaque instant sous peine de provoquer un "écroulement" du réseau, c'est-à-dire un défaut d'alimentation pouvant se répandre de proche en proche au fur et à mesure que les systèmes de sécurité se mettent à couper certaines parties du réseau pour en protéger d'autres, ce qui ne fait que reporter le problème et peut finir par une coupure généralisée, un *black-out*.

Les responsables des réseaux électriques ont appris depuis longtemps à gérer ce foisonnement des consommations par divers moyens, par exemple en donnant l'ordre à des consommateurs de réduire, voire d'annuler leur consommation (on parle alors d'*effacement*[1]), ou au contraire en demandant à des producteurs de démarrer un nouveau moyen de production maintenu en réserve (on parle dans ce cas de moyens de production *dispatchables*). Une autre solution existe, qui consiste à faire appel à des moyens de stockage comme les *stations de transfert d'*énergie par pompage-turbinage. Ces "STEP" sont en fait des retenues de barrage comme celle du lac de Grand'Maison à côté de Grenoble, de Saint-Nicolas à Revin dans les Ardennes ou du lac Noir dans le Haut-Rhin. En période d'excédent d'électricité, elles sont remplies en pompant en aval de l'eau qui est ensuite relâchée pour produire de l'électricité à l'aide d'une turbine hydraulique, moyennant une perte de 20 à 30 % entre l'énergie consommée pour le pompage et l'électricité restituée par la turbine.

La variabilité de la production des sources renouvelables ajoute une complexité supplémentaire à la fonction d'équilibre du réseau puisqu'il faut gérer un double foisonnement, à la fois sur la demande et sur l'offre. C'est l'un des enjeux des *smart grids*, ces réseaux dits "intelligents[2]" qui se développent un peu partout dans

1. Ainsi le tarif heures creuses/heures pleines a été mis en place par EDF pour inciter ses clients à consommer de l'électricité la nuit.
2. En anglais, *smart* veut dire "intelligent" au sens d'astucieux, futé, malin, et *grid* désigne spécifiquement le réseau électrique. Il n'existe pas vraiment de définition précise de ce qu'est un "réseau électrique intelligent", ce qui est à la fois un problème (chacun peut avoir sa propre définition en fonction de son positionnement et de ses intérêts particuliers) mais aussi une opportunité si l'ensemble des acteurs

le monde et auxquels la France commence tout juste à s'intéresser. Rappelons que ces productions renouvelables ne sont pas intermittentes mais variables et prévisibles. Et leurs variabilités à l'échelle d'une région ou d'un pays sont lentes (le vent ne tombe pas brutalement, la nuit non plus) alors qu'une centrale thermique, nucléaire en particulier, peut s'arrêter soudainement[1]. Or les opérateurs des réseaux préfèrent ces variations lentes, surtout qu'elles sont prévisibles : avec l'expérience acquise un peu partout en Europe et les progrès de la prévision météorologique, ils déterminent plusieurs heures à l'avance une estimation fiable de ce qui sera produit par les parcs d'éoliennes ou les panneaux photovoltaïques.

Dès à présent, dans de nombreuses régions du monde, les gestionnaires de réseaux locaux savent s'adapter sans difficulté majeure à des taux très élevés de pénétration des énergies renouvelables, dépassant même ponctuellement les 100 % comme c'est parfois le cas au Danemark en hiver et/ou la nuit : dans ce cas, l'excédent est évacué vers un réseau voisin. L'Espagne connaît régulièrement des périodes de plusieurs heures durant lesquelles l'éolien fournit à lui seul plus de 50 % de la consommation d'électricité du pays entier sans que son réseau de transport à haute tension ne s'écroule.

concernés – et ils sont nombreux : producteurs, fournisseurs, consommateurs, gestionnaires, propriétaires (en France les communes), etc. – acceptent de se mettre autour de la table pour définir leurs propres besoins et attentes, et les mettre en regard de ceux des autres.

1. Et c'est alors une perte de puissance considérable qu'il faut pallier, l'équivalent de l'arrêt brutal de 500 à 800 éoliennes à pleine puissance…

Publiée en 2007 à la demande d'Angela Merkel qui, en bonne physicienne de formation, voulait qu'on lui prouve qu'un système électrique 100 % renouvelable pouvait fonctionner, l'étude allemande *Kombikraftwerk*[1] en avait confirmé la faisabilité en combinant judicieusement photovoltaïque, éolien et biogaz en cogénération (c'est-à-dire en production simultanée de chaleur et d'électricité), le biogaz permettant d'assurer en permanence l'équilibre entre l'offre et la demande grâce à son caractère stockable.

Depuis, une seconde étude, à la fois plus large et plus poussée, *Kombikraftwerk 2*, publiée en août 2014[2], a montré que, au-delà de la seule fourniture d'électricité, la stabilité et la sûreté du réseau pouvaient non seulement être assurées mais même renforcées grâce aux services auxiliaires que les équipements électroniques pilotables des éoliennes et des systèmes photovoltaïques étaient en mesure de délivrer.

L'ÉPINEUSE QUESTION DE L'ÉQUILIBRAGE DU RÉSEAU ÉLECTRIQUE

Même en mettant à profit de façon optimale la complémentarité entre les différentes sources renouvelables, il est nécessaire, à partir d'une certaine proportion de sources variables d'électricité injectées dans le réseau, de trouver des solutions à différentes échelles pour

1. *Kombikraftwerk* veut dire littéralement "centrale électrique combinée".
2. Voir http://www.kombikraftwerk.de/mediathek/english.html (en anglais) et la note de synthèse en français publiée en novembre 2014 par l'Office franco-allemand des énergies renouvelables.

mieux faire coïncider les périodes de production et de consommation.

Il est d'abord possible, au moins partiellement, de déplacer le moment où l'on a besoin d'énergie. Cette solution, qui s'applique aujourd'hui dans les ballons d'eau chaude pour combler le creux nocturne de demande d'électricité, peut s'étendre à bien d'autres situations. Un congélateur peut être programmé pour ne se mettre en route que quelques heures par jour au bon moment, précisément aux heures où la production solaire ou éolienne est la plus forte, en fonction de la météo. Moyennant quelques adaptations de la vie quotidienne, on peut aussi attendre le moment propice pour faire tourner la machine à laver ou le lave-vaisselle.

En valorisant financièrement de tels décalages temporels (dans tous les secteurs et pas seulement à la maison), la modulation du prix de l'électricité peut être un levier performant pour mieux lisser la demande. L'automatisation de ces décalages permise par les technologies de communication sur le réseau de distribution peut faciliter de telles modulations. Toutefois, les retours d'expérience dans certains pays comme le Danemark qui ont expérimenté au début des années 2000 les "compteurs intelligents" montrent que les limites de l'acceptabilité sociale sont rapidement atteintes.

Au-delà, seul le stockage de l'énergie produite est en mesure d'apporter une réponse adéquate. Encore faut-il que nous sachions quels sont les moyens aujourd'hui à notre disposition pour le faire, et si ceux vers lesquels nous pensons nous tourner seront suffisants et abordables. La question est cruciale, car il en va de la faisabilité d'un système électrique "100 % renouvelable".

La capacité des STEP (stations de transfert d'énergie par pompage) est actuellement en France de 4 000 mégawatts, correspondant à un potentiel de stockage ne dépassant guère 100 gigawattheures* sur quelques jours. Elle peut probablement augmenter, à condition de trouver de nouveaux sites à équiper. Un tel développement, qui n'est pas évident compte tenu de la nécessité de protéger les écosystèmes des cours d'eau ne permettrait de toute façon pas de faire face à des besoins d'une autre échelle : au niveau national, les quantités d'énergie à stocker pour permettre à terme une forte pénétration des renouvelables se chiffrent en milliers de gigawattheures pendant plusieurs mois.

Il existe de nombreuses autres solutions qui peuvent constituer ponctuellement des moyens de stockage intéressants pour assurer la stabilité du système électrique à proximité des sites de production ou de consommation, à des échelles et pour des capacités variables : les batteries d'accumulation dites "stationnaires", de technologies classiques (acide-plomb, nickel-cadmium) ou en développement (vanadium, lithium-ion, sodium-soufre, etc.), les volants d'inertie, le stockage sous forme d'eau chaude à basse ou haute température ou encore d'air comprimé dans des cavités souterraines ou dans des réservoirs. Mais aucune de ces technologies ne sera en mesure de répondre aux enjeux quantitatifs de moyen et long terme, ni individuellement, ni même mises bout à bout.

Quant à l'hypothèse, de prime abord séduisante, consistant à stocker l'électricité excédentaire dans les batteries des véhicules électriques, ce que l'on appelle le *Vehicle-to-Grid*, elle présente de nombreuses difficultés. D'abord quantitatives puisque si les 38 millions de voitures particulières circulant aujourd'hui en

France étaient toutes électriques cela ne représenterait en pratique que quelques térawattheures de capacité de stockage disponible à la seule condition que les véhicules restent à l'arrêt, en contradiction flagrante avec la fonction initiale d'une… automobile ! Par ailleurs, une telle configuration poscrait des problèmes complexes de gestion des réseaux et des véhicules eux-mêmes qui rendent inenvisageable de généraliser cette solution à l'ensemble du parc ; elle ne pourra sans doute s'appliquer que sur des niches spécifiques, par exemple les flottes captives.

Une autre piste présente un réel intérêt : l'utilisation des excédents d'électricité pour produire, grâce à l'électrolyse de l'eau, de l'hydrogène pouvant trouver des débouchés dans l'industrie comme matière première, dans la mobilité en alimentant des moteurs à explosion ou des "piles à combustible", ou encore dans la production d'électricité et de chaleur dans une version stationnaire de l'utilisation de telles piles.

Mais les contraintes de stockage, de transport et d'utilisation de l'hydrogène, gaz extrêmement explosif au contact de l'air, en limitent considérablement les perspectives de développement à grande échelle en tant que carburant ou combustible. Il faudrait pour cela créer de toutes pièces de nouveaux réseaux d'approvisionnement, transformer radicalement toute l'industrie automobile et surtout parvenir à faire très sensiblement baisser les coûts de fabrication des piles à combustible. On ne voit guère aujourd'hui ce qui pourrait permettre de réaliser ce qui n'a pas été possible durant les trente dernières années.

Mais tout n'est pas perdu pour autant ! Fort heureusement, l'hydrogène peut être utilisé d'une tout autre manière en exploitant pleinement la complémentarité de ces deux vecteurs extraordinaires que sont l'électricité et le gaz : contrairement aux apparences et aux idées reçues, tous deux savent et peuvent faire très bon ménage…

LE MÉTHANE, VECTEUR-CLÉ DE LA TRANSITION ÉNERGÉTIQUE

Dans le scénario négaWatt, le recours accru au vecteur "gaz méthane" est l'une des clés de la faisabilité technique de la transition énergétique. Une petite explication s'impose.

Le méthane est noté par les chimistes CH_4, ce qui veut dire que chaque molécule est constituée de quatre atomes d'hydrogène pour un atome de carbone. C'est le plus simple des "hydrocarbures", un nom qui désigne les "composés organiques", c'est-à-dire les produits chimiques organisés par la matière vivante et constitués uniquement d'atomes d'hydrogène et de carbone. C'est aussi le principal composant du *gaz naturel fossile* et du *biogaz* (aussi appelé *biométhane*) et même du "gaz de ville" d'antan. Ce dernier était fabriqué dans des *usines à gaz* à travers une combustion incomplète du charbon, due à un déficit volontaire d'oxygène : c'est ce qu'on appelle la *gazéification*, une technique qui peut aussi être utilisée pour produire du *méthane de synthèse* à partir de bois. Nous verrons plus loin toute l'importance que cela revêt.

Lorsqu'il est relâché dans l'atmosphère sans être brûlé, le méthane est un gaz à effet de serre 23 fois plus puissant, à quantité égale, que le dioxyde de carbone (CO_2) si l'on considère son impact sur les changements climatiques. C'est pourquoi la loi oblige à le capter et à le brûler en torchère lorsqu'il s'échappe des matières organiques en décomposition présentes dans les décharges publiques. Cet inconvénient majeur disparaît si le méthane est produit, stocké et consommé dans le cadre d'un cycle complet, fondé exclusivement sur des énergies et des matières renouvelables. Dans ce cas, en effet, il ne représente qu'une étape de la transformation d'une partie du flux d'énergie issu du soleil : le carbone initial capturé sous forme de CO_2 par la photosynthèse pour permettre la croissance de la plante est transformé en méthane puis, après combustion, relâché *in fine* de nouveau sous forme de CO_2 dans l'atmosphère.

Il existe trois manières de produire du *méthane renouvelable*. Les deux premières passent par la photosynthèse, le biogaz produit par fermentation de matières organiques et le méthane produit par gazéification du bois ; la troisième est la *méthanation*, une réaction chimique qui consiste à combiner de l'hydrogène avec du gaz carbonique pour donner de l'eau et du méthane[1] en même temps que de la chaleur. Cette réaction a été découverte par un Français, Paul Sabatier, qui fut prix Nobel de chimie en 1912 et a donné son nom à une des universités de Toulouse[2].

Cette dernière voie apparaît aujourd'hui comme l'une des plus prometteuses pour résoudre à grande

1. L'équation chimique de la méthanation est : $CO_2 + 4H_2 => CH_4 + 2H_2O$.
2. Les travaux de Sabatier ont été redécouverts et mis en lumière en 2009 par la publication de la thèse d'un chercheur allemand de l'université de Stuttgart, Michael Sterner, sous le titre *Bioénergie et méthane issu d'électricité renouvelable dans un système énergétique intégré 100 % renouvelable.*

échelle le problème du stockage de l'électricité. Dans un premier temps, l'électricité renouvelable excédentaire est utilisée pour produire, par simple électrolyse de l'eau, de l'hydrogène, qui est ensuite mis en présence de gaz carbonique pour produire du méthane avec un dégagement de chaleur à 350 °C, utilisable par exemple dans des process industriels. Ce gaz, du "méthane renouvelable synthétique", peut ensuite être utilisé, stocké ou injecté dans le réseau de gaz naturel exactement dans les mêmes conditions que ses "cousins", le biogaz, le méthane issu de la gazéification du bois et même le gaz dit "naturel" d'origine fossile, avec lesquels il peut être mélangé au point de se confondre avec eux.

Malgré une perte de rendement de l'ordre de 30 à 40 % sur la totalité de la chaîne de transformation[1], cette solution offre l'intérêt de donner accès à une immense capacité de stockage, sans commune mesure avec tout ce qui a été évoqué plus haut. Il s'agit des réservoirs de gaz naturel aménagés par GDF (devenu Engie en 2015) et Total (via leurs filiales respectives Storengy et TIGF) dans des cavités souterraines aquifères ou salines[2]. Cette capacité, mobilisable à un coût très faible puisque l'investissement est amorti depuis longtemps, est estimée à 168 térawattheures (168 milliards de kilowattheures), une valeur très supérieure aux besoins de stockage d'électricité du scénario négaWatt

1. Les pertes sont d'environ 20 % lors de l'électrolyse et 20 % lors de la méthanation.
2. Le gaz injecté forme une poche de méthane, de même qu'un gisement de gaz fossile forme une poche de gaz dans des couches imperméables.

(33 térawattheures), alors que la capacité de stockage des STEP existantes est d'environ 100 gigawattheures.

Cette diversité des moyens de produire du méthane se double d'une très grande flexibilité de son utilisation, puisque l'on peut pratiquement tout faire avec lui : chauffer des locaux, produire de l'eau chaude sanitaire, faire la cuisine, produire de l'électricité (de préférence en cogénération), faire rouler voitures et camions, sans oublier de nombreux process industriels.

Et ce n'est pas tout : le méthane renouvelable, quelle que soit son origine, possède la qualité irremplaçable de pouvoir se substituer au gaz "naturel" fossile, simplement en prenant la place de ce dernier dans le réseau au fur et à mesure qu'on en injecte des quantités de plus en plus grandes. Nul besoin de créer de nouvelles infrastructures de transport, de stockage ou de distribution, il suffit d'utiliser celles qui existent déjà. Nul besoin non plus de changer ni même de modifier les équipements de consommation qui fonctionnent déjà au gaz "naturel", seules des adaptations mineures peuvent être éventuellement nécessaires.

Ainsi, le vecteur gaz autorise à envisager une transition vers les énergies renouvelables progressive et en douceur, peu coûteuse en termes d'adaptation des réseaux et de renouvellement des biens d'équipement. Compte tenu de la quantité et de la qualité des services énergétiques qu'il peut rendre, le scénario négaWatt prévoit qu'il occupe en 2050 une place centrale dans l'approvisionnement de la France : il fournit plus de 58 % des besoins pour la mobilité, 35 % des besoins en chaleur, et apporte, via la méthanation, une solution particulièrement élégante pour compenser la variabilité de la production d'électricité renouvelable.

Mais un préalable s'impose pour atteindre un tel résultat : faire cesser au plus vite la concurrence absurde entre les trois vecteurs énergétiques de réseau (chaleur, gaz et électricité) à laquelle se livrent les opérateurs enfermés dans le principe de "spécialité" issu de l'immédiat après-Seconde Guerre mondiale. Il n'est pas rare encore aujourd'hui qu'une commune souhaitant développer un réseau de chaleur au bois se trouve sous la pression des offres commerciales très alléchantes des gaziers et des électriciens, à laquelle il lui faut trouver la force de résister pour mener à bien son projet...

Ceci est d'autant plus inacceptable que les collectivités locales sont juridiquement propriétaires de tous ces réseaux ! Porteuses par définition de l'intérêt général puisqu'elles sont l'émanation de la démocratie la plus directe, elles ont été dépossédées de leurs prérogatives par plus d'un demi-siècle de centralisme énergétique. Au-delà d'une simple coordination entre les réseaux qui devrait être depuis longtemps la règle, il est indispensable de mettre en œuvre une véritable coopération active et une intégration complète du développement et de la gestion de ces différents outils techniques au service d'une même vision de la transition énergétique. Dans ce domaine aussi, il est grand temps de passer au XXIe siècle !

LA PLACE PRÉPONDÉRANTE DE LA BIOMASSE

Après cette analyse du rôle des réseaux et du vecteur méthane, remontons encore d'un cran vers l'amont en direction des ressources primaires qui assureront l'approvisionnement dans le cadre du scénario négaWatt. Si l'on raisonne en quantité d'énergie tous usages confondus, la première source renouvelable est, de loin, la biomasse, qui représente dans le scénario négaWatt en 2050 plus de 45 % de l'approvisionnement total en énergie et près de 458 térawattheures de production annuelle.

Comme on l'a vu précédemment, *biomasse* est un terme générique pour désigner l'ensemble de la matière vivante, principalement d'origine végétale. Elle comprend une grande variété de filières que l'on peut classer en trois grandes catégories, faisant appel à des systèmes de production, de transformation et de distribution très différents : la *biomasse solide*, la *biomasse liquide* et le *biogaz* ou *biométhane.*

La *biomasse solide* est constituée pour l'essentiel du bois sous ses diverses formes (bûches, granulés ou plaquettes[1]) mais aussi des résidus agricoles secs que l'on peut brûler (pailles, sarments, etc.). Cet ensemble constitue déjà aujourd'hui la première source d'énergie renouvelable avec une production d'environ 136 térawattheures par an, soit un peu moins de 7 % de toute l'énergie finale consommée en France.

En 2050, elle fournit, dans le scénario négaWatt, près de 2 fois plus d'énergie (263 térawattheures), se répartissant pour moitié entre production de chaleur directe ou sur réseaux et production de *méthane* par gazéification. Sa contribution est proportionnellement plus de 4 fois plus importante qu'aujourd'hui dans le bilan global, avec 27 % de l'énergie finale consommée.

1. Les *granulés de bois*, qui ressemblent à ceux qui sont utilisés pour l'alimentation des animaux, sont fabriqués en compressant de la sciure ; les *plaquettes* sont des copeaux que l'on obtient par déchiquetage des "petits bois" ou des bois de récupération à l'aide de broyeurs prévus à cet effet.

A ce titre, la biomasse solide reste la première source d'énergie, loin devant l'éolien.

Pourtant, la surface des forêts françaises, actuellement de près de 17 millions d'hectares, reste pratiquement stable. L'augmentation sensible de la production énergétique se fait en effet à la fois en améliorant la collecte des résidus forestiers ("houppiers" et "rémanents"), en exploitant énergétiquement et écologiquement les haies bocagères, en introduisant l'agroforesterie dans les pratiques culturales et en valorisant mieux les déchets connexes de la "première transformation" (scieries) et de la "deuxième transformation" (menuiserie-charpente, ameublement) ainsi que le bois de déconstruction.

Le terme de *biomasse liquide* renvoie à l'ensemble des biocarburants classiques. Ce terme officiel porte en germe une certaine confusion : pour des cultures énergétiques dédiées, on lui préférera celui d'"agrocarburants" afin d'éviter de laisser croire que ceux-ci seraient issus de plantes cultivées selon les méthodes de l'agriculture biologique, c'est-à-dire sans engrais ni pesticides chimiques, ce qui est rarement le cas…

Que ce soit sous forme d'éthanol, qui est un alcool, issu généralement de betteraves, pouvant remplacer l'essence, ou de "biogazole" ou "biodiesel" issu le plus souvent sous nos latitudes du colza, les agrocarburants dits "de première génération" sont déjà depuis plusieurs années incorporés de manière obligatoire, à raison de quelques pourcents, aux carburants pétroliers vendus à la pompe.

Ces agrocarburants nécessitent des pratiques culturales intensives et occupent des surfaces importantes qui ne peuvent donc pas être consacrées à d'autres productions, que ce soit d'aliments ou de matériaux. Leur développement restera par conséquent limité durant les premières décennies de la transition énergétique, inférieur à la valeur actuelle de 31 térawattheures ; il reviendra ensuite vers 33 térawattheures lorsque l'évolution du système agroalimentaire telle que la décrit le scénario Afterres2050[1] aura rendu des surfaces disponibles pour ce type de productions.

En doublant leur production, le scénario négaWatt leur laisse finalement une place modeste dans l'approvisionnement global, en raison notamment d'un bilan énergétique et agronomique qui n'est pas très favorable, sauf pour ceux qui, ne nécessitant pas beaucoup de transformations, peuvent être exploités en circuits courts, comme les "huiles végétales pures". Paradoxalement, ces dernières, contrairement aux filières industrielles qui posent de réels problèmes, ne bénéficient d'aucune aide et leur usage est strictement réglementé en France. Quant aux agrocarburants dits "de deuxième ou de troisième génération", qui devraient utiliser d'autres parties des plantes comme les tiges ou être produits à partir d'algues, ils sont encore loin d'être au point à un niveau industriel, et les pistes actuelles de recherche et d'expérimentation laissent subsister de sérieux doutes quant à leur bilan écologique global.

La prudence qui conduit à limiter le développement de la biomasse liquide est largement compensée par la place très importante accordée au *biogaz*, dont la contribution en 2050 est plus de 4 fois plus importante que celle des agrocarburants (157 térawattheures contre 33) tout en restant nettement inférieure à celle de la biomasse solide (263 térawattheures).

1. Voir le chapitre précédent, page 168.

Outre sa compatibilité d'usage avec les autres formes de méthane, le biogaz présente l'intérêt de pouvoir être produit à partir d'une grande variété de déchets organiques d'origine agricole (lisiers, fumiers), agroalimentaires (résidus de transformation) ou même urbains (partie organique de la poubelle des ménages, boues des stations d'épuration), auxquels peuvent s'ajouter des productions dédiées comme les plantes herbacées des prairies qui ne seront plus pâturées du fait de la réduction du cheptel bovin[1].

Enfin, les matières organiques mises en fermentation anaérobie, c'est-à-dire en absence d'oxygène[2], produisent en fin de processus, en plus du biométhane, un digestat dont les qualités agronomiques sont proches de celles du compost et qui peut être épandu comme amendement sur les terrains. On retrouve ainsi un cycle naturel qui, simultanément, satisfait les besoins énergétiques et entretient la qualité des sols sans concurrencer la production alimentaire.

L'ESSOR DE L'ÉLECTRICITÉ RENOUVELABLE

Avec 397 térawattheures en 2050, l'électricité d'origine renouvelable occupe le deuxième rang dans la production totale d'énergie, après la biomasse.

1. Jusqu'à 1,5 million d'hectares de prairies pourraient être rendus disponibles par la réduction de moitié de la consommation de viande prévue par le scénario Afterres2050.
2. La fermentation anaérobie a lieu à l'intérieur de cuves étanches (les "digesteurs") dont on contrôle le taux d'humidité et la température, par opposition à la fermentation en plein air à l'origine du compost, qui est dite "aérobie".

L'électricité hydraulique augmente d'environ 26 % (77 térawattheures contre 61 en 2010), essentiellement par la modernisation des ouvrages existants et la mise ou la remise en service d'installations de faible puissance, par exemple sur les conduites d'eau potable dans les zones montagneuses, une application très performante et peu coûteuse qui est bien présente en Suisse et en Autriche et qui commence à apparaître dans les Alpes françaises.

Dépassant en production l'énergie hydraulique dès 2030, l'éolien produit 209 térawattheures en 2050, soit environ la moitié de la production totale d'électricité, mais 21 % seulement de la production totale d'énergie. Ce niveau est atteint grâce à trois types de technologie : les éoliennes terrestres, les éoliennes maritimes "posées" et les éoliennes maritimes "flottantes".

Le scénario négaWatt prévoit d'ici à 2050 l'installation de 14 500 éoliennes terrestres, dont 5 000 fonctionnement déjà aujourd'hui[1]. Pour l'ensemble du parc, la puissance moyenne par éolienne est légèrement inférieure à 3 mégawatts, soit la fourchette haute des machines installées aujourd'hui, ce qui correspond à une hauteur de mât et un diamètre de rotor de l'ordre de 100 mètres chacun. Avec une puissance totale inférieure à 50 000 mégawatts, ces aérogénérateurs terrestres produisent 108 térawattheures d'électricité, c'est-à-dire plus de la moitié de l'ensemble de la contribution de l'énergie éolienne.

Les éoliennes maritimes "posées" sont fixées sur des fondations creusées ou ancrées dans le fond marin, là

1. Soit 6 fois moins que les pylônes des 100 000 kilomètres de lignes à haute tension que l'on ne voit pratiquement plus tellement nous sommes habitués à leur présence dans le paysage…

où la hauteur d'eau ne dépasse pas une trentaine de mètres. Au-delà, cette technique pose des problèmes de complexité et de coût des fondations, et n'est plus adaptée. Ces zones de "hauts-fonds", très fréquentées par les pêcheurs, sont généralement assez proches des côtes, ce qui peut poser des problèmes d'acceptation. Compte tenu de la topographie peu propice du plateau continental des différentes façades maritimes de la France, le scénario négaWatt ne prévoit que 6 000 mégawatts d'éolien posé en mer, alors que le Royaume-Uni en annonce plus de 50 000 ! Ces machines aux rotors de 120 à 130 mètres de diamètre et d'une puissance de 5 à 6 mégawatts produisent en 2050 environ 19 térawattheures par an.

La troisième technologie est celle des éoliennes "flottantes" de forte puissance, 5 à 10 mégawatts, voire plus. Elles sont installées sur des structures métalliques largement inspirées des plateformes pétrolières équipées de flotteurs, et solidement ancrées dans les fonds marins à des profondeurs qui peuvent aller jusqu'à 200 mètres. Cette technologie en plein développement offre de nombreux avantages : elle permet d'aller chercher les vents puissants et constants rencontrés en haute mer ; elle simplifie grandement les travaux d'installation puisqu'une plateforme équipée de son éolienne peut être remorquée depuis les chantiers navals par des moyens classiques de remorquage ; elle autorise enfin un éloignement suffisant des côtes pour réduire leur visibilité depuis le littoral. En revanche, le raccordement au réseau électrique continental peut devenir problématique et coûteux. Mais l'Union européenne travaille dès aujourd'hui sur des "autoroutes électriques" sous-marines, destinées à collecter les productions de multiples parcs éoliens maritimes. Un parc de 2 000 à 3 000 éoliennes flottantes permet en 2050 de produire 82 térawattheures par an.

Avec une production annuelle de moins de 5 térawattheures en 2014, l'électricité photovoltaïque reste aujourd'hui encore modeste en France, et son développement très lent par rapport à nombre de pays voisins. Dans le scénario négaWatt, elle s'accroît considérablement, dépassant, avec 90 térawattheures en 2050, l'hydroélectricité et fournissant près d'un quart (22 %) de la production totale d'électricité.

La priorité va bien évidemment, principe d'efficacité oblige, aux systèmes installés à proximité des sites de consommation, c'est-à-dire sur les bâtiments de toutes natures pourvu qu'ils soient correctement ensoleillés. Ces systèmes sont "intégrés" au sens très restrictif de la réglementation française actuelle, ou simplement fixés en toiture ou en façade sans avoir à assurer l'étanchéité de l'immeuble. Ils peuvent aussi être incorporés aux aménagements et équipements urbains, tels la couverture de parkings ou de cheminements piétonniers ou encore les murs antibruit.

Les parcs au sol ne sont pas pour autant exclus car ils présentent le double intérêt de réduire sensiblement les coûts d'installation et d'améliorer les performances, éventuellement à l'aide de systèmes de suivi du soleil qui permettent d'accroître la production de l'ordre de 30 %. Ils sont toutefois strictement réservés aux terrains sur lesquels ils n'entrent pas en concurrence avec des usages prioritaires, notamment l'alimentation, la production de matières premières et la biomasse-énergie. Un soin tout particulier doit être apporté aux impacts potentiels sur la biodiversité des sites d'implantation. Mais ceci n'est pas un problème : compte tenu des surfaces de terrains disponibles (sites pollués, décharges fermées, friches industrielles, délaissés d'infrastructures, champs de captage des eaux, sols arides), ces derniers peuvent très bien apporter une contribution tout à fait importante sans qu'il y ait besoin de mobiliser des terrains agricoles.

Il est difficile de prévoir quelle sera, en 2050, la répartition entre ces deux grandes familles de systèmes, sur bâtiments ou au sol, tant les paramètres qui vont l'influencer sont nombreux et difficiles à anticiper. Le scénario négaWatt prévoit que les systèmes sur bâti représenteront les deux tiers du total, soit 5 % de la surface totale des toitures de tous les bâtiments de France[1]. Le dernier tiers, constitué de parcs au sol, occupera une superficie de terrains de 50 000 hectares, soit à peine plus de 2 % des 2,4 millions d'hectares de surface agricole qui sont aujourd'hui consacrés à la production industrielle d'agrocarburants de première génération, avec un rendement énergétique au moins 10 fois supérieur (1 à 2 % pour la photosynthèse utilisée par les agrocarburants, contre 10 à 20 % pour les modules photovoltaïques).

La baisse spectaculaire des coûts de production des panneaux photovoltaïques, observée depuis plusieurs décennies, se poursuivra jusqu'à atteindre d'ici à quelques années un seuil de compétitivité suffisant pour arriver à se passer des mécanismes de soutien du marché tels que les tarifs d'achat.

Dès lors que le coût de production des kilowattheures photovoltaïques sera inférieur au prix de vente de ceux fournis par le réseau, il sera tentant pour

1. Pour fixer les idées, cette surface totale de panneaux représente environ 500 kilomètres carrés, soit un rectangle de 20 kilomètres par 25 de côté.

les producteurs de consommer leur production plutôt que de la vendre : c'est ce que l'on appelle l'autoconsommation. Certains veulent y voir la bouée de sauvetage d'un secteur moribond, qui a perdu plus de 15 000 emplois à la suite du moratoire sur les tarifs d'achat de décembre 2010 et à l'empilement des contraintes supplémentaires qui ont suivi.

Cette pratique présente indéniablement de l'intérêt dans certaines situations, notamment pour les besoins d'électricité en journée et plutôt en été, et à la condition que cette production réponde à de réels besoins : augmenter délibérément sa consommation si sa production photovoltaïque est très supérieure est bien sûr un gaspillage absurde au regard des principes de base de la démarche négaWatt.

Ainsi, l'autoconsommation est beaucoup plus pertinente dans le secteur tertiaire (bureaux et commerces) ou dans l'industrie, là où les besoins correspondent aux horaires de travail, que dans le résidentiel où les logements sont généralement vides dans la journée.

Par ailleurs, l'autoconsommation ne permet pas de se passer du réseau, sauf à viser une véritable autarcie nettement moins confortable et beaucoup plus coûteuse puisqu'il faudrait alors disposer sur place d'un stockage intersaisonnier, ou accepter de restreindre ses besoins, voire se passer d'électricité plusieurs semaines par an. Conçue de manière trop individuelle, voire individualiste (chacun autoconsomme sa propre production, le cas échéant en la stockant), elle ne permet aucune économie de réseau puisque ce dernier doit être dimensionné pour les périodes où il n'y a aucune production et où les éventuelles batteries sont vides.

En revanche, envisagée de manière collective au niveau d'un quartier, d'un village ou d'un bourg, en mutualisant intelligemment les différents besoins aux différentes heures de la journée et aux différentes périodes de l'année, la notion d'autoconsommation (et son pendant encore plus pertinent, l'autoproduction[1]) participe activement à l'optimisation de l'utilisation des réseaux. Elle permet d'augmenter à coût marginal réduit la capacité d'accueil de la production d'origine renouvelable, ce qui représente l'un des principaux enjeux de son développement.

Loin de nous inciter à nous retirer du réseau dans la logique pernicieuse du "chacun pour soi", la perspective de la compétitivité du photovoltaïque et des autres filières doit au contraire nous pousser à être de plus en plus exigeant vis-à-vis du réseau, ce bien commun qui appartient à tous ses utilisateurs et pour lequel les énergies renouvelables doivent représenter une opportunité, et non une menace ou une contrainte.

Enfin, plusieurs térawattheures électriques sont produits en 2050 par les énergies marines (marées, courants marins) et l'utilisation de la géothermie dans les roches sèches, à grande profondeur. Ces technologies, aujourd'hui en cours de développement, donneront très probablement des résultats positifs à moyen terme, mais il est difficile d'être certain aujourd'hui que leur contribution sera déterminante, tant pour des raisons de coûts que de complexité de mise en œuvre : leur émergence a, pour ces raisons, été envisagée avec

1. L'autoconsommateur produit d'abord et cherche ensuite à consommer au maximum ce qu'il a produit, tandis que l'autoproducteur cherche à produire lui-même la plus grande part possible de ce dont il a besoin. Il peut y parvenir de deux façons complémentaires : réduire ses besoins et/ou augmenter sa production… et s'inscrire ainsi beaucoup plus harmonieusement dans la démarche négaWatt.

prudence mais, si elle devait se révéler plus importante que prévu, cela ne ferait que constituer une bonne surprise, et une fleur renouvelable de plus dans le bouquet de la transition énergétique.

UNE MEILLEURE VALORISATION DE LA CHALEUR RENOUVELABLE OU DIFFUSE

Il existe, dans l'environnement naturel ou urbain, plusieurs sources diffuses de chaleur qui peuvent être récupérées et contribuer de manière significative aux besoins de chaleur. Trois familles de technologies peuvent être mises en œuvre à cet effet, dont deux sont des filières renouvelables *stricto sensu*, la troisième s'inscrivant plutôt dans une logique de récupération et de valorisation, à cheval entre efficacité et énergie renouvelable.

Le *solaire thermique* peut fournir de l'eau chaude sanitaire aux immeubles d'habitat collectif et aux maisons individuelles, et une partie des besoins de chauffage, alimenter des processus dans l'industrie, notamment dans l'agroalimentaire, et approvisionner des réseaux de chaleur comme cela se pratique beaucoup en Europe du Nord. Dans le scénario négaWatt, il assure, avec une production de 39 térawattheures à l'horizon 2050, 9 % des besoins de chaleur du secteur résidentiel et 14 % dans l'industrie.

Dans le bâtiment, le solaire thermique fournit 5 % des besoins totaux en énergie finale grâce à 67 millions de mètres carrés de panneaux solaires, soit moins de 1 mètre carré par habitant. Sur ce total, 28 millions de mètres carrés alimentent des systèmes solaires combinés (chauffage et eau chaude) et 39 millions servent à la production d'eau chaude sanitaire, dont 20 pour les maisons individuelles, 10 pour l'habitat collectif et 9 pour le tertiaire.

La *géothermie*, ensuite, recouvre en fait des applications assez différentes en fonction du contexte et surtout de la profondeur à laquelle on va puiser, par forage vertical, la chaleur de la Terre. Destinée pour l'essentiel au chauffage de bâtiments, elle peut être utilisée par exemple pour une maison individuelle ou un petit collectif à des profondeurs de quelques mètres à quelques dizaines de mètres[1] selon la nature du terrain. Associée à une pompe à chaleur, elle est en général exploitable dans la plupart des régions françaises.

On ne trouve en revanche des gisements à plus haute température que dans certaines régions spécifiques comme le Bassin parisien, les environs de Bordeaux et certains secteurs de la vallée du Rhône. On profite alors de nappes d'eau qui peuvent atteindre jusqu'à 70 °C dans le meilleur des cas, mais qui se trouvent à des profondeurs allant de quelques centaines de mètres jusqu'à 1 500 mètres environ. Les investissements nécessaires pour pouvoir exploiter ce type de gisements sont évidemment élevés et augmentent rapidement avec la profondeur. En outre, les règles de protection des milieux souterrains sont extrêmement précises et exigent, par exemple, de creuser toujours deux forages, l'un pour remonter l'eau

1. Les systèmes de chauffage par pompe à chaleur associée à des réseaux de tuyaux enterrés horizontalement dans le jardin ne sont pas vraiment de la géothermie car la chaleur qu'ils récupèrent provient en fait des rayons du Soleil qui réchauffent en été les couches superficielles du sol où elle est stockée. Leurs performances n'ont rien à avoir avec celles de la "vraie géothermie".

chaude (puisage), l'autre pour la restituer une fois la chaleur prélevée (exhaure), qui doivent respecter des distances minimales entre eux. Enfin, même si la connaissance du sous-sol par un organisme comme le BRGM progresse continuellement, il existe toujours un risque de ne pas trouver exactement le débit d'eau attendu, ce qui peut conduire à abandonner un projet. On comprend ainsi que plus on cherchera de l'eau plus chaude à plus grande profondeur, plus le coût du forage sera élevé, et donc plus l'équipement aura besoin d'un grand nombre de bâtiments à chauffer pour pouvoir se rentabiliser. Par exemple, la géothermie profonde sur la nappe dite du "Dogger", qui se trouve à 1 500 mètres sous les pieds des Parisiens et dont l'eau est à 60-80 °C, ne peut être exploitée qu'à l'échelle d'un quartier.

Malgré ces inconvénients, la géothermie reste, dans bien des cas, une solution très intéressante, qui mérite d'être mieux valorisée qu'aujourd'hui. La mise en sommeil qu'elle a endurée pendant plusieurs décennies s'explique par quelques déboires sur des systèmes installés à la fin des années 1980, dus à des problèmes techniques désormais résolus, par la baisse des coûts de l'énergie à la suite du contre-choc pétrolier et par la concurrence souvent déloyale du gaz naturel et de l'électricité. Mais on assiste depuis quelques années à un réveil dont on peut espérer qu'il se traduira par un véritable renouveau. Sa contribution à la satisfaction des besoins de chaleur pour le chauffage individuel ou collectif sur réseau de chaleur est significative en 2050, avec une production de 15 térawattheures.

Enfin, il existe un grand nombre de sources de chaleur plus ou moins diffuses et à des températures variées, qu'il est possible de récupérer et de valoriser en appliquant les principes de ce que l'on appelle l'*exergie*. Cette notion, encore trop peu connue en France, caractérise à la fois la quantité et la qualité de l'énergie. A quantité d'énergie égale, il y a plus d'exergie dans l'électricité que dans la chaleur, car on peut tout faire avec de l'électricité (s'éclairer, faire tourner un moteur, chauffer...) alors que la chaleur ne sert qu'à chauffer : l'électricité est une énergie plus "noble", et c'est pour cela qu'il convient d'éviter de la "dégrader" en chaleur à basse température quand d'autres solutions existent. Cette notion montre aussi qu'il est toujours possible de récupérer d'assez grandes quantités de chaleur en jouant sur les différences de température, même très faibles. Genève est un exemple parlant de ce principe, où le "quartier des Nations", qui accueille de très nombreux immeubles de bureaux, dont ceux des Nations unies, est chauffé par l'eau du lac Léman grâce à un système particulièrement astucieux de pompes à chaleur à haut rendement. Pourtant, la température de l'eau ne dépasse pas 12 °C : l'exergie nous apprend que les 89 milliards de mètres cubes du lac Léman pourraient chauffer toutes les villes du bord du lac...

Outre l'eau des lacs, des rivières et même de la mer, on trouve des sources diffuses de chaleur récupérable, par exemple, dans les eaux usées qui circulent dans les égouts, à la sortie des groupes de production de froid qui alimentent les réseaux dans les quartiers de bureaux, dans l'incinération des déchets ménagers ou encore en sortie des process industriels. Dans le scénario négaWatt, toutes ces sources fournissent 10 térawattheures, soit un peu moins de 2,5 % de tous les besoins de chaleur.

Au total, l'ensemble des énergies renouvelables et assimilées couvre en 2050, dans le scénario négaWatt, 90 % des besoins de chaleur, de mobilité et d'électricité. Moins d'une centaine de térawattheures restent encore d'origine fossile : le charbon pour 13 térawattheures, le pétrole pour 48 térawattheures et le gaz naturel fossile pour 42 térawattheures.

Une partie de ces énergies fossiles sert à alimenter des processus industriels très spécifiques. Une autre, consacrée à des besoins de mobilité, est destinée à disparaître après 2050, lorsque de nouveaux carburants issus de la biomasse auront été développés, en substitution notamment au kérosène dans l'aviation. Enfin, une part marginale de gaz naturel fossile est conservée pour produire de l'électricité afin de bénéficier de sa très grande flexibilité.

Ces différentes contributions résiduelles des énergies fossiles sont conservées, mais il serait possible de s'en passer moyennant quelques modifications structurelles dans les processus et les équipements. Là aussi, le scénario négaWatt reste fidèle à un de ses principes de base : éviter de se fonder sur des technologies dont on ne peut être assuré qu'elles seront parvenues à une échelle industrielle.

Vers les 100 % d'énergies renouvelables en 2050, le pétrole et le charbon cantonnés à des usages très spécifiques, le gaz naturel fossile progressivement remplacé par du méthane renouvelable : le scénario négaWatt change profondément le paysage énergétique.

Mais le nucléaire, au fait ? Eh bien, il n'y en a plus besoin dès 2033.

7

DU CRÉPUSCULE DU NUCLÉAIRE À L'AUBE DES RENOUVELABLES

Dans le scénario négaWatt, en finir avec la production d'électricité nucléaire n'est pas une fin en soi, mais la conséquence pragmatique d'un double constat.

Tout d'abord, comme nous l'avons déjà mentionné, cette énergie *non* renouvelable, dont la ressource primaire (le minerai d'uranium) est, pour la France, totalement importée, fait porter sur l'environnement et la société une litanie de risques majeurs industriels et économiques : accident ou incident grave bien sûr, mais aussi attentats ou actes de guerre, problèmes de sûreté, gestion non résolue des déchets extrêmement dangereux à vie très longue, augmentation constante et inéluctable des coûts, faible contenu en emplois en comparaison des alternatives… Sans parler des risques de prolifération militaire que cette industrie fait courir au niveau international et de l'absence de transparence et de démocratie qui la caractérise.

Cette accumulation de graves inconvénients montre que, même s'il présente, contrairement aux énergies fossiles, l'avantage de ne pas produire d'émissions directes de gaz à effet de serre, le nucléaire n'en est pas pour autant compatible avec les critères d'un authentique développement soutenable

Le second constat est qu'il ne serait pas aussi difficile qu'on l'imagine de s'en passer, car son importance est moins grande qu'on ne le croit souvent. C'est très net au niveau mondial, où le nucléaire représente moins de 2,5 % de l'énergie finale consommée et à peine plus de 10 % de la seule électricité. Même dans un pays comme la France, où il fournit près de 80 % de l'électricité, il représente moins de 17 % de l'ensemble de l'énergie consommée. Des alternatives à cette production existent dans le cadre d'une stratégie énergétique cohérente : c'est ce qu'avaient déjà démontré les deux premières versions du scénario négaWatt, publiées en 2003 et 2006, et ce que confirme l'analyse plus poussée de sa version 2011.

Un tel processus n'a rien à voir avec un arrêt quasi-immédiat de l'ensemble du parc de réacteurs dicté par l'urgence tel que celui que l'accident de Fukushima a imposé à un pays où le nucléaire ne produisait alors "que" 29 % de l'électricité. Le drame japonais nous rappelle au passage avec force qu'il est de la plus haute responsabilité des pouvoirs publics français de disposer d'un plan d'urgence capable d'assurer la sauvegarde de l'économie et de la société si un accident de cette nature devait se produire chez nous tant que des réacteurs sont en service, et qu'il est de leur devoir d'en expliquer la teneur aux citoyens et à tous ceux chargés le cas échéant de le mettre en œuvre. Pourtant qui a entendu parler d'un tel plan ? Qui connaît précisément ce qu'il doit faire en cas d'accident ?

En Allemagne, la catastrophe de Fukushima a fini de cimenter le consensus national sur une sortie volontaire du nucléaire, dont le processus avait été engagé plus de dix ans auparavant par l'alliance entre le parti socialiste (SPD) et le parti vert (les Grünen), avec l'appui des syndicats, du patronat et des Länder, ces régions allemandes dont le poids politique est bien plus important qu'en France. Après avoir fermé immédiatement les 8 réacteurs jugés les plus dangereux à la demande d'Angela Merkel, l'Allemagne suit désormais un programme d'arrêt des 9 réacteurs restants commencé en juin 2015 et qui se poursuivra jusqu'en 2022.

Avant elle, l'Italie avait choisi dès 1987, à l'issue d'un référendum provoqué par l'accident de Tchernobyl, d'arrêter ses quatre réacteurs, dont le dernier a fermé en 1990. Plusieurs Etats européens, comme la Belgique, la Suède ou la Suisse, sont engagés dans des programmes de sortie du nucléaire dont le principe est décidé mais les modalités non encore figées. D'autres pays enfin, comme les Pays-Bas ou Taiwan, s'orientent au moins implicitement dans cette direction, aucun projet de nouveau réacteur ne venant prendre le relais de réacteurs vieillissants dont la fermeture s'approche inexorablement.

Bien entendu, chaque situation est particulière, et le chemin d'une fin de la production nucléaire, propre à chaque pays, dépend de ce que cette filière y représente et des circonstances. Dans le contexte français, le scénario négaWatt s'appuie avant tout sur le meilleur équilibre possible entre rythme de retrait des réacteurs, évolution de la consommation d'électricité et développement des énergies renouvelables, avec deux objectifs principaux : maîtriser l'ensemble des contraintes et réduire l'ensemble des risques.

En réalité, quoi que l'on puisse décider aujourd'hui ou demain, le fardeau du démantèlement des installations et de la gestion de matières et de déchets radioactifs est un héritage qu'il faudra bel et bien assumer d'une manière ou d'une autre, et pour très longtemps : en ce sens, la véritable "sortie du nucléaire" ne pourra avoir lieu avant plusieurs milliers d'années voire davantage… C'est pourquoi il est plus juste de parler de la *fin de la production* d'électricité nucléaire. Elle se traduira concrètement par le remplacement progressif des 58 réacteurs aujourd'hui en fonctionnement non pas par la mise en service de nouveaux réacteurs, mais par une combinaison entre la réduction des besoins en électricité et la mise en service d'autres moyens de production, prioritairement renouvelables.

UNE FERMETURE RYTHMÉE PAR LA GESTION DES RISQUES

Outre le poids du nucléaire dans la production nationale d'électricité, la situation française se caractérise par une grande homogénéité du parc de réacteurs (tous sont construits sur un mode standardisé avec une seule filière et quatre grands "paliers" de puissance) et par une pyramide des âges très resserrée puisque 80 % des réacteurs ont été mis en service en moins de dix ans, entre 1977 et 1987. Si l'on considère qu'ils devraient tous *a priori* connaître à peu près la même durée de fonctionnement, cela signifie que près des deux tiers de nos moyens de production d'électricité devront être remplacés ou renouvelés en une décennie seulement !

Dans ce contexte très particulier, la fin maîtrisée de la production nucléaire en France doit prendre en compte plusieurs contraintes et anticiper plusieurs risques ; d'abord la garantie de la sûreté des installations en fonctionnement, l'assurance de la sécurité d'approvisionnement électrique à travers un équilibre permanent entre l'offre et la demande, le maintien d'une cohérence industrielle de la filière nucléaire dans son ensemble et enfin la gestion du démantèlement des réacteurs et le devenir des déchets.

Le principal enjeu, devenu majeur depuis Fukushima, est sans nul doute celui de la *sûreté des réacteurs* et des autres installations nucléaires. Or chaque année supplémentaire de fonctionnement augmente le risque d'un accident grave. En effet, malgré le changement de certains éléments et l'introduction de nouveaux dispositifs ou de mesures de compensation, la sûreté des réacteurs se dégrade inéluctablement avec leur vieillissement.

Celui-ci affecte non seulement les composants les plus essentiels à la protection qui sont impossibles à remplacer même à rénover, comme l'acier de la cuve, soumis à un bombardement radioactif intense et permanent qui dégrade ses propriétés, ou bien le béton de l'enceinte de confinement indispensable à la sécurité, mais aussi les éléments les plus diffus, comme les câblages électriques ou les tuyauteries des circuits de refroidissement, qui sont autant de sources potentielles d'accident très difficiles à surveiller et entretenir en temps utile.

La moyenne de durée de fonctionnement du parc nucléaire d'EDF a atteint trente ans en 2015. Plusieurs réacteurs ont déjà subi leur troisième "visite décennale", c'est-à-dire le réexamen approfondi de sûreté prévu tous les dix ans par la réglementation. Conséquence du rythme très rapide auquel s'est construit le parc, 90 % des réacteurs auront atteint cet âge en 2020, et tous l'auront dépassé en 2030.

Les premiers réacteurs ayant subi cet examen ont été autorisés par l'Autorité de sûreté nucléaire (ASN) à poursuivre leur exploitation moyennant des renforcements parfois conséquents et coûteux jusqu'à la prochaine visite décennale, prévue à l'échéance des quarante ans, mais cette échéance sera d'une tout autre nature que la précédente.

Tout d'abord, comme l'ASN l'a rappelé, le fonctionnement des réacteurs d'EDF au-delà de quarante ans n'a pas été prévu lors de leur conception : la démonstration initiale de leur sûreté, qui doit notamment apporter la certitude qu'une rupture de la cuve ne peut se produire dans aucune circonstance, n'a été faite que dans l'hypothèse d'une "fatigue" cumulée due à l'irradiation équivalant à seulement quarante années de fonctionnement. Or on dispose de très peu de retour d'expérience sur le comportement des réacteurs au-delà de cette limite : alors que le parc nucléaire mondial approche lui aussi les trente ans en moyenne, les plus vieux réacteurs, arrêtés ou encore en exploitation, n'ont dépassé les quarante ans que de quelques années, et ceci ne concerne qu'une dizaine d'unités. En outre, la plupart étant de technologies différentes de celle choisie par la France, les extrapolations sur le parc français sont pour le moins hasardeuses.

D'autre part, l'ASN, dans la foulée des leçons tirées de Fukushima, exige, pour autoriser la prolongation au-delà de quarante ans, que le niveau de sûreté des réacteurs soit renforcé et s'approche autant que possible de celui supposé plus élevé des nouveaux réacteurs tels que l'EPR. Or cette hypothèse se heurte à de nombreuses incertitudes, à commencer par la faisabilité même de renforcements censés amener des réacteurs vieillissants au niveau demandé, un peu comme si l'on cherchait à porter une vieille 2 CV, bien entretenue mais ayant beaucoup roulé, au niveau de sécurité d'une voiture d'aujourd'hui…

L'incertitude est ensuite industrielle et financière : la mise à niveau envisagée représente, à l'échelle du parc, un gigantesque chantier qui dépasse, en l'état actuel, les capacités opérationnelles d'EDF, d'Areva et de leur tissu de sous-traitants. Les difficultés majeures rencontrées par les chantiers de construction de l'EPR menés par EDF à Flamanville – un retard d'au moins cinq ans assorti d'un triplement du coût initial à plus de 10,5 milliards d'euros – et par Areva en Finlande – au moins neuf ans de retard, avec le même triplement du coût – alimentent les plus grands doutes dans ce domaine.

Sur le plan financier, la facture pourrait être extrêmement lourde. EDF s'est engagée dans un plan dit de "grand carénage", destiné à permettre aux réacteurs d'atteindre les quarante ans, par exemple en remplaçant leurs générateurs de vapeur, ainsi que les principaux composants de la partie non nucléaire, comme l'alternateur et les turbines, tout en préparant leur prolongation jusqu'à cinquante, voire soixante ans. Le budget nécessaire, affiché à 55 milliards d'euros, s'élève en réalité, selon une analyse de la Cour des comptes s'appuyant sur les propres chiffres d'EDF, à plus de 100 milliards. Et encore ce chiffre ne comprend-il pas les travaux spécifiquement associés au "saut de sûreté" demandé par l'ASN, dont une évaluation indépendante a montré qu'ils pourraient atteindre 100 milliards d'euros supplémentaires[1] !

Au-delà des difficultés prévisibles d'EDF à financer de tels investissements sur une période aussi courte, on peut s'interroger sur la rentabilité d'une telle opération, susceptible de faire grimper le coût de production du kilowattheure nucléaire bien au-delà du prix

1. Il s'agit d'un rapport réalisé par le cabinet Wise-Paris pour le compte de Greenpeace-France, téléchargeable sur le site de cette organisation.

auquel il pourra être vendu sur un marché européen dont la tendance baissière devient chronique du fait d'une surcapacité structurelle, au point que même les centrales à gaz les plus modernes doivent être mises sous cocon faute de rentabilité suffisante.

S'il est très difficile de définir des critères précis de sûreté en dessous desquels un réacteur doive impérativement être arrêté, rien ne permet réciproquement d'affirmer que les réacteurs actuels peuvent fonctionner sans risque majeur au-delà des quarante ans qui constituent le vieillissement maximal pris en compte lors de leur conception.

L'horizon de quarante années de fonctionnement des réacteurs marque donc une limite majeure, dont le dépassement est techniquement, industriellement et financièrement très incertain : c'est pourquoi ce seuil a été retenu comme un maximum absolu pour la modélisation de l'arrêt du parc nucléaire français dans le scénario négaWatt, qui s'écarte ainsi d'une stratégie aventuriste et coûteuse en privilégiant l'anticipation raisonnable d'une fermeture des réacteurs avant cette échéance.

Deuxième dans l'ordre des contraintes, celle des *impératifs énergétiques*. Le principal enjeu est de maintenir la sécurité d'approvisionnement électrique, c'est-à-dire l'équilibre, à tout instant et dans la durée, entre consommation et production : il faut donc pouvoir compenser chaque retrait d'un réacteur par une combinaison équivalente d'économies d'électricité et de nouvelles productions, en priorité renouvelables.

Mais, entre le caractère massif d'un réacteur de 900 ou 1 300 mégawatts et celui au contraire diffus des alternatives, il peut s'avérer ponctuellement difficile d'assurer immédiatement une compensation parfaite. Dans ce cas, les centrales électriques à haut rendement fonctionnant au gaz, relativement faciles à construire et flexibles à l'utilisation, peuvent permettre de sécuriser l'approvisionnement en offrant une certaine marge de manœuvre.

Cette solution a toutefois des limites : un recours trop important au gaz naturel risque, tant que le gaz d'origine renouvelable n'est pas disponible en quantité suffisante, de peser sur le bilan des émissions de gaz à effet de serre. Par ailleurs, il n'est pas économiquement raisonnable de construire un trop grand nombre de ces unités pour une période de transition finalement assez courte. Ces centrales pourraient, par la suite, devenir concurrentes des énergies renouvelables au lieu de leur être complémentaires : dans une logique de transition cohérente, le gaz renouvelable doit être utilisé prioritairement pour d'autres usages que la production d'électricité, qui peut être assurée plus efficacement par d'autres moyens, comme l'éolien et le photovoltaïque.

Il est heureusement possible de prévoir, avec une marge d'erreur limitée et à l'horizon de quelques années, l'impact des actions sur la demande en électricité et sur le développement des renouvelables. Ainsi, le rythme de fermeture du parc nucléaire peut être maîtrisé du point de vue énergétique à travers un double mécanisme emboîté : à moyen et long terme, une planification prévisionnelle de l'équilibre entre offre et demande permet de fixer l'ordre de grandeur du nombre de réacteurs pouvant être fermés à différentes échéances ; à court terme, ce rythme peut éventuellement être ajusté d'une année sur l'autre en fonction de l'évolution effective de la demande et des progrès réellement observés de la production renouvelable.

Troisième contrainte : le rythme de fermeture des réacteurs doit aussi être compatible avec une *gestion adéquate de la filière tant du point de vue social qu'industriel.* Sur le plan social, l'un des tout premiers éléments à considérer est la pyramide des âges très particulière des travailleurs de ce secteur : ainsi, 40 % des salariés d'EDF travaillant dans les centrales nucléaires au début de 2010 seront partis à la retraite en 2016. Cela impose de recruter dès maintenant de nouveaux salariés : une partie de ceux-ci pourraient utilement être formés à la fermeture et au démantèlement des réacteurs plutôt qu'à leur fonctionnement.

La problématique industrielle concerne la gestion de l'ensemble du système nucléaire. Les réacteurs, qui peuvent être arrêtés un par un, dépendent pour leur alimentation en combustible du fonctionnement d'autres installations en nombre limité mais d'une taille adaptée à un parc conséquent : les deux usines de Malvési (Aude) et de Pierrelatte (Drôme) pour la préparation de l'uranium, l'usine du Tricastin (Vaucluse) pour son enrichissement et les deux usines de fabrication des assemblages combustibles à Romans-sur-Isère (Drôme) et à Marcoule (Gard) fournissent toutes ensemble l'essentiel du parc d'EDF. Même si le fonctionnement de ces installations est relativement flexible, elles ne peuvent économiquement – et parfois techniquement – descendre sous un certain seuil d'activité. Ainsi, leur dimensionnement implique d'adapter le rythme de fermeture des réacteurs, surtout à la fin du processus, afin d'éviter de les faire fonctionner pour de trop faibles quantités de combustible à produire. Leur arrêt doit également être programmé et convenablement géré.

Le même problème se pose pour les organismes publics connexes de l'industrie nucléaire proprement dite qui couvrent un large champ, depuis la recherche-développement, avec les importants moyens dont dispose le

CEA, jusqu'à l'évaluation et au contrôle des activités nucléaires (sûreté, sécurité, déchets, protection contre les rayonnements…), avec notamment l'ASN et l'Institut de radioprotection et de sûreté nucléaire (IRSN). Dimensionnés pour l'accompagnement du parc actuel et orientés vers la poursuite de son activité, ces organismes doivent eux aussi faire l'objet d'un repli proportionné aux besoins et d'une réorientation progressive vers d'autres activités.

Maîtrise des risques, équilibre énergétique, enjeux sociaux et industriels, et, pour finir, *gestion des déchets* : l'abandon du nucléaire devra évidemment s'accompagner d'un processus de gestion des matières et des déchets accumulés durant plus de soixante ans d'exploitation du parc français. Toutefois, contrairement à la fuite en avant que constituerait la poursuite du nucléaire vis-à-vis de cette "patate" particulièrement chaude, son abandon aura le mérite de fermer définitivement le robinet de l'augmentation de matières radioactives extrêmement dangereuses et que l'on ne sait toujours pas éliminer soixante-treize ans après la toute première pile atomique…

Parmi les décisions les plus urgentes et les plus rationnelles à prendre se trouve l'arrêt de l'activité de "retraitement" du combustible usagé sorti des centrales en fonctionnement à l'usine de La Hague dans le Nord-Cotentin. Cette opération, qui n'est en fait qu'une simple séparation des différentes matières radioactives en fonction de leur dangerosité, a pour but principal d'extraire le plutonium, l'un des éléments radioactifs les plus dangereux que l'on puisse imaginer[1].

1. Ce plutonium se forme au cours de l'irradiation en réacteur, à raison de 1 % du combustible, à partir de l'uranium qui constitue

Initialement développé dans un but militaire – le plutonium sert avant tout à fabriquer la bombe atomique –, le retraitement a été poursuivi à des fins civiles pour alimenter la filière dite des “surgénérateurs”. Après l'échec de celle-ci, abandonnée presque partout dans le monde et arrêtée en France après les fermetures des réacteurs Superphénix en 1998 et Phénix en 2009, le plutonium s'est trouvé un nouveau débouché dans le combustible Mox (mélange d'oxydes d'uranium et de plutonium), utilisé actuellement dans 22 des 58 réacteurs français. Plus chaud, plus réactif et plus irradiant que le combustible traditionnel à l'uranium enrichi, le Mox génère des risques supplémentaires.

Les compétences et les moyens importants consacrés aujourd'hui à ces activités aussi dangereuses qu'inutiles devraient être réorientés vers l'acquisition d'un véritable savoir-faire en matière de démantèlement des réacteurs et des usines nucléaires, et de mise en lieu sûr des déchets, au fur et à mesure des fermetures. L'industrie nucléaire française, qui traverse aujourd'hui une crise profonde, pourrait ainsi se positionner sur des secteurs d'activité qui vont nécessairement se développer : le CEA lui-même estime à 300 environ le nombre de réacteurs actuellement en fonctionnement dans le monde qui vont être arrêtés d'ici à 2030. Or les complexes nucléaires de La Hague et de Marcoule présentent de nombreux atouts pour devenir des centres d'excellence mondiaux dans ce nouveau métier.

son matériau initial. Le centre de La Hague renferme 64 tonnes de plutonium, soit 8 000 fois la quantité qui a été nécessaire pour fabriquer la bombe atomique de Nagasaki.

UN PROCESSUS TRANSPARENT SUR LE RYTHME ET L'ORDRE DES FERMETURES

A l'opposé d'un scénario du pire dont le Japon a donné une tragique illustration, la volonté d'anticipation, dans le scénario négaWatt, de la "falaise des quarante ans" rejoint l'esprit pragmatique du processus de sortie du nucléaire choisi par l'Allemagne. Sans chercher à transposer telle quelle une démarche dans un contexte par nature différent, on peut souligner à quel point l'abandon de la production d'électricité nucléaire a fait l'objet dans ce pays d'une véritable concertation et d'une minutieuse préparation débouchant sur une programmation assumée et maîtrisée. C'est le même esprit qui doit présider dans notre pays à l'élaboration et à la mise en œuvre d'un programme d'abandon progressif du nucléaire.

Ce sont avant tout les priorités liées au niveau de sûreté de chacun des réacteurs qui devront guider les choix. L'accident de Fukushima nous a rappelé combien chaque installation nucléaire représente un "potentiel de danger". Celui-ci dépend de nombreux facteurs, incluant l'âge mais aussi le type de réacteur, sa taille, les dispositifs particuliers dont il peut être équipé, sans oublier bien entendu les événements spécifiques survenus tout au long de sa vie.

Les conséquences sociales devront bien entendu être prises en compte pour déterminer l'ordre de fermeture des réacteurs, mais ce sont néanmoins les risques techniques qui devront avoir la priorité : il faudra notamment tenir compte de l'impact local et régional sur l'équilibre offre-demande dont dépend la sécurité électrique de la fermeture de moyens de production aussi puissants autour desquels le réseau de transport de l'électricité s'est structuré "en étoile".

L'environnement immédiat du site est également important : les réacteurs ne sont pas tous exposés aux mêmes risques naturels tels que séismes, inondations, sécheresses et autres événements climatiques. Ils ne disposent pas non plus des mêmes capacités de refroidissement selon qu'ils sont installés sur une rivière, un fleuve ou en bord de mer. Enfin, leur implantation dans des zones de plus ou moins grande activité industrielle ou de plus ou moins grande densité de population pèse également sur les risques et sur les conséquences d'un éventuel accident dont la gravité peut aussi dépendre de l'orientation du vent comme le savent bien les 13 millions de Tokyoïtes qui ont évité de peu l'évacuation suite à l'explosion des réacteurs de Fukushima.

L'ordre de fermeture ne peut donc être établi qu'au cas par cas, à l'issue d'une analyse prenant en compte l'ensemble de ces critères. Ainsi, les réacteurs jugés les moins sûrs devront être fermés dès le début du processus, si besoin sans attendre le développement des alternatives.

Sans préjuger du détail des décisions résultant d'un tel processus, l'analyse de la situation actuelle et les réflexions prospectives portées par le scénario négaWatt permettent d'avancer quelques principes essentiels pour la mise en œuvre de cette mesure-clé :

Mesure 08 : pour une fin maîtrisée de la production nucléaire

Dans la perspective d'une fermeture progressive du parc de réacteurs existants, la première décision à prendre est l'arrêt de la construction du nouveau réacteur EPR à Flamanville. Cette décision paraît d'autant plus délicate que le chantier est très avancé et qu'il a déjà englouti des sommes colossales (la dernière estimation officielle du coût du réacteur une fois achevé est de 10,5 milliards d'euros !), mais elle n'en est pas moins incontournable – comme elle devrait l'être même sans décision formelle d'abandon du nucléaire.

Les nombreux problèmes rencontrés sur le chantier de cette prétendue "tête de série" sont tels que l'autorisation de fonctionnement est loin d'être acquise. Un grave défaut de fabrication de la cuve, révélé après qu'elle eut été installée à sa place définitive, pourrait même conduire à un refus pur et simple de mise en service.

Au-delà du risque que ces dysfonctionnements font peser sur la sûreté d'un réacteur qui se devrait d'être exemplaire dans ce domaine, ils sont de nature à remettre sérieusement en cause sa performance économique si ce n'est à la ruiner définitivement puisque sa rentabilité repose sur une hypothèse de taux de disponibilité de 90 %[1] maintenu sur une période de soixante ans, ce qui est très ambitieux lorsque l'on sait qu'il se situe pour le parc actuel régulièrement en dessous de 80 % (bien que l'objectif affiché pour 2015 soit de 85 %).

En regard d'un investissement qui serait alors "échoué", ne pas démarrer l'EPR représente une économie substantielle sur les conséquences immédiates qu'aurait son démarrage telles l'obligation de faire les provisions couvrant le démantèlement ou la couverture du risque industriel. Par ailleurs l'exploitation

1. C'est-à-dire la part du temps pendant lequel un réacteur est en état de marche, même s'il ne produit pas, ce qui exclut par exemple les périodes de maintenance ou de rechargement de combustible.

de l'EPR obligerait à financer, durant au moins quatre décennies après l'arrêt de l'ensemble du parc, tout l'environnement industriel et institutionnel indispensable au fonctionnement du nucléaire pour un réacteur isolé : un choix qui serait un non-sens économique !

Outre ce non-démarrage de l'EPR qui s'impose, le rythme de fermeture des réacteurs actuellement en fonctionnement est dicté par plusieurs contraintes qui n'agissent pas toutes dans le même sens.

D'abord, il ne doit être ni trop rapide pour pouvoir s'adapter à la réalité des progrès simultanés de la maîtrise de la demande et de la production renouvelable de façon à éviter un pic de recours au gaz naturel pour répondre à des besoins trop importants, ni trop lent pour être certain qu'aucun réacteur ne devra fonctionner au-delà des quarante ans.

Il doit par ailleurs être aussi régulier que possible sur l'ensemble de la période afin d'éviter les à-coups et les "stop-and-go" techniquement et économiquement néfastes. Compte tenu de la pyramide des âges du parc, cela implique à la fois que des fermetures de réacteurs soient engagées dès le début du programme, et qu'un certain nombre de réacteurs ferment sans attendre leurs quarante ans de fonctionnement.

L'état de surcapacité dans lequel se trouve actuellement la France permet d'engager les premières fermetures sans attendre la mise en œuvre des solutions alternatives. En effet, avec un solde exportateur de 65 térawattheures, c'est l'équivalent de dix réacteurs de 900 mégawatts qui a fonctionné en 2014 pour l'exportation, à un prix tenu secret mais probablement très bas si ce n'est à perte.

Cette surcapacité a été renforcée par le remplacement progressif à partir de 2011 de l'ancienne usine d'enrichissement du Tricastin, basée sur la technologie dite de diffusion gazeuse qui consommait l'électricité de deux à trois des réacteurs de la centrale voisine, par une nouvelle usine basée sur la centrifugation, consommant jusqu'à 50 fois moins d'électricité[1].

On peut donc considérer qu'il est possible sans problème de fermer très rapidement jusqu'à dix réacteurs de cette puissance. Il semble logique de commencer par les plus anciens, qui suscitent le plus d'inquiétudes du point de vue de la sûreté : c'est le cas de Fessenheim, du Bugey et du Tricastin.

La suite du programme doit viser un rythme moyen de fermeture aussi lissé que possible. Avec 54 gigawatts* restant en fonctionnement après cette première vague d'arrêts, un abandon progressif avant 2030 implique le retrait d'environ 3,5 gigawatts par an en moyenne, soit trois ou quatre réacteurs et puis avant 2040 un peu plus de 2 gigawatts par an (deux réacteurs).

Les contraintes, comme la sûreté nucléaire ou la sécurité d'approvisionnement électrique, peuvent conduire à moduler ce rythme, en utilisant avec prudence les quelques marges de manœuvre disponibles, qui augmentent à mesure que les actions sur l'offre et sur la demande produisent leurs effets. Concernant cette dernière, l'élimination progressive du chauffage électrique joue un rôle important, même si la résorption de l'énorme pointe hivernale qu'il génère prendra du temps. Durant cette période, une gestion adaptée du parc nucléaire peut contribuer à combler le différentiel de besoin entre été et hiver, notamment

1. C'est donc paradoxalement le nucléaire qui a réalisé la plus belle opération d'efficacité énergétique ces dernières années !

en jouant sur la programmation des arrêts définitifs ou provisoires (pour maintenance ou rechargement de combustible).

Enfin, le rythme peut s'accélérer à nouveau dans la dernière phase, dès lors que la transition du système électrique sera suffisamment engagée pour ne plus risquer de rupture d'approvisionnement en électricité. Les derniers réacteurs restant à fermer, s'ils sont aussi les plus récents, pourraient en réalité fonctionner plus longtemps avant d'atteindre les quarante ans. Mais passé un certain seuil minimal, il n'est ni souhaitable ni justifié de maintenir, pour un trop petit nombre de centrales en fonctionnement, à la fois des capacités industrielles devenues surdimensionnées en amont et en aval des réacteurs, des compétences en matière d'exploitation et des ressources affectées au contrôle de la sûreté.

Au terme de ce processus, soit en 2033 selon le scénario négaWatt, la France en aura terminé avec cette longue parenthèse de production d'électricité nucléaire. Mais cette fin d'une époque est aussi le début d'une nouvelle ère, celle des énergies renouvelables.

Le contraste au niveau mondial entre le déclin inéluctable du nucléaire et le boom exponentiel des énergies renouvelables est de plus en plus saisissant.

Il est en effet plus que probable que le rythme prévisible de construction de nouveaux réacteurs nucléaires ne compensera pas les fermetures de plus en plus nombreuses de réacteurs vieillissants, accélérées par un manque croissant de compétitivité. De leur côté, les filières renouvelables électriques concentrent ces dernières années des investissements plus de 10 fois supérieurs à ceux réalisés dans le nucléaire. Les nouvelles capacités installées dans le monde en éolien et solaire depuis le début du millénaire sont respectivement 18 et 19 fois supérieures aux mises en service de réacteurs[1].

Si elle veut s'inscrire dans cette puissante dynamique et en tirer le maximum de bénéfices, la France doit en prendre clairement le chemin. Pour cela elle doit commencer par briser le carcan dans lequel ont été enfermées les filières renouvelables, considérées encore aujourd'hui comme quantité négligeable par les tenants de l'impossible statu quo.

L'AFFLIGEANT ÉTAT DES LIEUX DES RENOUVELABLES EN FRANCE

Jusqu'à un passé récent, la France pouvait s'enorgueillir d'être la première de la classe européenne parmi les grands pays de l'Union pour la part d'énergies renouvelables dans ses consommations de chaleur et d'électricité, grâce à ses forêts et ses cours d'eau.

Dans un pays resté à dominante rurale plus longtemps que les autres, une grande partie de la population des campagnes a continué en effet à se chauffer au bois-bûche, tandis que l'avènement de la "houille blanche" a conduit à installer un grand nombre d'équipements hydroélectriques sur les chutes d'eau des Alpes et des Pyrénées dès le XIXe siècle, avant une première grande vague de construction de barrages sur les rivières et les fleuves dans l'entre-deux-guerres (la première loi sur l'électricité date de 1919), puis une seconde dans l'après-guerre des années 1950 et 1960.

1. Voir à ce sujet le remarquable bilan annuel dressé par le World Nuclear Industry Status Report : http://www.worldnuclearreport.org/.

Ainsi, en 1962, la force des cours d'eau fournissait la moitié de la consommation française d'électricité.

Cet héritage de l'histoire est encore souvent mis en exergue, mais il ne peut plus justifier l'immobilisme chronique de la France vis-à-vis des "nouvelles" énergies que sont l'éolien, le solaire, le biogaz ou la géothermie, alors que notre pays est doté d'excellents gisements dans toutes ces filières.

Dès 2001, une directive européenne avait fixé pour chaque Etat un objectif, en principe contraignant, de la part des renouvelables dans la consommation d'électricité à l'horizon 2010. Celui assigné à la France avec son plein consentement[1] consistait à porter ce chiffre de 14 % à 21 %. Las ! Parvenue difficilement à 15 %, elle a complètement raté la marche.

Plus tard, le "Paquet énergie-climat" adopté en janvier 2008, sous présidence française de l'Union, a donné comme objectif commun à tous les Etats de faire passer la part des énergies renouvelables dans la consommation européenne d'énergie finale (donc pas seulement de l'électricité) de 8,5 % à 20 % en 2020.

Cet effort collectif a fait l'objet d'une répartition pays par pays, tenant compte de la situation de départ, des gisements physiques et du niveau de développement économique de chacun. Pour la France il s'agit d'atteindre 23 % d'énergies renouvelables tous usages confondus, se traduisant en 27 % pour l'électricité,

1. Faut-il rappeler qu'une directive européenne est une loi qui a par définition été approuvée par chacun des gouvernements des vingt-huit Etats membres et s'applique dans tous les pays de l'Union ? Elle n'est donc jamais "imposée par Bruxelles" comme on l'entend souvent dire !

33 % pour la chaleur et 10 % pour les transports : à consommation égale, cela représente approximativement un doublement de la production renouvelable dans chacun des trois secteurs.

Afin d'expliquer à quel rythme et par quels moyens elle compte atteindre ces objectifs, la France a transmis à la Commission européenne en août 2010 son "Plan national en faveur des énergies renouvelables pour la période 2009-2020". Curieusement, ce document laissait apparaître à cet horizon un très important excédent de production d'électricité, de l'ordre de 120 térawattheures, équivalent à un tiers de la consommation prévue à cette date. Plus étonnant encore, ce chiffre correspond à peu de chose près à toute la production renouvelable envisagée – comme si cette dernière ne devait pas remplacer une part du nucléaire mais s'y ajouter. Pas un mot en revanche pour expliquer ce que l'on ferait de ce surplus, alors que la consommation est envisagée à la baisse et que la capacité d'exportation n'a jamais atteint un tel niveau !

Quoi qu'il en soit, on pouvait espérer, dans la foulée du Grenelle de l'environnement, un début de frémissement, voire une montée en puissance de l'ensemble des filières les plus matures et les plus prometteuses, que ce soit pour l'électricité (éolien et photovoltaïque), la chaleur (bois et biogaz) ou la mobilité (biométhane).

Or, fin 2013, soit à peu près à mi-parcours, l'augmentation constatée de la part des énergies renouvelables dans la consommation, très différente selon les secteurs, représentait au total à peine plus du quart de l'objectif auquel la France s'est formellement engagée pour 2020 : le retard sera très difficile à rattraper…

Malgré la mise en place du "Fonds chaleur" en 2009 et des tarifs d'injection du biométhane en 2011, la chaleur renouvelable a très peu progressé (moins de 2 Mtep* supplémentaires sur les 13 prévus) et elle reste le parent pauvre de la politique énergétique. Etonnamment, les filières électriques, avec un peu plus de 40 % de l'effort accompli, semblent avoir mieux tiré leur épingle du jeu malgré toutes les embûches mises sur leur route.

En réalité les objectifs initiaux ont été fixés à un niveau anormalement bas, notamment pour le photovoltaïque avec l'objectif très peu ambitieux de 5400 mégawatts, décidé à une époque où l'Allemagne en avait déjà installé 5 fois plus et où l'on savait que le double voire le triple de puissance installée étaient atteignables sans effort spécifique. D'ailleurs, le "risque" que ce chiffre soit atteint avant l'heure a justifié le coup d'arrêt brutal mis à l'essor de la filière en 2010 par un moratoire sur les tarifs d'achat qui a provoqué un véritable (mais trop peu médiatique) sinistre industriel avec la fermeture de centaines d'entreprises et la suppression de près de 15000 emplois.

Depuis, malgré les promesses et les annonces, le carcan dans lequel la filière a été maintenue n'a pas permis à la France de profiter à plein de la baisse mondiale des coûts qui amène le photovoltaïque au seuil de la compétitivité dans de nombreux pays, avec plusieurs années d'avance sur les pronostics les plus optimistes.

Concernant enfin les énergies renouvelables et la mobilité, les doutes plus que sérieux sur le bilan environnemental et énergétique des agrocarburants dits "de première génération" (éthanol et biodiesel) et le coût exorbitant du soutien qui leur est accordé via une défiscalisation quasi totale ont conduit l'Etat à geler, cette fois-ci avec raison, leur taux d'incorporation dans les produits pétroliers[1].

Les biocarburants lignocellulosiques (issus de la tige des végétaux et non de leurs feuilles) dits de deuxième génération n'en étant qu'au stade du laboratoire, on peut penser que ce gel a joué un rôle dans le soutien aussi massif que soudain apporté au développement des véhicules électriques depuis 2013, à grand renfort d'aides directes et indirectes[2].

Au-delà du fait que ce glissement ne fait que déplacer le problème à la marge, il convient de rappeler que le passage au vecteur électrique ne peut en aucun cas suffire à lui seul à "décarboner" la mobilité, notamment pour les déplacements de personnes et les transports de marchandises à longue distance. Pour ceux-là, le choix du vecteur gaz renouvelable est, ainsi qu'on l'a vu précédemment, un choix qui s'affirme de plus en plus comme incontournable. En l'absence d'un véritable sursaut, la France est malheureusement bien partie pour ne pas être en mesure de rattraper son retard dans un secteur qui représente déjà aujourd'hui pourtant de formidables perspectives d'activité économique, d'emplois industriels comme de services, et même de profits : pour éviter de courir, il faut savoir partir à point !

1. Ce taux a été réduit à hauteur de 5 % – même si l'objectif reste officiellement d'atteindre 10 % en 2020.

2. Outre les subventions particulièrement élevées à l'achat de véhicules électriques, on citera l'obligation d'équiper les parkings des immeubles de logements et de bureaux de bornes de recharge ou l'exonération de redevance d'occupation de l'espace public pour les bornes privées installées dans la rue.

Plus grave encore si l'on regarde l'avenir plus lointain : incapable de se saisir sans réticence ni arrière-pensée de cette opportunité, la France prend le risque, à trop regarder dans le rétroviseur, de se priver du puissant levier que représente la transition énergétique pour stimuler l'*esprit d'innovation*, non seulement sur les sujets techniques mais aussi sur l'organisation de la société et les nouveaux modèles économiques qui sous-tendent l'avènement des énergies renouvelables.

Par chance, cet avenir reste encore largement à écrire. Il est encore temps de monter dans le train qui ne fait que démarrer, mais à deux conditions : classer les priorités dans le bon sens et ne plus perdre un instant !

PRIORITÉ AUX ÉNERGIES RENOUVELABLES

Le succès de la transition énergétique implique avant tout de revoir la hiérarchie des moyens de production : priorité doit être donnée aux sources renouvelables par rapport à toutes les autres.

Il ne s'agit pas de déroger au droit commun pour leur accorder des privilèges exorbitants ou un quelconque traitement de faveur, mais au contraire de faire en sorte que le droit commun intègre pleinement le caractère d'urgence de la crise climatique et énergétique et favorise les filières qui seules permettent de répondre correctement aux enjeux posés.

Pour commencer à s'incarner dans le réel, cette affirmation de principe pourrait par exemple prendre la forme d'une "déclaration d'intérêt général" adossée à la Constitution via la Charte de l'environnement, propre à fonder en droit toutes les dispositions favorables qui sont d'autant plus nécessaires que le retard de la France ne fait que se creuser.

L'application de ce principe doit conduire à une refonte en profondeur du code de l'énergie et des textes réglementaires qui en découlent, ainsi qu'à une mise en cohérence de tous les autres codes directement ou indirectement concernés par l'énergie : codes de la construction, de l'urbanisme, de l'environnement, de l'agriculture ou des collectivités territoriales, sans oublier le code des impôts, le code minier et le Code civil légué par Napoléon.

Un arsenal de mesures de simple bon sens concernant les choix en matière de dépenses publiques d'investissement et de fonctionnement, la simplification et l'accélération des procédures administratives ou la priorité d'accès aux réseaux publics d'électricité et de gaz (tant pour les travaux de raccordement que pour la gestion de la production) doit ensuite être décidé et appliqué – et pas seulement annoncé à grand renfort de battage médiatique comme c'est trop souvent le cas.

Depuis des décennies, en effet, tout se passe comme si l'objectif était de rendre toujours plus compliquée la vie des porteurs de projets d'énergies renouvelables, en contraste saisissant avec les facilités offertes aux grandes entreprises du secteur de l'énergie, habituées depuis toujours à exercer un monopole qui ne leur a jusqu'à présent jamais été contesté et qu'elles entendent bien conserver.

Toutes les procédures inutilement complexes et souvent discriminatoires qui ont été imaginées et empilées depuis des années doivent faire l'objet d'une vaste opération de nettoyage, afin de permettre à tous les “producteurs-citoyens” en puissance, qu'il s'agisse de personnes physiques, de PME ou de collectivités locales, de prendre une part active au développement des énergies renouvelables jusqu'à en faire un axe majeur du développement des territoires où se trouvent leurs gisements.

Mesure 09 : faciliter l'essor des renouvelables

Les énergies renouvelables doivent faire l'objet d'une *reconnaissance affirmée d'intérêt général*, fondement juridique solide pour ouvrir sans tarder cinq grands chantiers débouchant sur des dispositions opérationnelles à court terme :

- la mise en place d'un système objectif et transparent *d'observation et de suivi* du développement de toutes les filières, y compris l'évolution de leurs performances techniques et économiques réelles ;
- la clarification et la stabilisation des règles d'élaboration et d'évolution dans le temps des systèmes d'aide, sur la base de la garantie d'une rentabilité suffisante mais non excessive pour toutes les filières (électricité, chaleur, carburants), dans le cadre d'une concertation ouverte et sincère entre toutes les parties, y compris les consommateurs ;
- la simplification des procédures administratives, serpent de mer des demandes récurrentes de tous les acteurs et opérateurs du secteur ;
- la promotion de l'investissement "local et citoyen" dans les moyens de production d'énergies renouvelables, permettant que la richesse créée dans un territoire revienne en priorité à ceux qui l'habitent ;
- la mobilisation en faveur des énergies renouvelables de la *puissance publique* dans toutes ses dimensions, à commencer par les élus, mais aussi les services de l'Etat et des collectivités, à travers des actions de

sensibilisation, de formation et de mise en place de programmes locaux de développement.

A l'heure de l'Internet de l'énergie décrit avec enthousiasme par Jeremy Rifkin à travers son concept de "troisième révolution industrielle" dont la région Nord-Pas-de-Calais a fait son nouveau cheval de bataille[1], est-il raisonnable de se cramponner à un modèle du passé pour lequel on se demande si la comparaison la plus pertinente est avec le Minitel ou avec les dinosaures – les deux ayant pour point commun d'avoir disparu parce qu'inadaptés à un environnement qui avait profondément changé ?

En réalité, la transition énergétique, loin d'être une contrainte, est une chance. Une chance aux multiples bénéfices.

1. Voir http://www.latroisiemerevolutionindustrielleennordpasdecalais.fr/jeremy-rifkin/.

8

LES BÉNÉFICES MULTIPLES DE LA TRANSITION ÉNERGÉTIQUE

Le système énergétique proposé par le scénario négaWatt suit une trajectoire répondant au triple défi des changements climatiques, de l'épuisement des ressources non renouvelables et des risques nucléaires. Mais ses bénéfices ne s'évaluent pas qu'en térawattheures, en milliards de tonnes de CO_2 évitées ou en milliers d'éoliennes : au cœur de cette grande mutation, il y a des femmes et des hommes pour qui les questions de l'emploi, du pouvoir d'achat et du sentiment de sécurité face à un avenir incertain sont cruciales en ces temps de crises qui s'enchaînent et d'incertitudes qui s'accumulent.

Bien sûr, comme devant tout changement, il est légitime de s'inquiéter d'un saut dans l'inconnu, de craindre d'y perdre confort, avantages acquis ou facilités. Pourtant ce n'est pas du changement qu'il faudrait avoir peur, c'est de l'inaction : croire que "surtout, ne rien changer" permettrait de maintenir *ad vitam aeternam* le système énergétique actuel est une illusion aussi inconséquente qu'irresponsable.

Nous avons en réalité tout à gagner à nous engager dans un nouveau paradigme et à le construire ensemble : n'ayons pas peur, *changeons d'énergies*[1] !

1. *Changeons d'énergies* (Actes Sud, 2012, 90 pages) est le titre d'un autre ouvrage de l'association négaWatt, une introduction

DES BÉNÉFICES ÉNERGÉTIQUES ET ENVIRONNEMENTAUX

Avant d'aborder ceux concernant l'économie et la société, essayons de résumer les bénéfices énergétiques et environnementaux apportés par la mise en œuvre du scénario négaWatt telle qu'exposée dans les chapitres précédents.

Le maintien des tendances actuelles (le scénario tendanciel) conduit en 2050 à une demande en énergie primaire de 3 029 térawattheures, très proche de celle d'aujourd'hui. L'application volontariste des principes de sobriété et d'efficacité du scénario négaWatt ramène ce chiffre à 1 009 térawattheures, soit une division par 3 ou encore une réduction de 66 % : l'exploitation du "gisement de négawatts" permet de faire les deux tiers du chemin !

La production nécessaire pour satisfaire les besoins résiduels s'effectue par un recours presque exclusif aux énergies renouvelables (91 % des ressources énergétiques de la France en 2050, répartis entre une dizaine de filières), ce qui assure à la fois la sécurité d'approvisionnement et une authentique indépendance énergétique. L'utilisation du pétrole et du charbon se limite à la pétrochimie et aux matières premières industrielles, ainsi qu'à quelques usages très spécifiques. La fin des "fossiles faciles" est donc largement anticipée alors que s'approchent les pics de production de pétrole et de gaz.

Malgré la réduction de la demande, un haut niveau de services énergétiques est maintenu, voire augmenté,

accessible à tous sur toutes les questions et propositions développées plus en profondeur dans le présent *Manifeste négaWatt*.

pour répondre aux besoins de chaleur, de mobilité et d'électricité spécifique. Une gestion coordonnée des réseaux de gaz, d'électricité et de chaleur permet de répondre à tout instant à ces besoins et d'assurer l'indispensable équilibre offre-demande en puissance du système électrique.

Sur le plan environnemental le système énergétique est presque totalement exempt d'émissions de carbone malgré un arrêt maîtrisé et cohérent de toute production d'électricité nucléaire en 2033 : par rapport à 2010, les émissions de CO_2 sont divisées par 2 en 2030 et par 16 en 2050 grâce à la baisse de la demande et au recours aux énergies renouvelables.

Les émissions de particules fines ont presque totalement disparu de l'atmosphère des villes avec la fin progressive des moteurs fonctionnant au gazole et la filtration systématique des cheminées des chaufferies-bois. Les centres urbains, plus silencieux, qui ont retrouvé enfin un air pur sont aussi devenus plus vivables grâce à la végétalisation des espaces publics et privés. Le réemploi, la réutilisation et le recyclage sont généralisés, contribuant à réduire les quantités de matières premières gaspillées.

Enfin, l'usage des sols est bien plus équilibré : il respecte l'ordre cohérent de priorités d'affectation alimentation → biodiversité → matériaux → énergie malgré une contribution de la biomasse sous toutes ses formes supérieur à 45 % des besoins énergétiques totaux. Le développement de l'agroforesterie a permis de rendre son exploitation beaucoup plus efficace tout en respectant les cycles naturels de la végétation et des sols.

SOBRIÉTÉ ET EFFICACITÉ AU SERVICE DE L'ÉCONOMIE

Une question vient naturellement à l'esprit après une telle énumération : combien tout cela va-t-il coûter ? S'interroger sur le bilan économique de la transition énergétique est non seulement légitime, mais c'est surtout indispensable.

Encore faut-il, avant de se risquer à donner des réponses et à faire des comparaisons, bien savoir ce que l'on entend par "coût", et préciser le périmètre que l'on prend en compte pour le calculer. Parle-t-on simplement d'investissement ou aussi de fonctionnement ? Ou encore de coût "global", qui ajoute aux deux précédents les dépenses nécessaires à la fin de vie des bâtiments, des équipements, des véhicules et des appareils, qui comprend selon les cas le démontage, la déconstruction, le recyclage ou bien l'entreposage ? Est-il tenu compte des nombreuses "externalités" positives ou négatives sur l'environnement, la santé, l'emploi ou la précarité ?

Autre question essentielle, celle de savoir qui va supporter ces coûts, et qui, en contrepartie, en bénéficiera puisque par définition une dépense d'un côté génère une recette de l'autre. Le consommateur ? Le producteur ? Le fournisseur ? L'investisseur ? Le contribuable ? La collectivité ? Les générations futures ?

Il n'existe en réalité aucun scénario à coût nul et à externalités uniquement positives. C'est, à périmètre et angle de vue identiques, l'écart de coûts entre différents scénarios qui importe et pourra guider les décisions. Une fois de plus, le triptyque négaWatt va nous servir de boussole dans cet exercice délicat.

Comme, avec beaucoup d'autres, l'économiste Nicholas Stern l'a démontré (et comme la sagesse populaire nous le dit depuis toujours), en matière de lutte contre les changements climatiques et de pénurie de ressources énergétiques non renouvelables, mieux vaut prévenir que guérir ! En mettant la priorité sur les actions de sobriété et d'efficacité, le scénario négaWatt ne propose rien d'autre que de pousser aussi loin que possible la logique de prévention. Essayons d'en comprendre les conséquences d'un point de vue économique.

Intéressons-nous tout d'abord aux *actions de sobriété* telles que décrites dans le chapitre 3 sur la démarche négaWatt. Quel que soit le "type" de sobriété auquel on se réfère (dimensionnelle, coopérative ou d'usage), elle relève avant tout du comportement ou de la décision, au niveau individuel ou collectif. Il s'agit donc par excellence d'actions qui ne coûtent rien ou pas grand-chose.

Deux exemples pour illustrer le propos : l'abaissement de 10 ou 20 kilomètres par heure de la vitesse maximale autorisée ne coûte que le prix d'une décision politique, le changement de la signalisation et les éventuels contrôles de vitesse, mais elle apporte un infléchissement spectaculaire de la consommation d'énergie et des émissions de gaz à effet de serre dans les transports. Dans un tout autre domaine, chaque écran vidéo publicitaire installé dans le métro et dans les gares consomme 6 000 kilowattheures d'électricité par an, soit autant que les consommations en électricité de deux familles françaises : interdire leur prolifération serait une mesure de sobriété énergétique redoutablement efficace et à coût nul.

Plus généralement, les deux instruments privilégiés de la sobriété que sont l'*incitation* et la *réglementation* peuvent, dans bien des cas, fonctionner à coût très faible. Les efforts de sensibilisation et d'éducation indispensables pour que la sobriété devienne un réflexe dans la vie personnelle, professionnelle et sociale de chacun représentent certes un coût. Mais une source de financement pourrait être trouvée, par exemple, par le biais d'un prélèvement sur les 43 milliards d'euros annuels de recettes de la publicité[1]. Ce serait une application assez logique, somme toute, du principe du pollueur-payeur, la débauche publicitaire ne faisant le plus souvent qu'inciter à l'ébriété énergétique !

Beaucoup d'*actions d'efficacité* sont quant à elles d'ores et déjà rentables pour un investisseur, notamment dans l'industrie, le bâtiment et les équipements électriques. D'autres le deviendront au fur et à mesure que les technologies et les savoir-faire se diffuseront et que le prix de l'énergie augmentera.

Rentables pour l'investisseur, elles le sont aussi pour l'économie nationale. L'exemple des travaux d'isolation dans le bâtiment est à cet égard particulièrement significatif : les emplois créés en amont dans les usines, pour la production de matériaux, et en aval sur les chantiers, pour leur mise en œuvre, sont 2 à 6 fois plus nombreux que ceux qui sont nécessaires pour produire l'énergie économisée[2].

1. En 2014, les recettes publicitaires nettes des médias se sont élevées à 13 milliards d'euros, et les dépenses de communication des annonceurs à 29,6 milliards d'euros (source : IREP).

2. Le "contenu en emplois" par millions d'euros HT d'activité est de 16 équivalents temps plein pour le bâtiment, 14 pour le solaire et 13 pour l'éolien terrestre contre 2,5 pour les produits pétroliers, 3,6 pour le gaz et 7 pour l'électricité (source : INSEE ; voir étude citée CNRS-CIRED).

Ce gisement des *actions de sobriété* est évalué, dans le scénario négaWatt, à 15 % du total des consommations tendancielles, tous usages et tous secteurs confondus. Pour fixer les idées, une économie correspondante sur les importations de produits pétroliers et gaziers aurait permis en 2014 de réduire la facture énergétique de la France de 8,2 milliards d'euros pour un investissement très faible[1] !

Les actions d'efficacité nécessitent, quant à elles, une mise de fonds variable selon les usages, les secteurs et le contexte : isoler un bâtiment, améliorer le rendement d'un moteur, changer ses ampoules par des LED, tout cela a un coût. Mais cette dépense d'aujourd'hui est consentie en vue de réduire une dépense future… qui a toutes les chances d'augmenter au fil du temps[2]. Il ne s'agit donc non pas d'un simple coût, mais d'un investissement productif dont on attend un retour à plus ou moins longue échéance.

1. La facture énergétique française est le solde net des importations d'énergie (pétrole, gaz naturel, charbon, électricité, etc.) diminué des exportations d'énergie. En 2012, elle atteignait 68,7 milliards d'euros. Grâce à la diminution aussi conjoncturelle que spéculative des prix du pétrole elle est revenue en 2014 à 54,6 milliards d'euros, soit du même ordre de grandeur que le déficit commercial total de la France, qui est de 53,8 milliards d'euros (source : SOeS).

2. Une augmentation inéluctable parce que les énergies fossiles seront de moins en moins facilement accessibles, les consommateurs de plus en plus nombreux, et parce qu'il sera indispensable d'intégrer dans les coûts les atteintes à l'environnement comme les émissions de gaz à effet de serre. Les décennies du baril à 10 ou 20 dollars sont à jamais révolues.

LE VRAI COÛT DES RENOUVELABLES

Il n'est pas simple pour les énergies renouvelables de se faire une place au soleil dans un monde dominé par les énergies fossiles et le nucléaire...

Ces poids lourds ont largement profité et continuent à bénéficier encore de très généreux coups de pouce sous des formes variées et plus ou moins avouables, la plus pénalisante étant qu'elles ne paient pas, comme expliqué précédemment, les externalités environnementales et sociales de leur exploitation.

Dans ces conditions, le débat sur le coût des énergies renouvelables, tel qu'il est habituellement posé dans notre pays, est largement biaisé : il ne porte en général que sur le très court terme (combien coûtent-elles aujourd'hui ?), très rarement sur la dynamique des coûts (combien coûteront-elles demain ?). En effet, si toutes ne sont pas nouvelles ou émergentes, comme le bois-bûche et l'hydroélectricité, nombre d'entre elles sont très loin d'avoir achevé leur "courbe d'apprentissage industriel" qui les rendra compétitives dans un avenir plus ou moins proche. Dès lors, ne raisonner qu'en coût immédiat conduit à de très graves erreurs d'appréciation, elles-mêmes susceptibles de faire prendre de mauvaises décisions et de faire manquer à la France le départ de la formidable compétition industrielle mondiale qui s'amorce.

La structure des coûts de production des énergies renouvelables peut être très différente d'une filière à l'autre. On peut ainsi distinguer deux grandes "familles" : les filières qui utilisent des stocks intermédiaires de matière combustible issue de la biomasse (bois, biogaz, agrocarburants liquides) et celles qui fonctionnent en exploitant directement des flux naturels (solaire, éolien, hydraulique, géothermie, énergies marines).

Les premières se trouvent, vis-à-vis des énergies conventionnelles, dans une situation de concurrence qui dépend de l'évolution de deux éléments distincts : le coût des équipements de transformation ou de production (chaudière pour le bois, digesteur pour le biogaz, process pour la biomasse liquide, etc.) d'une part, et le coût de l'approvisionnement en matières premières végétales nécessaires à leur fonctionnement d'autre part. En ce qui concerne les équipements, on peut raisonnablement s'attendre à une baisse sensible des coûts grâce à l'industrialisation de leur fabrication dès lors que la demande augmentera. L'évolution du prix des matières issues de la biomasse est en revanche plus difficile à prévoir, car elle est en grande partie tributaire des besoins en matières premières des autres usages. Il s'agit aujourd'hui essentiellement de l'alimentation, du bois d'œuvre et du papier-carton, auxquels il faudra demain, dans le cadre de la transition énergétique, ajouter les matériaux de construction, le textile et les usages industriels en substitution des matières premières fossiles. Devant les risques de concurrence et de spéculation à la fois sur les différents produits issus de la biomasse et sur l'accès au foncier, une régulation de l'usage et de l'affectation des sols au niveau des territoires est un passage obligé pour éviter les dérives : ici encore, la loi et les collectivités locales ont un rôle majeur à jouer.

Les secondes, les filières renouvelables utilisant des flux naturels, présentent la particularité de concentrer la quasi-totalité de leurs coûts sur l'investissement. Leurs dépenses de fonctionnement se limitent à la maintenance des systèmes, dont on peut désormais avoir une estimation assez précise grâce à un très conséquent retour d'expérience. Cette singularité leur procure un avantage très spécifique : la garantie, dès leur mise en service et sur leur durée de vie entière, d'un coût de production quasiment constant, une qualité assez remarquable dans ce monde d'incertitudes ! Mais il en découle en contrepartie l'inconvénient de devoir financer presque tous leurs coûts en une seule fois, avant même de commencer à produire, ce qui implique capital, emprunt et frais financiers. Ces énergies de flux apparaissent de ce fait moins compétitives qu'elles ne le sont en réalité, puisque l'inéluctable augmentation des coûts de fonctionnement que subiront leurs concurrentes fossiles ou nucléaire se retrouve masquée, tout simplement parce qu'elle n'est pas aujourd'hui palpable : elle appartient au futur et ceux qui la supporteront n'ont pas voix au chapitre.

Sachons tirer les leçons de l'histoire en remerciant la génération de nos grands-parents d'avoir eu la sagesse d'investir dans la filière hydroélectrique : amortis depuis belle lurette, les barrages et les turbines au fil de l'eau produisent aujourd'hui l'électricité de loin la moins chère de toutes, au point que l'on peut légitimement parler d'une "rente hydraulique" qui attire bien des convoitises, comme l'ont montré les grandes manœuvres lorsque l'on a envisagé, il y a quelques années, de mettre en concurrence 400 concessions hydroélectriques détenues actuellement par EDF[1].

1. Cette obligation était due au changement de statut de "l'opérateur historique" EDF, qui est désormais une entreprise de droit privé, même si ses capitaux sont majoritairement détenus par l'Etat.

Telle que prévue par la loi de transition énergétique, la possibilité pour les collectivités locales de créer des sociétés d'économie mixte pour reprendre les concessions regroupées par vallées devrait heureuscment pouvoir mettre fin à cette spéculation, conservant ainsi ce *bien commun* dans le domaine public.

Quant aux filières dites émergentes comme le photovoltaïque et l'éolien, elles sont loin d'avoir épuisé tout leur potentiel de progrès. Concernant le premier, longtemps réputé hors de prix, la baisse des coûts de production oscille depuis plus de quinze ans entre 10 et 20 %... par an ! Du jamais-vu dans aucune autre industrie sur une durée aussi longue.

Cette baisse va se poursuivre dans les prochaines années jusqu'à dépasser la compétitivité avec les énergies conventionnelles pour plusieurs raisons qui se cumulent. Certaines sont structurelles, résultant d'efforts continus de recherche et développement et de gains par économies d'échelle grâce à des usines de plus en plus grandes et de plus en plus automatisées. D'autres sont conjoncturelles, comme la surproduction de modules que l'on a pu constater entre 2011 et 2014, due un doublement en moins de trois ans de la capacité mondiale des usines de fabrication, alors que le marché a mis deux fois plus de temps à atteindre ce cap. D'autres encore sont plus politiques ou stratégiques comme le choix délibéré de la Chine de prendre la place de tête dans une industrie jugée essentielle pour l'avenir ou encore la décision de l'armée américaine d'équiper toutes ses bases de centrales photovoltaïques pour en assurer la sécurité, ce qui en fait l'un des premiers acheteurs mondiaux.

La France, berceau historique de cette filière[1], a longtemps compté parmi les leaders du secteur et dispose de nombreux atouts qui ne demandent qu'à être valorisés, mais elle s'est mise hors jeu de la course mondiale en refusant de jouer la carte du développement massif du photovoltaïque chez elle.

Quant à l'éolien, il a déjà largement parcouru sa courbe d'apprentissage mais de nouveaux progrès technologiques lui permettent aujourd'hui, grâce aux machines dites "à vents faibles" équipées d'un rotor proportionnellement plus grand, de conquérir des régions jusqu'alors considérées comme peu propices et d'augmenter ainsi notablement son potentiel et sa compétitivité.

La question n'est plus aujourd'hui d'espérer un hypothétique croisement des courbes entre la hausse du coût des fossiles et du nucléaire, et la baisse de celui des énergies renouvelables : ce qui est déjà une réalité dans de nombreux pays le sera bientôt dans le monde entier, y compris en France où le prix de vente artificiellement bas de l'électricité n'aura fait que retarder cette échéance.

L'EMPLOI ET L'ACTIVITÉ, GRANDS BÉNÉFICIAIRES DE LA TRANSITION

Quelles seraient les conséquences sur l'emploi et sur l'activité de la mise en œuvre du scénario négaWatt ?

1. L'effet photovoltaïque a été découvert en 1839 par Edmond Becquerel, treize ans avant la naissance de son fils Henri qui partagea le prix Nobel de physique avec Pierre et Marie Curie en 1903 pour sa découverte de la "radioactivité spontanée".

Après une première étude sur la version 2006, le CNRS-CIRED[1] a réalisé en avril 2013, sous la direction de l'économiste de l'environnement Philippe Quirion, une analyse très détaillée du scénario négaWatt.

Cette étude[2] examine le résultat des effets conjugués de cinq paramètres sur tous les secteurs impactés positivement ou négativement par une transition énergétique de cette ampleur : bâtiments neufs et existants, transport des personnes et fret de marchandises, énergies renouvelables et conventionnelles.

Le premier paramètre étudié est la création d'*emplois directs* dans l'ensemble des secteurs de l'efficacité énergétique et des énergies renouvelables comme, par exemple, la construction et l'exploitation de lignes ferroviaires et de matériel roulant, ou bien la fabrication et la mise en œuvre de produits d'isolation, de fenêtres performantes, de panneaux solaires ou d'unités de méthanisation des matières organiques.

Le second est la création d'*emplois indirects* dans la chaîne des fournisseurs et des sous-traitants des secteurs précédents : ainsi, la construction de matériel ferroviaire entraîne la création d'emplois dans la sidérurgie et dans la production de métaux non ferreux, et ces branches induisent elles-mêmes des emplois indirects

1. Le CIRED, Centre international de recherche sur l'environnement et le développement, associe plusieurs grandes écoles et centres de recherche français de réputation mondiale.
2. "L'effet net sur l'emploi de la transition énergétique en France : Une analyse input-output du scénario négaWatt", DT/WP n° 2013-46. Disponible sur http://www.centre-cired.fr/spip.php?article1506. Une synthèse très détaillée de cette étude a été publiée par négaWatt (http://www.negawatt.org/etude-emplois-economie-p120.html).

dans les entreprises qui fournissent leurs consommations intermédiaires, et ainsi de suite.

Le troisième paramètre est la *suppression d'emplois directs* dans les secteurs dont l'activité est conduite à décliner : raffinage et distribution de produits pétroliers, fourniture de gaz naturel fossile, production nucléaire mais aussi transport routier ou automobile.

S'y ajoute, et c'est le quatrième paramètre, la *suppression d'emplois indirects* dans la chaîne des fournisseurs de ces mêmes secteurs en déclin.

Enfin, le dernier paramètre est la création ou la destruction d'emplois liées à l'augmentation (ou non) du pouvoir d'achat consécutive à la variation de la facture énergétique des ménages et des entreprises. Ce pouvoir d'achat une fois libéré va aller vers des dépenses dans d'autres secteurs économiques qui vont alors créer des *emplois induits*.

TRANSITION ET EMPLOI DANS LE BÂTIMENT ET LES TRANSPORTS

L'étude CNRS-CIRED montre que pour le secteur du bâtiment, la rénovation énergétique des logements existants représente un gisement considérable d'activité et donc d'emplois. En rythme de croisière et en année pleine, ce sont 750 000 logements qui sont rénovés chaque année. Le chiffre d'affaires qui en découle s'élève à 30 milliards d'euros par an, ce volume d'activité générant 408 000 emplois[1] permanents et qualifiés. Dans le tertiaire existant, le rythme annuel moyen

1. Tous les nombres d'emplois cités le sont en équivalents temps plein (ETP).

de rénovation des bâtiments correspond à 3,5 % de la surface totale du parc, soit en 2030 un chiffre d'affaires de 13 milliards d'euros pour 175 000 emplois.

Au total, un plan massif de rénovation énergétique "en profondeur" du parc de bâtiments génère en 2030 un volume d'activité de 43 milliards d'euros HT correspondant à 585 000 emplois, et, pour l'Etat, une recette fiscale de TVA et d'impôt sur les bénéfices ainsi que de nombreuses retombées indirectes liées à l'activité créée.

Concernant la construction neuve, le tableau est plus contrasté. L'augmentation de la population accroît le besoin de nouveaux logements et de nouveaux locaux d'entreprises, notamment pour abriter les services. A l'inverse, les mesures limitant le mitage et l'artificialisation des sols par une densification urbaine raisonnée (ajouts d'un étage, réaffectation de locaux vacants…) ainsi que celles favorisant les espaces fonctionnels communs dans le collectif ou la cohabitation intergénérationnelle[1] limitent les constructions neuves en optimisant le parc existant et les surfaces construites disponibles.

Dans le tertiaire, des tendances lourdes comme l'augmentation du télétravail, la création d'hôtels d'entreprises avec mutualisation des bureaux et des services, la réaffectation de locaux industriels en friche vers des usages tertiaires ou encore l'abandon du zonage fonctionnel pour des quartiers à véritable mixité des usages et à plus forte densité d'occupation réduisent également le volume de nouvelles constructions.

Le scénario négaWatt intègre tous ces paramètres, avec comme résultat un ralentissement sensible du

1. Par exemple l'accueil d'étudiants par des personnes âgées.

rythme de la construction neuve dans le résidentiel et le tertiaire, entraînant une contraction de l'activité et une réduction du nombre d'emplois à hauteur de 404 000 emplois bruts de moins en 2030 par rapport au scénario tendanciel. Cette tendance structurelle, qui ne découle pas d'une crise cyclique ou ponctuelle, se prolonge sur la période 2040-2050.

Au total la mise en application d'un plan massif de rénovation énergétique des bâtiments existants fait largement plus que compenser les pertes dans la construction neuve : + 89 000 emplois en 2020, + 69 000 emplois en 2030 en bilan net. Elle s'avère donc particulièrement efficace et pertinente pour maintenir le secteur du bâtiment à un niveau d'activité et d'emplois supérieur à celui d'aujourd'hui, lui évitant ainsi une profonde crise structurelle.

Un tel plan impose bien sûr de développer considérablement la recherche-développement, la formation professionnelle et l'organisation des acteurs vers les produits et les métiers de la rénovation en intégrant une exigence de qualité. Il en résulte une forte augmentation des emplois dans des métiers et des productions encore embryonnaires, tels par exemple les conseillers-énergie et économes de flux, les produits biosourcés, la préfabrication des composants ou les services liés à l'optimisation de l'énergie.

On observe dans le secteur des transports des effets contradictoires, mais, à l'inverse du bâtiment, le solde en emplois bruts reste négatif tout au long de la période. Cette perte s'explique principalement par le recul de la possession et de l'usage systématique de la voiture individuelle pour les déplacements des personnes au profit des modes doux et des transports en commun, en privilégiant une approche en termes de service rendu plutôt que de propriété individuelle. La mutualisation qui en résulte permet l'optimisation du parc de véhicules par des pratiques aujourd'hui émergentes (autopartage, covoiturage, libre-service, taxis collectifs).

L'étude du CNRS-CIRED montre aussi que le secteur traditionnel de la construction automobile et des services associés continue à perdre des emplois. A l'inverse, le développement des transports collectifs et du fret ferroviaire est créateur d'emplois, mais sans atteindre un niveau suffisant pour compenser intégralement les pertes du secteur automobile : au total le nombre d'emplois bruts dans le secteur des transports de personnes et de marchandises diminue de 99 000 en 2020 et de 189 000 en 2030.

TRANSITION ET EMPLOI DANS LA PRODUCTION D'ÉNERGIE

Concernant les énergies renouvelables, l'étude CNRS-CIRED distingue deux grandes catégories de filières. Tout d'abord celles qui, comme l'éolien, le solaire thermique ou photovoltaïque, l'hydroélectricité ou encore la géothermie, sont basées sur des flux physiques gratuits (le soleil, le vent, les cours d'eau ou la chaleur de la terre) et dont les coûts d'exploitation se limitent essentiellement à la maintenance des machines et des systèmes. L'emploi y est concentré dans la conception, la fabrication et l'installation des équipements ainsi que dans le renouvellement de ces derniers lorsqu'ils parviennent en fin de vie technique.

Ensuite celles qui, comme le bois-énergie, le biogaz ou les biocarburants, nécessitent également des investissements mais doivent en outre supporter des coûts de fonctionnement relativement importants, notamment pour l'approvisionnement en matières premières combustibles, fermentescibles ou transformables, mais aussi pour la maintenance qui est généralement plus lourde que dans le cas précédent.

Chacune de ces filières a été examinée dans le détail de ses composantes, de la dynamique de ses coûts et de son contenu en emplois aux diverses étapes de sa mise en œuvre, en s'appuyant sur le retour d'expérience en France et en Europe.

Au total, toutes filières confondues, le nombre d'emplois bruts grimpe en 2030 à 530 000 essentiellement dans la biomasse, l'éolien et le photovoltaïque ainsi que, dans une moindre mesure, le solaire thermique.

Par rapport au scénario tendanciel, 335 000 emplois supplémentaires sont créés à l'horizon 2030 dans les renouvelables. L'analyse exploratoire à 2050 montre que ce niveau d'emploi continue à croître et se maintient grâce au marché de renouvellement de l'éolien et du photovoltaïque, pour lesquels la durée de vie technique estimée des principaux équipements est respectivement de vingt et trente ans aujourd'hui, portée probablement à trente et quarante dans un avenir proche.

L'étude a également porté sur le nucléaire. Le scénario négaWatt intègre, on l'a vu, son abandon progressif mais complet, sans mise en service de réacteurs EPR. Le scénario tendanciel suppose, quant à lui, le maintien au niveau actuel de la puissance du parc nucléaire (63 gigawatts), parallèlement au déclassement progressif de certaines centrales à partir de 2022, ce qui implique la mise en service du premier EPR à Flamanville puis de l'ordre d'un EPR par an à partir de

2023. Le parc d'EPR installés atteint ainsi 46,5 gigawatts en 2050.

Afin de tenir compte d'un éventuel "effet de série", le coût de la construction et de la mise en service d'un EPR a été retenu dans l'étude CIRED-CNRS à un niveau inférieur de 25 % à celui annoncé à l'époque pour l'EPR "tête de série" de Flamanville, soit 6,4 milliards d'euros par unité (3 950 euros par kW). Cette hypothèse est extrêmement prudente, puisque ce coût fait l'objet d'une dérive considérable, passant de 3,3 milliards d'euros (coût annoncé par EDF pour le Débat public de 2005-2006) à 10,5 milliards d'euros (dernière évaluation de septembre 2015), soit un triplement du devis initial !

En l'absence totale de certitudes et de garanties par l'exploitant, le coût du démantèlement[1] des centrales nucléaires a lui aussi été retenu sur des bases très conservatrices. Il affecte bien entendu les deux scénarios, négaWatt et tendanciel : il faudra bien, après avoir joué les cigales, assumer les charges de cette insouciance pour l'avenir !

Par ailleurs, le coût du stockage des déchets radioactifs (35 à 40 milliards d'euros selon la dernière estimation de la Cour des comptes et de l'Andra) n'a pas été pris en compte dans cette étude, considérant en première analyse qu'il serait du même ordre dans les deux scénarios, sauf en cas d'abandon du projet de stockage souterrain (Cigéo à Bure, dans la Meuse) pour un stockage en surface. Enfin le coût de l'extension de

1. En l'absence de retour d'expérience précis, l'étude CNRS-CIRED a retenu la valeur de 0,75 euro par watt, soit de l'ordre de 25 % du coût d'investissement, une valeur très basse par rapport aux évaluations de certaines études allant de 50 à 100 % du coût d'investissement.

la durée de vie des centrales nucléaires a été réparti, comme les coûts de construction, sur une période de quinze ans pour un montant de 50 milliards d'euros tel qu'évalué dans le rapport réalisé par la Cour des comptes en 2012.

Au total, et en fonction de ses hypothèses, le surcoût du scénario tendanciel par rapport au scénario négaWatt s'élève à 5,3 milliards d'euros pour la seule année 2020 et à 5,0 milliards d'euros en 2030, en passant en 2025 par un maximum à 7,8 milliards d'euros.

En l'absence assez stupéfiante de scénario "officiel" sur l'évolution du parc nucléaire, ces évaluations sont particulièrement prudentes face à la totale imprécision des coûts réels de cette filière : aucun EPR n'a encore été mis en service, aucune des centrales françaises du premier palier 900 mégawatts n'a encore été démantelée, et les coûts de l'assurance face à un accident majeur (430 milliards d'euros selon une évaluation IRSN !) ne sont pas connus.

Avec ces hypothèses, la perte d'emplois directs et indirects due à la fermeture des réacteurs dans le scénario négaWatt par rapport au scénario tendanciel évolue de 65 000 (en 2020) à 56 000 (en 2030) en passant en 2025 par un maximum à 92 000.

Comme dans toute grande mutation énergétique, la production et la transformation des autres énergies conventionnelles – gaz fossile, pétrole, charbon – perdent des emplois (190 000 en 2030 par rapport au scénario tendanciel). A l'inverse, les activités liées à la gestion des réseaux de gaz et de chaleur se développent, conséquence de la multiplication des points de production et d'une réelle synergie entre réseaux au niveau des territoires.

UN BILAN NET POSITIF EN ACTIVITÉ ET EN EMPLOI

Au total, le bilan des emplois bruts directs et indirects créés et détruits sur l'ensemble du périmètre étudié (bâtiment, transports et production/acheminement/distribution d'énergie) présente un solde positif de 138 000 en 2020, 178 000 en 2025 et 105 000 en 2030. Des reconversions professionnelles sont bien sûr indispensables, permettant d'améliorer *in fine* la qualification, la sécurité et la reconnaissance sociale de tous ceux qui acceptent de se former.

Mais l'une des conséquences les plus importantes de la transition énergétique au plan macroéconomique est la baisse progressive des importations d'énergies fossiles, qui atteindront un talon résiduel en 2050. C'est cette réduction des importations qui permet de restituer aux ménages et aux entreprises du pouvoir d'achat qui, réinjecté dans l'économie générale du pays, génère en retour de l'activité et des emplois dans une grande partie des secteurs de l'économie. Il est impossible de déterminer à l'avance lesquels, mais on peut penser – et espérer – qu'ils seront majoritairement localisés en France, vers des produits et services socialement utiles. Ce sera le cas si des politiques incitatives sont mises en place par exemple pour les services d'aides à la personne, le développement local ou l'action culturelle, de façon à contrer un éventuel "effet rebond[1]" négatif. Ce très important *effet induit sur*

1. L'"effet rebond" s'observe par exemple en cas de baisse du coût d'un service énergétique : s'il change sa voiture pour un véhicule moins consommateur, un automobiliste aura tendance à faire plus de kilomètres.

l'emploi s'ajoute au solde net des emplois directs et indirects créés et détruits.

Au total, en tenant compte des emplois induits, l'étude CIRED-CNRS estime l'effet positif net sur l'emploi du scénario négaWatt par rapport au tendanciel à 235 000 en 2020 et 632 000 en 2030.

A contrepied d'affirmations péremptoires ou d'idées reçues, la transition énergétique est donc loin d'être une catastrophe pour l'activité économique et pour l'emploi. C'est même tout le contraire : elle se révèle une formidable opportunité d'autant plus pertinente qu'il s'agit très majoritairement d'emplois non délocalisables.

SÉCURISATION, ROBUSTESSE ET RÉSILIENCE

Les bénéfices apportés par une transition énergétique vont bien au-delà des aspects que l'on vient d'évoquer sur l'énergie et l'environnement, puis sur l'activité et l'emploi : elle est aussi la garantie d'une meilleure sécurisation du pouvoir d'achat, d'une grande robustesse des choix effectués, d'une autonomie et d'une résilience accrues face aux chocs économiques et géopolitiques.

Une meilleure *sécurisation* du pouvoir d'achat, voire son augmentation, parce que la transition énergétique de type négaWatt agit sur les deux composantes de la facture énergétique : la quantité et le prix unitaire. La quantité, c'est-à-dire le nombre de kilowattheures consommés, sera réduite par les actions de sobriété et d'efficacité énergétique : l'énergie la moins chère est bien sûr celle que l'on n'a plus besoin de consommer ! Le prix unitaire sera quant à lui stabilisé à moyen terme grâce à un recours massif aux renouvelables qui garantit l'accès permanent à une énergie à un prix connu à l'avance et sans surprise. Loin d'être un pari risqué, l'investissement dans les renouvelables est au contraire aujourd'hui l'un des placements "de bon père de famille" les plus sûrs que l'on puisse imaginer : le soleil et le vent ne spéculent pas sur le cours de leurs matières premières et ils ne sont pas près de s'épuiser...

La *robustesse* d'un tel scénario repose aussi sur le refus de retenir des technologies encore immatures ou aux résultats encore trop incertains. Mais elles atteignent finalement des performances techniques et économiques suffisantes, elles créeront autant de marges de manœuvre qui ne feront qu'améliorer les résultats. Il existe de ce fait de bonnes marges de sécurité dans les hypothèses prises sur les vitesses de déploiement, les rendements obtenus et les niveaux de performance.

Enfin, parce qu'elle aura su anticiper à temps la fin de l'abondance du pétrole et du gaz fossile, une France amorçant demain sa transition énergétique sera beaucoup plus *résiliente* que celle d'aujourd'hui. Bien moins dépendants de sources devenues rares, donc chères, ses territoires et ses habitants seront mieux protégés contre les inévitables crises géopolitiques autour de l'énergie, pour l'accès à des ressources de plus en plus concentrées ou à cause d'une spéculation tellement acharnée que l'offre ne parvient plus à satisfaire la demande, comme ce fut le cas en 2008.

En réduisant considérablement les importations, ce gain d'*autonomie* augmente très fortement les marges de manœuvre de l'économie. A l'opposé des discours officiels sur la prétendue indépendance de la France, la vérité des chiffres est crue : notre facture énergétique est aussi élevée que le plus important poste budgétaire ministériel, celui du ministère de l'Education nationale[1] !

RÉDUIRE LA PRÉCARITÉ ÉNERGÉTIQUE

En France, la reconnaissance de la gravité de la situation des "précaires énergétiques[2]" a pris beaucoup de temps, et l'on peut craindre encore aujourd'hui qu'elle soit largement sous-estimée. Le premier rapport de l'Observatoire national de la précarité énergétique (ONPE), créé en 2011 par une convention entre une douzaine de partenaires des mondes de l'énergie et de l'action sociale (dont la Fondation Abbé Pierre et le Haut Comité pour le logement des plus défavorisés),

1. Le budget 2015 de la seule Education nationale est de 65 milliards d'euros (compte non tenu des budgets de la Recherche et l'Enseignement supérieur). La facture énergétique de la France s'est élevée en 2012 à 68,7 milliards d'euros en 2012, à 65,8 milliards en 2013 et à 54,6 milliards en 2014.
2. La notion de "précaires énergétiques" est née en 1999 dans le Royaume-Uni de Tony Blair, lorsque les autorités britanniques ont pris la mesure, après 30 000 "morts jugées excessives", des dégâts sociaux et sanitaires d'une ouverture du marché aussi violente que rapide à la fin des années 1980, qui avait entraîné une forte hausse de l'électricité, à l'encontre de l'objectif initial de la déréglementation censée permettre à la fameuse "main invisible" de faire baisser le prix de l'énergie. Avec plusieurs millions de ménages ne pouvant plus se chauffer, dans des logements trop souvent insalubres, le phénomène avait pris une telle ampleur qu'il fallut inventer le statut de "précaire énergétique", donnant droit à un certain nombre d'aides sociales pour le paiement des factures et pour le financement de travaux visant à réduire les besoins de chauffage, comme l'isolation ou le changement des fenêtres.

a été publié en octobre 2014, faisant suite à celui du groupe de travail "Précarité énergétique" du Plan Grenelle bâtiment de janvier 2010.

Ce rapport dresse un constat très préoccupant et rappelle le chiffre issu de la dernière enquête "logement" et "budgets des familles" menée par l'INSEE : 3,8 millions de ménages sont touchés par la précarité énergétique, soit près de 8 millions de personnes, un Français sur huit ! Il souligne de plus que le critère communément retenu – une dépense supérieure à 10 % des revenus pour subvenir aux besoins en énergie dans le logement (hors mobilité) – est loin d'être satisfaisant et ne permet pas de définir des plans d'action réellement efficaces : c'est pourquoi il propose un panel d'indicateurs qui devraient accompagner la mise en place de nouveaux outils de suivi plus adaptés et étendus à la question de la mobilité.

Contrairement à une idée reçue, la grande majorité de ces ménages ne se trouve pas dans le secteur de l'habitat social, où les efforts continus des offices HLM pour solvabiliser leurs locataires en réduisant les charges ont permis de maintenir une certaine qualité énergétique des logements : plus de 80 % des "précaires énergétiques" habitent dans le parc privé, et plus de la moitié d'entre eux (62 %) sont propriétaires de leur logement tandis que 55 % de ces personnes sont âgées de plus de 60 ans, dont une bonne partie en milieu rural.

Pour tenter de résoudre les situations les plus aiguës, un certain nombre de dispositifs ont été mis en place, comme les tarifs sociaux des fournisseurs EDF et Engie (ex-GDF-Suez), les fonds solidarité-logement des conseils départementaux ou les aides sociales des communes, mais ils sont très loin de parvenir à toucher tous les ménages concernés. Surtout, il ne s'agit pas d'aides préventives, mais seulement d'urgence, et le plus souvent temporaires. Elles apportent une réponse partielle en épongeant une dette mais elles ne sont pas mobilisables pour résoudre le problème à sa source, c'est-à-dire la mauvaise qualité des logements et l'inadaptation du mode de chauffage, très souvent des convecteurs électriques, quand ce n'est pas un poêle à kérosène.

Le rapport de l'ONPE reprend les quatre principes et les six propositions d'action formulées par la Fondation Abbé Pierre et l'UNIOPSS[1] dans le cadre du Débat national du printemps 2013, qui rejoignent largement la lettre et l'esprit de la démarche négaWatt. Il y est par exemple question d'accès pour tous à des services énergétiques performants, de prise en compte de la dimension sociale de la transition, ou encore de priorité à la rénovation thermique des logements des plus pauvres, généralement les plus consommateurs d'énergie et les moins confortables.

La mise en œuvre du scénario négaWatt, en complète cohérence avec ces propositions, aurait un effet de levier très important pour réduire la précarité énergétique par des mesures avant tout préventives et curatives et non seulement par des actions d'urgence.

SORTIR DES LOGIQUES ÉCONOMIQUES DE COURT TERME

De scénarios en trajectoires, d'études en analyses, la transition énergétique proposée par négaWatt confirme

1. Union nationale interfédérale des œuvres et organismes privés sanitaires et sociaux, voir www.uniopss.asso.fr/.

être pour la France non une contrainte de plus mais bien un véritable projet de société, une réelle opportunité aux bénéfices multiples et systémiques sur l'emploi, l'activité, le social et l'environnement.

Bien sûr, ces bénéfices ne seront pas atteints sans efforts ni moyens humains et financiers : ils nécessiteront un engagement politique et citoyen fort, une réorientation des financements vers le long terme, un effort maintenu sur plusieurs décennies et une fiscalité écologique profondément remaniée.

Pour cela il nous faut dès à présent refonder notre modèle économique et fiscal pour dissuader les consommations inutiles d'énergie et valoriser prioritairement la non-consommation. Passer en quelque sorte des *m*égawatts aux *n*égawatts : un tout petit pas dans l'alphabet, un grand pas pour l'humanité !

9

DONNER LE BON SIGNAL DU DÉPART

Les bénéfices d'une transition énergétique telle que proposée par négaWatt sont considérables. Mais quels sont les moyens à réunir pour réussir son démarrage et assurer sa mise en œuvre ? Et surtout, comment financer la transition ?

Il n'y a pas de réponse unique, de coup de baguette magique d'une fée Energeia qui se pencherait avec bienveillance sur nos problèmes énergétiques.

La réponse se trouve dans un mélange subtil entre nos comportements, notre politique d'incitation et de réglementation, et l'instauration d'une fiscalité véritablement écologique qui, loin d'être punitive ou soustractive, sera vertueuse et réparatrice.

AVANT TOUT, SENSIBILISER

La transition ne repose pas seulement sur quelques mesures prises en haut lieu, si essentielles et pertinentes soient-elles. Elle dépend aussi des myriades de gestes, de décisions grandes et petites ayant peu ou prou à voir avec l'énergie que tout acteur *micro-économique* (les ménages, les entreprises, les associations, les collectivités…) réalise, parfois sans même s'en rendre compte, au quotidien comme dans les actes importants qui jalonnent son existence.

Comment s'assurer que, dans cette grande diversité et dans l'entrelacs d'intérêts parfois divergents, soient effectués les bons choix lors des achats, des décisions d'investissement ou dans la vie de tous les jours ?

Les discours que l'on nous sert depuis des lustres sont aussi tranquillisants que soporifiques, laissant croire que tout est sous contrôle : "Tout va bien, braves gens, consommez en paix, nous nous occupons de tout…" Sortir de la léthargie, faire de chaque citoyen un acteur conscient de la nécessité de changer de système énergétique exige un effort de pédagogie et d'explication afin que la démarche négaWatt devienne un réflexe ordinaire, simple et naturel.

Mais on ne peut agir que si l'on sait sur quoi le faire. Or la plupart des ménages français ignorent le montant de leur facture totale d'énergie et n'ont qu'une vision extrêmement floue de la répartition de leur consommation entre les différents usages[1], *a fortiori* des moyens qui sont à leur disposition pour réduire cette facture.

Pourtant, comme le montrent de nombreuses expériences, une réduction de 10 à 20 % de la consommation annuelle d'énergie d'une famille "moyenne" peut être obtenue par les seuls changements de comportement de ses membres, sans renouvellement des

1. Qui est capable de donner rapidement et sans trop d'erreur une réponse à la simple question : "Combien consommez-vous par an pour toutes vos énergies ?", c'est-à-dire pour le chauffage, l'eau chaude et l'électricité de son logement, et le carburant de sa voiture. Quant à avoir une idée de ses consommations indirectes, tels le chauffage de son bureau, le kérosène de l'avion pris pour des vacances ou la quantité de fioul de la salade cultivée sous serre…

équipements ni travaux, simplement par la déclinaison du principe de *sobriété*.

Un exemple : à condition de s'habiller de façon appropriée à la saison (est-il indispensable de vivre en teeshirt en plein hiver?), un réglage correct de la température ambiante d'un logement par la programmation des thermostats permet de diminuer de 7 % à plus de 25 % la consommation de chauffage. Investissement quasi nul, économie immédiate.

Ces chiffres ont pu être vérifiés par une expérience en vraie grandeur, rassemblant plusieurs milliers de personnes à travers la France : le "Défi familles à énergie positive". Lancée il y a quelques années par le réseau des "Espaces info-énergie[1]" de la région Rhône-Alpes grâce au financement de l'Union européenne, cette action prend la forme ludique d'une compétition renouvelée chaque année, sans autre enjeu qu'une émulation collective entre plusieurs équipes constituées de quelques familles de la même commune sous la houlette d'un "capitaine" qui les soutient et les conseille. Les membres de chaque famille apprennent ainsi, dans un cadre convivial et amusant, à comprendre "où passent les kilowattheures" et les euros, et à hiérarchiser les actions possibles, en commençant par celles qui économisent le plus et coûtent le moins, tout en conservant la pleine liberté de leurs choix. Cette opération, démultipliée grâce à l'initiative de nombreuses collectivités

1. Mesure forte du Programme national d'amélioration de l'efficacité énergétique (PNAEE) lancé en 2000, ce service public d'information indépendante sur l'énergie a été mis en place par l'ADEME avec le soutien des régions en s'appuyant sur un réseau d'associations citoyennes ou initiées par des collectivités locales dont certaines existent depuis le début des années 1980.

locales volontaires couvrant maintenant plus de la moitié de la France, devrait pouvoir à terme impliquer des centaines de milliers de familles.

Ce n'est qu'un exemple de ce qu'il faudrait faire pour que la sobriété devienne réellement un réflexe : la diffusion d'une véritable *culture de la citoyenneté énergétique* doit traverser tous les âges, toutes les conditions géographiques et climatiques et toutes les catégories socioprofessionnelles. Elle passe par une pédagogie active et vivante s'appuyant aussi bien sur le monde de la formation initiale (l'Education nationale) et continue (la formation professionnelle) que sur tous les organismes en contact avec les jeunes et les moins jeunes (éducation populaire, centres sociaux, activités sportives et de loisir, etc.).

INFORMER ET RENDRE VISIBLES LES NÉGAWATTS

En complément de la sensibilisation, qui doit se donner comme objectif de fournir des repères et d'inculquer les bons réflexes, l'information des consommateurs est bien entendu un passage obligé pour donner à chacun les moyens de se comporter, dans sa vie personnelle comme professionnelle, en citoyen éclairé et avisé.

Dans ce registre, le déploiement progressif des compteurs électriques "communicants[1]", peut représenter une

1. "Communicants" et non pas "intelligents" comme ils sont parfois qualifiés abusivement : l'intelligence réside bien plus dans le traitement et l'utilisation des données qu'ils sont capables de stocker et de transmettre à différents pas de temps que dans les circuits imprimés de ces appareils finalement assez basiques…

certaine opportunité en permettant aux consommateurs d'avoir accès à des données détaillées et de suivre l'évolution de leur propre consommation.

Le compteur Linky, conçu par ErDF (la filiale d'EDF chargée de la gestion des réseaux de distribution) pour répondre à ses propres intérêts en faisant des économies de personnel sur les relevés, les coupures ou les changements de puissance, ne permettait pas à l'origine de fournir des informations utilisables par les consommateurs sans ajouter, bien sûr contre paiement, un module de traitement des données et une interface de communication. Ce n'est que depuis juillet 2015 que les fonctions de mise à disposition des données, d'alerte et de comparaison statistique, sans lesquelles le Linky n'aurait aucun intérêt pour le consommateur, ont été rendues obligatoires par un amendement au code de l'énergie issu de la loi de transition énergétique. Reste à savoir qui va payer pour cela : il y a fort à parier que ce sera le consommateur lui-même...

En allant plus loin, on pourrait imaginer la mise en place, à titre informatif et personnalisé, d'une sorte de "compte énergie individuel" mis à jour automatiquement à chaque achat direct d'énergie (d'électricité, de gaz, de carburant) ou de service énergétique (billets de train, charges locatives...), un peu sur le principe de ces cartes de fidélité qui permettent de comptabiliser des points. Au-delà des seules dépenses directes ou indirectes d'énergie et des émissions polluantes qui en découlent, il serait opportun que ces outils informatifs attirent aussi l'attention sur la consommation des autres ressources non renouvelables (eau, sol, matériaux, minerais), ainsi que sur les comportements alimentaires dont l'impact est, comme on l'a vu, déterminant sur le bilan des gaz à effet de serre.

Mais toute information, si sophistiquée soit-elle, doit s'accompagner de conseils aussi personnalisés que possible et reposant sur des sources fiables quant aux moyens de réduire durablement sa consommation par le comportement, un changement d'appareil ou un investissement plus lourd.

C'est ce à quoi s'emploient inlassablement les conseillers des *Espaces info-énergie* (EIE) répartis dans toute la France, qui font, en accompagnement des politiques publiques nationales ou locales, un patient et trop méconnu travail de sensibilisation, d'information et de conseil gratuit sur tout ce qui touche à l'énergie auprès des ménages, des collectivités et des petites entreprises.

C'est aussi la tâche des *conseillers en énergie partagés* (CEP) qui se sont créés depuis quelques années à l'initiative de l'ADEME. Ils permettent aux collectivités locales trop petites pour s'offrir à elles seules un temps complet de mutualiser avec leurs voisines la mise à disposition d'un technicien dont la tâche consiste à suivre les consommations des bâtiments communaux et à établir des diagnostics en vue d'actions destinées à les réduire. L'expérience parfois ancienne comme celle de la ville de Lorient, qui remonte aux années 1990, montre que ce type de poste arrive à s'autofinancer simplement grâce aux économies réalisées.

Ce principe vertueux, qui s'applique aussi aux *économes de flux* que l'on trouve plutôt dans le secteur industriel, pourrait être étendu, via des incitations fiscales ou des aides directes, aux PME, aux artisans et aux commerçants de toutes les branches d'activité, y compris les exploitations agricoles, en lien avec les organisations professionnelles et les chambres consulaires.

Conseillers-énergies et économes de flux n'ont pas attendu le vote de la loi pour promouvoir la transition énergétique, dont ils seront les relais indispensables auprès du grand public – à condition qu'on leur en donne les moyens.

Ces fantassins de l'action au quotidien que sont les professionnels du conseil de proximité sont quelques centaines tout au plus aujourd'hui, mais ils devraient se compter par milliers pour assurer un maillage suffisant de l'ensemble du territoire et offrir un véritable "service public local du conseil en énergie". Comme on le voit dans les pays plus avancés dans ce domaine, un ratio de 1 conseiller-énergie pour 15 000 habitants, soit de l'ordre de 4 500 postes pour la France entière, constitue un seuil minimum d'efficacité d'un tel service. La nécessaire reconnaissance de tous ces nouveaux métiers, qui requièrent des compétences en technique et en économie mais aussi en pédagogie et bien souvent en psychologie, passe par un vrai statut, une formation continue adaptée et des qualifications permettant d'accroître le champ de compétences. Une logique de carrière digne de ce nom doit être mise en place, ne serait-ce que pour que l'expérience acquise puisse être capitalisée au lieu d'être dilapidée par une rotation trop fréquente des personnes sur des postes souvent mal rémunérés.

Comme on le voit, le vrai "réseau intelligent" au service de la transition énergétique n'est pas qu'une histoire de câbles et d'informatique, c'est aussi une affaire d'êtres humains, acteurs et vecteurs de la transition énergétique, présents au cœur des territoires.

DONNER UN PRIX JUSTE ET ATTRACTIF AUX ÉCONOMIES

Mais, chacun le sait bien, être sensibilisé et correctement informé est un passage nécessaire mais rarement suffisant pour passer à l'action : réduire sa consommation pour la seule beauté du geste, pour la sauvegarde des ours polaires ou même pour le bienfait des générations futures n'est le fait que d'une faible minorité de nos concitoyens : la valeur éthique des négawatts a moins de valeur que celle traduite en espèces sonnantes et trébuchantes. Dans notre monde furieusement consommateur, comment dès lors donner une valeur visible à quelque chose qui par définition heurte de front la logique consumériste puisqu'il s'agit de NE PAS consommer ?

Cette préoccupation n'est pas entièrement nouvelle. Elle connaît même un début de réponse depuis la mise en place par l'Etat, dans la foulée du Grenelle de l'environnement, des "certificats d'économie d'énergie" (CEE). Dans le cadre d'un objectif global de térawattheures à économiser sur une période de trois ans, ce dispositif consiste à obliger tous les fournisseurs d'énergie de toute nature (électricité, gaz, fioul, carburants, produits pétroliers) à apporter la preuve, sous peine d'une sanction financière, qu'ils ont réalisé eux-mêmes ou contribuer à faire réaliser par des tiers, notamment leurs clients, des travaux ayant permis un volume d'économie d'énergie proportionnel au volume de leurs ventes.

Une liste de plus de deux cents actions "standardisées" éligibles au dispositif a ainsi été établie. Elle grossit régulièrement et touche tous les secteurs : bâtiment résidentiel et tertiaire, industrie, transports, agriculture, réseaux, systèmes… Chaque action se voit affecter un certain volume d'économie d'énergie exprimé en "térawattheures *cumac*[1]" correspondant à la durée prévisible de l'effet de l'action : vingt ans pour un transformateur à haut rendement en site industriel, quinze pour une chaufferie-biomasse sur réseau de chaleur, douze pour la pose d'un robinet thermostatique sur un radiateur de chauffage central, trois pour la formation des artisans ou encore deux pour le réglage du moteur d'un tracteur agricole.

Mais le dispositif tel qu'il a été mis en place comporte des défauts qui en limitent la portée. D'abord rien ne prouve que les économies d'énergie qui font l'objet de certificats soient vraiment réalisées, puisqu'elles sont évaluées seulement *a priori* par un mode de calcul purement théorique parfois arbitraire, et rien n'oblige à en mesurer le résultat effectif.

Ensuite, en apportant rarement plus de 5 à 10 % des besoins de financement, les CEE agissent la plupart du temps comme une cerise sur le gâteau, une aubaine qui peut être ponctuellement intéressante, mais n'a pas d'effet réellement déclencheur sur les opérations. Ils sont en revanche fort utiles aux fournisseurs d'énergie pour mettre en avant dans leurs publicités les actions ainsi financées, oubliant systématiquement de dire qu'ils y sont contraints…

On peut aussi regretter le faible niveau de pénalités, plafonné par la loi à 0,02 euro par kilowattheure, à

1. Bien moins poétique que le mot *cumac* qui signifiait "le beau" dans la langue des Incas, les kilowattheures ou térawattheures "cumac" (pour cumulés et actualisés) désignent la quantité totale d'énergie économisée sur la durée de vie complète d'un équipement ou d'un parc d'équipements.

comparer au 0,14 euro du prix du kilowattheure vendu aux particuliers par EDF : pas très incitatif, encore moins ambitieux…

Dernière pierre d'achoppement, la faiblesse de l'objectif fixé à 660 térawattheures cumac pour la période de trois ans qui s'est ouverte en 2015, ce qui représente à peine plus de 10 % des près de 6 000 térawattheures d'énergie finale qui seront consommés en France sur la même période, et bien moins si l'on prend en compte la durée moyenne des actions qui se situe entre cinq et dix ans : nous sommes très loin des niveaux d'efforts à fournir pour respecter les objectifs affichés.

Mais malgré ces critiques, le dispositif présente tout de même un certain intérêt. Dans un marché ouvert à la concurrence, les CEE donnent un signal qui va dans le bon sens, du côté à la fois des fournisseurs et de leurs clients, les consommateurs. Ils obligent par ailleurs pouvoirs publics et opérateurs à se pencher enfin sérieusement sur l'identification et le chiffrage des gisements d'économies d'énergie dans des secteurs-clés. Moyennant quelques améliorations qui ne sont pas de détail, ils pourraient donc constituer l'amorce de l'évolution d'un modèle économique fondé sur une logique de pure "offre d'énergie" vers une logique d'"offre de service énergétique", où la vente de kilowattheures ne représente plus qu'une partie du service vendu.

Cette dernière idée, négawatt dans l'âme, sous-tend un autre dispositif mis en place sous le nom de "contrat de performance énergétique" (CPE), dans lequel c'est le prestataire, souvent la filiale d'un fournisseur, qui finance les travaux d'économie d'énergie dans un bâtiment ou une activité quelconque puis se rembourse dans le temps par les économies générées : il a donc tout intérêt à ce que les travaux soient bien faits, mais surtout à ce que les économies d'énergie constatées dans les premiers temps se poursuivent dans la durée.

Il s'agit donc d'un système en principe vertueux qui, sous certaines conditions, fonctionne bien en milieu professionnel, dans l'industrie, où des exemples probants existent, ainsi que dans les immeubles de bureaux et dans le tertiaire en général. Il est par contre très difficilement applicable dans le logement, où l'expérience montre que, même si les travaux sont réalisés dans les règles de l'art, les consommations mesurées en période d'occupation peuvent varier considérablement selon le comportement des habitants dans leurs gestes quotidiens ou dans leurs choix d'équipement. Ce qui ne fait que confirmer le caractère essentiel d'une culture citoyenne de la sobriété !

LES LIMITES DE L'INCITATION OU LES BIENFAITS DE LA RÉGLEMENTATION

Dans tous les cas, la "rentabilité énergétique" d'une action d'efficacité, si certaine soit-elle, ne se traduira que très rarement par un passage à l'acte si elle ne s'accompagne pas d'une certitude de rentabilité économique ou financière. Une garantie qui n'est pas simple à apporter, surtout si l'on vise à sortir des petits gestes pour aller vers la massification.

C'est pourquoi il n'est pas raisonnable de miser sur des dispositifs fondés sur la seule incitation pour espérer atteindre les objectifs de réduction des consommations qui découlent d'une contrainte énergétique et climatique incontournable.

Pour pallier ce grave inconvénient et limiter le risque d'échec, il existe heureusement deux instruments de régulation qui ont largement fait leurs preuves.

Le premier d'entre eux est la *réglementation*, qui consiste pour l'essentiel à fixer les normes minimales de performance énergétique des appareils, bâtiments et autres véhicules. Elle ne doit pas avoir un simple rôle de "voiture-balai" permettant de s'assurer que les technologies et les pratiques les plus notoirement consommatrices n'ont plus cours, mais au contraire se donner pour mission de fixer la norme au niveau le plus élevé de performance qu'il est raisonnablement possible d'atteindre à un moment donné. Elle doit donc prendre comme référence les meilleures techniques disponibles à un coût acceptable et les meilleures pratiques observées par une veille permanente sur les nouveautés les plus intéressantes et les expériences les plus reproductibles.

Contrairement à un préjugé courant, une réglementation bien conçue, dynamique et ambitieuse ne renchérit pas les coûts : elle en accélère au contraire la réduction en poussant tous les acteurs à s'adapter rapidement, tout en garantissant aux innovations une massification du marché à travers l'accélération de la diffusion des produits répondant aux nouvelles normes.

Un bon exemple de cet effet bénéfique est l'étiquette-énergie "A à G", qui s'applique depuis 1992 aux appareils électroménagers et a conduit à une amélioration constante des performances, s'accompagnant d'une baisse des prix tout aussi régulière. La constance des progrès constatés au fil des années pour les réfrigérateurs, les premiers appareils à avoir expérimenté cette méthode, est saisissante, même si l'introduction des "frigos américains", le comble de l'ébriété énergétique en la matière, est venue rogner une partie des plus de 40 % de baisse de la consommation des ménages sur le poste "froid" enregistrés entre 1995 et 2008[1].

Dans un autre registre, la simple annonce dès 2010 de la mise en place de la RT 2012 dans le bâtiment, qui représente malgré ses nombreux défauts un véritable saut qualitatif en termes de performance énergétique, a entraîné une réduction spectaculaire des surcoûts pratiqués antérieurement par les entreprises. Alors que l'on parlait couramment de 15 voire 25 % de surcoût quelques années plus tôt, on est vite passé à moins de 10 % et, depuis le 1er janvier 2013, date à laquelle la RT 2012 s'est généralisée, on est en fait à… 0 %, puisque ce niveau de performance est devenu la norme !

Pour l'automobile, ainsi que pour bon nombre de produits industriels d'équipement ou pour l'électroménager, les normes de consommation et d'émission de gaz à effet de serre sont définies au niveau de l'Union européenne via la directive Eco-conception. Le mouvement dans ce sens est désormais bien engagé dans le bâtiment, non seulement dans le neuf mais aussi pour la rénovation. Il ne faudrait surtout pas percevoir cette démarche "supranationale" comme une perte de souveraineté, mais au contraire comme un excellent moyen de gagner un temps précieux en bénéficiant de l'expérience des pays qui ont su mieux que nous prendre les devants.

Au lieu d'être systématiquement debout sur la pédale de frein pour ralentir l'adoption par l'Europe de normes plus strictes en matière de consommation d'énergie, la France gagnerait beaucoup, et ses industriels avec

1. Selon l'étude européenne Remodece du bureau Enertech, téléchargeable à l'adresse www.enertech.fr.

elle, à se positionner de manière offensive sur tous les créneaux des technologies et des savoir-faire de l'efficacité énergétique : ils représentent déjà aujourd'hui un formidable marché et seront demain au centre de la dynamique industrielle dans notre continent et dans le monde.

Pour entraîner le train de la transition énergétique, il vaut mieux placer l'efficace locomotive de la réglementation en tête du convoi qu'en queue, où elle a beaucoup plus de mal à vaincre la lourdeur des inerties…

UNE FISCALITÉ ÉCOLOGIQUEMENT EFFICACE ET SOCIALEMENT ÉQUITABLE

Troisième levier du changement après l'information et la réglementation, la *fiscalité* a un rôle majeur à jouer pour amorcer la transition énergétique par le signal qu'elle donne aux acteurs économiques, et pour la financer par les recettes qu'elle procure.

L'utilisation de ces recettes pour un appui ciblé à la fois vers le financement direct des investissements et en faveur d'une solide politique d'accompagnement[1] à partir de fonds publics est parfaitement justifiée par l'objectif d'intérêt général de ces actions.

Or le système fiscal français qui prévaut encore aujourd'hui, construit au gré de l'empilement des politiques parfois contradictoires et souvent erratiques,

1. En faveur de l'innovation (recherche-développement, expérimentations, démonstrations), de la pédagogie (sensibilisation, information), de l'amélioration de la qualité (formation, certification, suivi et contrôle) ou encore de l'atténuation et de la compensation des conséquences sociales éventuellement négatives.

est totalement illisible sur les plans énergétique et écologique.

Pourquoi le kérosène des avions ne supporte-t-il pratiquement aucune taxe ni redevance, ce qui alimente une expansion non maîtrisée du trafic aérien ? Pourquoi le gazole est-il moins taxé que l'essence, alors qu'il est nettement plus polluant[1] ? Pourquoi l'électricité domestique est-elle nettement plus taxée que l'électricité industrielle, pourtant produite par les mêmes centrales ? Et pour quelle obscure raison le très polluant charbon est-il presque totalement exonéré de taxes[2] ? On ne trouve strictement aucune logique ni aucune correspondance entre la fiscalité et l'impact écologique des produits énergétiques.

Pour rendre lisible et cohérente la fiscalité sur l'énergie, il est nécessaire qu'elle se déploie sur trois dimensions temporelles : notre *passé énergétique* tout d'abord, dont nous héritons pour le meilleur et pour le pire ; le *présent* et le *futur proche* qui exigent des mesures à effet immédiat capables d'engager concrètement le changement et de nous mettre sur la bonne trajectoire ; le *futur plus lointain*, enfin, parce qu'il est essentiel que la prise en compte de l'impact de nos

1. En 2015, la TICPE (taxe intérieure sur la consommation de produits énergétiques, qui a remplacé l'ancienne TIPP depuis 2010) est de 0,624 euro par litre d'essence et de 0,468 euro par litre de gazole routier, soit 33,3 % d'écart.

2. Début 2013, un référé de la Cour des comptes a pointé du doigt de graves anomalies fiscales et une taxation actuelle visant à "préserver des intérêts sectoriels qui ne vont donc pas dans le sens de la transition écologique". La Cour cite comme exemple d'anomalie le charbon, "la ressource la moins taxée, alors qu'il s'agit du combustible le plus émetteur de CO_2".

choix d'aujourd'hui sur les générations futures ne soit pas qu'une formule vide d'engagement.

Complémentaires les uns des autres, les instruments d'une "fiscalité écologique à trois temps" doivent s'intégrer dans un mouvement général de refonte de notre système fiscal, incontournable si nous voulons pouvoir faire face à tous les défis de notre siècle.

SOCIALISER LES RENTES DU PASSÉ

Faisons tout d'abord un rapide retour sur le passé.

Dans le domaine de la production d'électricité, nous avons hérité d'infrastructures qui ont été financées par les générations qui nous ont précédés, comme les grands barrages hydroélectriques ou le parc de centrales nucléaires qui font partie de notre patrimoine commun et dont on entend souvent dire qu'ils génèrent des rentes.

Lancé en 2009, le projet d'ouverture à la concurrence des concessions hydroélectriques, très majoritairement détenues par EDF, avait, on l'a vu, aiguisé bien des appétits. Heureusement, cette idée saugrenue et très peu républicaine a fini par être abandonnée au profit d'une reprise en main par les collectivités locales via des sociétés d'économie mixte prévues par la loi de transition énergétique votée en juillet 2015.

Le cas du nucléaire est différent. La loi dite de "nouvelle organisation du marché de l'électricité" (NOME) votée en 2010 a inscrit dans le code de l'énergie le concept de *rente nucléaire* en créant un droit d'*accès régulé à l'électricité nucléaire historique* (ARENH). Chose curieuse dans une économie qui se veut de marché, son montant a été fixé en 2011 à 42 euros par mégawattheure* par... le président de la République en personne, après un bras de fer prolongé entre EDF et ses concurrents qui se déchiraient pour obtenir la meilleure part possible de ce qu'ils considèrent comme des "bijoux de famille" !

Quelques mois plus tard, en janvier 2012, la Cour des comptes publiait un rapport concluant à un "coût historique" sensiblement plus élevé de 49,5 euros par mégawattheure, tout en admettant n'avoir pu, faute de données suffisantes, prendre en compte un certain nombre de "coûts annexes" comme – excusez du peu – la gestion des déchets sur le très long terme, le démantèlement des réacteurs en fin de vie ou l'assurance du risque. Ce rapport prévoyait en outre un "coût futur du nucléaire existant", toujours hors coûts annexes, de 54,2 euros par mégawattheure en moyenne sur la période 2011-2025, plus élevé du fait des dépenses liées aux travaux nécessaires à l'amélioration de sûreté et à la prolongation de la durée de vie des réacteurs.

Deux ans plus tard, en mai 2014, la même Cour des comptes révisait à la hausse de près de 25 % son estimation à 61,6 euros par mégawattheure tout en conservant le même périmètre d'analyse. Le mois suivant, le rapport final de la commission d'enquête parlementaire sur les coûts du nucléaire, à l'issue d'une longue série d'auditions d'experts et d'acteurs de la filière, alertait sur une très forte augmentation du coût du nucléaire dans les années à venir, quelle que soit l'option retenue : prolongation des 58 réacteurs existants (de 2 à 3 milliards d'euros par unité) ou leur remplacement par des réacteurs de nouvelle génération comme l'EPR.

Concernant ce dernier, le tarif d'achat garanti sur trente-cinq ans exigé par EDF pour s'engager dans la construction de deux EPR sur le site anglais d'Hinkley

Point s'élève à 92,5 livres sterling soit plus de 125 euros par mégawattheure : trois fois plus cher que l'ARENH, presque deux fois plus que l'éolien terrestre actuel, et même plus élevé que le photovoltaïque au sol dans le Sud de la France !

Ces dérives largement prévisibles dès l'origine du programme nucléaire français montrent à quel point la devise inventée en 1954 par le président de l'association américaine de l'énergie nucléaire, *"Too cheap to meter*[1]*"*, paraîtrait aujourd'hui ridicule… si ses conséquences n'étaient pas désastreuses.

Difficile dans ces conditions de parler d'une *rente nucléaire* : "fardeau" serait un terme plus approprié !

Quoi qu'il en soit, la mise à contribution pour le financement de la transition énergétique des rentes historiques – du moins celles qui ont une certaine réalité – apparaît légitime : les bénéfices tirés d'activités qui ont été financées par des fonds publics doivent revenir à la nation tout entière et non aux opérateurs qui les exploitent à leur seul profit.

Cela passe par l'instauration d'une taxe spécifique sur chaque kilowattheure produit, calculée de façon à laisser à l'exploitant une rentabilité raisonnable mais non abusive. Une partie de la recette correspondante peut servir au développement des énergies renouvelables ou à des actions de réduction des consommations d'énergie, le reste revenant au budget de l'Etat.

1. Que l'on peut traduire par "Trop bon marché pour être mesuré", suggérant que l'électricité nucléaire coûte tellement peu cher qu'il est inutile de la compter pour la faire payer au consommateur.

FREINER PAR LA FISCALITÉ LES DÉRIVES DU PRÉSENT ET DU COURT TERME

Deuxième temporalité, une juste fiscalité pour le présent et le court terme.

Celle-ci, cessant d'encourager par des avantages indus certaines pratiques ou comportements aberrants, doit au contraire se donner pour règle, selon le principe général du "pollueur payeur[1]", de pénaliser en faisant payer les dégâts par ceux qui les causent.

Par exemple de nombreux dispositifs fiscaux favorisent l'étalement urbain par le biais d'exonérations ou d'abattements pour la construction de logements neufs, de bureaux, d'entrepôts et de centres commerciaux dans les zones périurbaines. Or, comme le reconnaît le Centre d'analyse stratégique dans une note de synthèse publiée en octobre 2011[2], "l'urbanisation périphérique ne paie ni le coût de ses équipements collectifs, ni les externalités qu'elle engendre", avec de très lourdes conséquences à la fois pour la biodiversité, la consommation d'énergie et les émissions de gaz à effet de serre.

La même remarque peut s'appliquer aux transports routiers, avec pour conséquence un emballement inquiétant du nombre de camions, de kilomètres parcourus, de tonnages transportés et de trajets à vide pour cause de distribution à flux tendus. Il faut mettre d'urgence un coup d'arrêt à cette dérive en faisant payer

1. Un principe inscrit dans le droit français depuis 1976, mais pas toujours appliqué…
2. Le CAS, l'ancien "Commissariat au plan" intégré au sein de France-Stratégie en 2013, est un organisme d'études et de prospective rattaché au Premier ministre (www.strategie.gouv.fr).

le juste prix économique et écologique de cette explosion incontrôlée. Pour cela, il serait judicieux de s'inspirer du modèle suisse de *redevance à la prestation*[1], qui constitue une incitation forte à la rationalisation des transports de marchandises, dans le cadre d'une économie où les échanges ne doivent plus être un but en soi mais le moyen d'optimiser l'accès de tous aux ressources essentielles.

Le renouvellement des biens d'équipement les plus énergivores des ménages, des entreprises ou des collectivités publiques constitue un enjeu important pour la transition énergétique : c'est au moment où l'on achète une voiture, où l'on choisit un lave-linge, où l'on remplace une chaudière que, par la préférence pour un modèle ou un autre, nous décidons de l'impact énergétique et climatique que nous allons engendrer sur toute la période d'utilisation de cet équipement. La mise en place d'une réglementation de plus en plus stricte, comme celle qu'impose la directive européenne Eco-conception, va évidemment dans le bon sens, de même que l'affichage des performances des produits à travers l'étiquette-énergie qui guide le choix des consommateurs.

Mais il est possible d'accélérer et d'amplifier le mouvement par un signal de court terme simple et clair : la généralisation du mécanisme du *bonus/malus* à l'ensemble des biens d'équipement. Ce système a en effet fait la preuve de son efficacité pour les véhicules neufs, même si la manière dont il a été appliqué dans la foulée du Grenelle de l'environnement était loin d'être parfaite. Correctement calibré en termes d'équilibre

1. Le mécanisme de cette redevance est détaillé dans la mesure 07 sur le fret de marchandises.

financier entre le bonus et le malus, appliqué avec discernement selon le type d'équipement (soit à l'achat uniquement, soit dans une version annualisée), et combiné judicieusement avec des mécanismes ciblés de type "prime au recyclage" (plutôt qu'à la casse...) pour les appareils obsolètes, ce dispositif contribuerait à l'élimination progressive du marché des appareils les moins efficaces.

INFLÉCHIR LE LONG TERME EN DONNANT LES BONS SIGNAUX

L'introduction d'un *signal de long terme* incitant à la réduction drastique de la consommation des énergies et matières non renouvelables est essentielle pour rompre avec la myopie affligeante d'un système économique hypnotisé par le profit à très court terme. A cet égard, la "taxe carbone" telle qu'elle avait été proposée par la commission Rocard-Juppé en 2009 et introduite dans la loi de finance 2010 avant d'être rejetée par le Conseil constitutionnel[1] offre une réponse certes nécessaire mais partielle.

Reprise au dernier moment dans la loi de transition énergétique[2] avec une valeur-cible de 100 euros la

1. Ce rejet a été argumenté par la multiplication des exonérations prévues pour certains consommateurs, notamment les entreprises les plus polluantes et certaines énergies (l'électricité mais aussi, curieusement, le charbon !).
2. En juillet 2015, les sénateurs puis les députés ont voté par amendement au projet de loi sur la transition énergétique une évolution de la contribution climat-énergie passant de 22 euros la tonne de CO_2 en 2016 à 56 euros en 2020, puis à 100 euros en 2030.

tonne de carbone en 2030, on peut cependant regretter qu'elle résume la problématique posée à un seul critère, les émissions de carbone, faisant l'impasse sur tous les autres dégâts causés par la consommation d'énergie à la planète et aux conditions de vie sur Terre.

Pour s'inscrire réellement dans une perspective de développement soutenable, la fiscalité doit prendre en compte les différentes "chaînes énergétiques", depuis la ressource primaire (celle que l'on trouve dans la nature) jusqu'à l'énergie finale (celle qui est payée par les consommateurs) en passant par les pertes à la production, à l'acheminement et à la consommation. Elle doit bien sûr prendre en compte la nature de la ressource primaire mobilisée, notamment son caractère renouvelable ou non, mais aussi l'ensemble des externalités, c'est-à-dire tous les impacts sur l'environnement et sur la santé : destruction de la biodiversité, pollution de l'air et de l'eau, production de déchets toxiques, contamination des écosystèmes, etc.

Le signal fiscal de long terme préconisé par négaWatt est une *contribution sur l'énergie primaire et les externalités environnementales* (Cepex), qui répond à ce cahier des charges d'une manière transparente et rapidement opérationnelle.

Mesure 10 : pour une contribution environnementale sur les énergies primaires

> Son principe est simple : il s'agit d'instituer une contribution généralisée à *toutes* les ressources énergétiques, en fonction des volumes consommés, de l'efficacité des chaînes énergétiques et des externalités qui leur sont imputables.

Cette contribution sera calculée à partir de trois composantes :

1. Tout d'abord la consommation d'énergie finale (Cef) ;

2. La deuxième composante est le rendement physique entre énergie primaire et finale (Rpf pour *rendement primaire/final)*. Elle reflète l'efficacité de la chaîne énergétique, c'est-à-dire le rapport entre les ressources énergétiques utilisées et l'énergie livrée sur le lieu de consommation par un fournisseur ;

3. Un "coefficient d'externalité et de durabilité environnementale" (Env) caractérise, selon le type de ressource, les émissions de CO_2, la production de déchets toxiques et les risques industriels ou sanitaires (pollutions accidentelles, prolifération de matières dangereuses).

La détermination de l'énergie finale (Cef) ne pose pas de problème : c'est tout simplement celle qui est facturée au consommateur (particuliers, organismes, entreprises).

Les deux coefficients (Rpf et Env) doivent être fixés par l'Etat sur proposition d'une Haute Autorité de la transition énergétique, en se fondant sur des données factuelles : les déclarations des fournisseurs d'énergie quant aux ressources énergétiques qu'ils utilisent, des enquêtes sur les pertes de rendement et d'acheminement, des études et mesures sur les impacts environnementaux, etc. Ces deux coefficients seront donc spécifiques à chaque fournisseur d'énergie et pourront varier en fonction du "mix" d'énergies primaires utilisées et de son évolution.

Un quatrième facteur multiplicateur *(a)*, commun à toutes les énergies, permet de fixer le montant en euros de la contribution Cepex dans le cadre d'une enveloppe globale ou “taux d’effort” décidé par le Parlement.

Le montant de la contribution pour une consommation d’énergie donnée est ainsi le produit de quatre termes : *a* × Cef × Rpf × Env.

Un tel système n’est pas aussi compliqué à mettre en œuvre qu’on pourrait le croire.

Prenons l’exemple d’un ménage ou d’une petite entreprise se chauffant au fioul. Le montant de la contribution sera fonction de leur consommation annuelle en kilowattheures (Cef par exemple de 10 000 kilowattheures), du coefficient de conversion entre l’énergie primaire et l’énergie finale (Rpf de l’ordre de 1,20) et de l’impact environnemental de la combustion du fioul : émissions de gaz à effet de serre, pollution atmosphérique locale, usure des routes lors de la livraison par camions-citernes, etc. (Env par exemple de 2,0). La base de la Cepex sera donc de 10 000 × 1,20 × 2, soit 24 000 kilowattheures. Si le quatrième terme, *a*, est fixé par exemple à 1,0 centime d’euro par kilowattheure, le montant de la Cepex sera de 0,01 × 24 000, soit 240 euros par an.

Supposons maintenant que ce ménage ou cette PME se chauffe avec des convecteurs électriques et qu’EDF soit leur fournisseur : la contribution, pour le même service énergétique rendu (se chauffer) sera fonction de leur consommation (8 000 kilowattheures[1]), du rendement primaire/final (Rpf de l’ordre de 3,3) et du coefficient d’externalité des énergies employées dans

1. Avec un chauffage électrique, les pertes à l’utilisation sont plus faibles (pas de pertes à la génération de chaleur ou à la distribution) mais les pertes à la production sont beaucoup plus élevées.

le "mix" EDF (par exemple 1,5). La base de la contribution sera donc de 8 000 × 3,3 × 1,5, soit 39 600, et le montant de la Cepex, de 0,01 × 39 600, soit 396 euros par an.

Enfin, pour un ménage se chauffant grâce à une pompe à chaleur sur l'air extrait d'une ventilation double flux et se fournissant en électricité renouvelable par exemple chez Enercoop, la consommation sera de 2 000 kilowattheures, Rpf sera réduit à 1,1 et Env sera très faible, par exemple 0,3. La base de sa contribution sera donc de 2 000 × 1,1 × 0,3, soit 660, et la Cepex sera quasi nulle (0,01 × 660, soit 6,6 euros par an).

De fait, chacune des trois composantes amorce et entretient le cercle vertueux de la transition énergétique. Le consommateur aura intérêt à réduire sa consommation d'énergie par des travaux d'isolation (pour diminuer Cef) ou à choisir un fournisseur d'énergies renouvelables (Rpf proche de 1, Env proche de 0), ou, encore mieux, à faire les deux à la fois. Pour rester compétitif, le producteur d'énergie cherchera à réduire les pertes des chaînes énergétiques de sa production (Rpf plus faible). Quant au fournisseur, il gagnera à choisir des producteurs qui, parce qu'ils font appel à des énergies renouvelables et ont de faibles pertes de production, ne pénaliseront pas le prix de vente au consommateur final par des coefficients Rpf et Env élevés.

La qualité de cet instrument fiscal, beaucoup plus juste que la seule taxe carbone, réside dans son universalité et son signal de long terme. Modeste au démarrage, puis progressivement plus fort, le poids croissant de la contribution Cepex modifie la logique financière en pénalisant les choix énergétiques fondés sur une rentabilité de court terme et en favorisant le long terme. Mais elle ne fera pas qu'orienter les choix des acteurs économiques : elle générera aussi des recettes qui peuvent être utilisées pour répondre aux besoins de la transition énergétique. Ainsi, le produit de la Cepex pourra être réparti entre trois objectifs distincts, dans des proportions restant à déterminer, sans être forcément égales.

Il permet en premier lieu d'abonder un *Fonds national de financement de la transition énergétique*, dégageant les ressources nécessaires aux investissements lourds qui relèvent des compétences de l'Etat et au financement des mesures incitatives. Afin de garantir une visibilité suffisante sur la disponibilité des fonds, une enveloppe prévisionnelle, assortie de conditions d'attribution, devra faire l'objet d'une programmation sur un horizon de cinq ans.

Une seconde part devra être affectée à un *Fonds de dotation des collectivités locales*, pour le financement des actions relevant soit de leurs compétences propres, soit des programmes définis par les Plans locaux de la transition énergétique qu'elles seront tenues de mettre en œuvre. Ces plans devront être élaborés dans le cadre d'une véritable démocratie participative renouvelée allant, tant en termes d'ambitions que de moyens, bien au-delà des "Plans climat-énergie territoriaux" et "Schémas régionaux climat-air-énergie" issus du Grenelle de l'environnement.

La troisième part, enfin, devra être consacrée au *financement des mesures de compensation* destinées à atténuer les impacts économiques et sociaux négatifs immédiats de l'augmentation du prix de l'énergie sur les ménages modestes. Cette compensation devra être conçue comme transitoire, c'est pourquoi elle devra être accompagnée d'un diagnostic individualisé, suivi dans un délai convenu d'un programme d'actions visant à réduire durablement les besoins énergétiques, sur financement du Fonds national évoqué plus haut.

Afin de garder tout leur sens aux principes fondateurs de la taxe, cette compensation pourra prendre la forme d'un crédit d'impôt sous conditions de ressources, proportionnel à la facture énergétique réelle et pouvant être versé de manière quasiment automatique par l'administration fiscale sur la base des déclarations de revenus, puisque celles-ci intègrent de fait la presque totalité des informations nécessaires au calcul de son montant, comme les revenus et la taille du ménage. Pour fiabiliser ces procédures et être le plus juste possible, il serait pertinent de rapprocher les données fiscales et sociales concernant les ménages, aujourd'hui dispersées entre différentes administrations[1]. Enfin, le versement du crédit d'impôt n'intervenant que l'année suivant celle où la dépense a été réalisée, il faudra mettre en place un mécanisme permettant de le verser par anticipation aux ménages les plus modestes, qui n'ont pas les moyens de faire l'avance.

Un tel système serait nettement plus juste et plus simple à gérer que ceux nécessitant de fait une comptabilité individuelle de l'énergie bien trop compliquée à mettre en œuvre et à contrôler. Par ailleurs, ce crédit d'impôt pourra être étendu à certaines professions et certains secteurs d'activité fragiles mais à forte utilité sociale, comme le petit commerce de proximité et l'artisanat.

1. Ce rapprochement se pratique déjà en Belgique sans que cela pose apparemment de problèmes de confidentialité ou d'atteinte au secret des données personnelles, tout en permettant la mise en place efficace des indispensables mesures compensatoires.

REFONDRE NOTRE FISCALITÉ PAR UN SIGNAL UNIVERSEL ET ÉCOLOGIQUE DE LONG TERME

Articulée avec les taxes existantes sur l'énergie, auxquelles elle se substitue partiellement, et associée aux autres instruments fiscaux (taxation des "rentes" historiques, redevance poids lourds et généralisation du bonus-malus), la contribution Cepex réorientera la fiscalité énergétique de la France selon des principes simples :

– universalité : toutes les consommations d'énergie issues de ressources fossiles ou minières (pétrole, gaz, charbon, uranium) et toutes les énergies renouvelables entrent sans exception dans le champ de la Cepex ;

– exhaustivité : toutes les pertes énergétiques dans la chaîne de transformation, de production et de distribution sont prises en compte dans le calcul, quelle que soit la ressource primaire ;

– clarté : l'utilisateur final comprend facilement que le montant de sa contribution peut être diminué en réduisant sa consommation d'énergie (baisse de Cef), en choisissant une énergie à haute efficacité de production (Rpf proche de 1) ou à faible impact environnemental (Env faible ou nul), ou mieux encore en combinant les trois ;

– transparence : la contribution est calculée au prorata de la quantité d'énergie effectivement consommée et non sur la base d'un forfait. Les coefficients Rpf et Env sont proposés pour chaque tarif par un régulateur indépendant et arrêtés par l'Etat. Ils apparaissent de manière explicite sur les offres et contrats des fournisseurs, ainsi que sur les factures ;

– autorégulation : le produit collecté diminue mécaniquement au fur et à mesure de la baisse des quantités d'énergie consommée (baisse de Cef), de l'amélioration du rendement énergétique global du système de production (Rpf tendant vers 1) et du moindre impact environnemental (Env tendant vers 0). C'est bien un outil de transition et non un moyen de financement du budget de l'Etat ;

– lisibilité, enfin, ce qui favorisera son acceptation par les citoyens : il ne s'agit pas d'une taxe nouvelle qui s'ajoute à d'autres, mais d'une refonte complète de notre système à travers une écofiscalité équitable, donnant les bons signaux à tous les acteurs économiques et procurant les moyens de financer la transition énergétique pour le bénéfice de tous.

LA PROGRESSIVITÉ DES PRIX : UN SIGNAL DE BON SENS !

Par son principe d'universalité, la Cepex traduit quantitativement la différence entre les nombreuses manières de produire, de transporter et de délivrer chaque unité d'énergie consommée, et elle en reflète les coûts environnementaux. Elle remplit aussi une fonction régulatrice essentielle en orientant le choix de tous les prescripteurs, de l'Etat aux simples particuliers, vers les moyens optimums, à un moment donné, de satisfaire leurs besoins de service énergétique.

En revanche elle traduit mal, vu du côté de l'utilisateur, le fait qu'une énergie consommée n'ait pas la même "valeur d'usage" qu'une autre : le litre d'essence pour aller à un entretien d'embauche n'a pas la même valeur que celui qu'on consomme pour partir en week-end, le kilowattheure électrique pour la conservation des aliments dans un réfrigérateur n'a pas la même importance que celui qui sert à faire fonctionner une console de jeux vidéo…

Sans entrer dans une hiérarchisation trop complexe, il est possible de prendre partiellement en compte ces différences de valeur d'usage à travers un *mécanisme de progressivité du prix de l'énergie*. On peut en effet considérer, même si ce n'est pas toujours vrai, que les premières unités d'énergie consommées ont la plus forte valeur d'usage[1] : il est donc logique qu'elles soient les moins coûteuses. Or aujourd'hui, le mécanisme est exactement inverse : plus un ménage a une consommation élevée, moins son énergie est chère !

Le kilowattheure supplémentaire bénéficie donc d'une "subvention" implicite. Même si cela peut s'expliquer par une logique de profitabilité[2], cet état de fait est contraire aux intérêts sociaux et environnementaux de la collectivité.

Il est possible de résoudre cette contradiction en définissant un certain volume d'énergie que l'on considère comme de première nécessité, et d'augmenter progressivement le prix unitaire au-delà de ce seuil, de façon à dissuader de plus en plus franchement les consommations pour les usages les moins essentiels. Ce type de mécanisme n'est pas incompatible avec le maintien d'un marché ouvert : plusieurs Etats comme l'Italie,

1. Pour l'électricité par exemple, le minimum peut inclure l'éclairage, la production de froid et le circulateur de chauffage central.
2. Pour tous les flux (l'eau, l'électricité, le gaz), le poids relatif des infrastructures et des services diminue dans la structure des coûts : plus on consomme, plus le coût de revient du kilowattheure ou du mètre cube "marginal" est faible.

la Belgique ou la Californie ont déjà expérimenté à grande échelle des tarifs progressifs pour l'électricité et le gaz, tout en respectant parfaitement les règles de la concurrence.

Le très fort taux de pénétration du chauffage électrique, surtout parmi les ménages modestes qui habitent des logements mal isolés, a longtemps été mis en avant pour justifier l'impossibilité d'appliquer ce principe en France, en arguant de conséquences sociales dramatiques. Pourtant, cette situation – écologiquement catastrophique et socialement injuste puisque ce sont les pauvres qui paient le plus pour se chauffer – est l'un des plus lourds héritages de nos décennies d'ébriété énergétique.

D'une manière ou d'une autre, il faut en sortir aussi rapidement que possible dans le cadre d'un programme d'action spécifique ciblé sur les publics en situation de précarité, mais cette difficulté particulière ne saurait en aucune manière justifier de renoncer à appliquer la mesure de bon sens qu'est la progressivité des prix de l'énergie.

Le député François Brottes a tenté à travers une proposition de loi déposée en 2012 d'instaurer en France une tarification progressive de l'électricité, mais la loi finalement votée en 2013, qui prévoyait de nombreuses exemptions et exceptions, a été censurée par le Conseil constitutionnel du fait qu'elle introduisait une rupture d'égalité contraire à la Constitution.

Il serait regrettable que cet échec dû à la trop grande complexité du dispositif prévu conduise à un abandon définitif de ce principe très "négaWatt" dans son esprit.

Une solution simple, applicable sans risque juridique, consiste à exiger de tous les fournisseurs qu'ils soumettent pour validation à la Commission de régulation de l'énergie, le *régulateur* français, des grilles de prix intégrant cette progressivité. Des solutions alternatives, via par exemple le crédit d'impôt, permettraient également de rendre le prix des énergies progressif tout en restant dans le cadre d'un marché concurrentiel "régulé" et non "administré".

Dans tous les cas, l'ouvrage de la tarification progressive mérite d'être remis sur le métier, pour que le kilowattheure superflu ne soit jamais moins cher que kilowattheure essentiel !

10

FAIRE D'UNE NÉCESSITÉ UN PROJET DE SOCIÉTÉ

La transition énergétique proposée par le scénario négaWatt n'est pas une simple évolution à la marge de notre système énergétique, ni le rafistolage d'un modèle qui a entraîné nos sociétés et notre environnement dans les impasses où ils se trouvent aujourd'hui. Mais ce n'est pas non plus "le retour à la bougie" dont parlait un ancien Président dans un moment d'égarement[1] qui l'a conduit à faire un horrible contresens : la bougie a un rendement médiocre, elle émet du CO_2 et sa paraffine est à base de produits pétroliers, tout le contraire de la démarche négaWatt !

La transition énergétique explore les voies d'une modernité repensée, où chacun est invité à revenir aux sources de ses propres besoins pour en comprendre le sens et en inscrire la satisfaction dans la finitude du monde. Cela n'interdit pas une vie riche, pleine de petites joies et de grands bonheurs. Mais cette mise en questions de nos modes de vie est un impératif,

1. "Il n'est pas le temps *(sic)* de revenir à l'époque du Moyen Age, des peurs moyenâgeuses où l'on se méfiait du progrès, où l'innovation et la recherche étaient comme frappées comme d'un procès en sorcellerie [...] On ne va pas retourner à l'époque de la bougie !" (Nicolas Sarkozy, alors président de la République, à la centrale nucléaire du Tricastin, 25 novembre 2011.)

puisque nous savons désormais avec certitude que, si nous ne changeons rien, l'égoïsme et l'aveuglement d'aujourd'hui interdiront demain à nos descendants d'avoir tout simplement une vie "normale".

Mais, justement, ces descendants, dont certains sont déjà parmi nous, comment vivront-ils en 2050 dans une société qui aura achevé la transition énergétique du scénario négaWatt ?

Un tel exercice ne consiste pas simplement à fixer l'image immobile d'une vision statique du long terme. Il est possible, nous l'avons vu, de décrire tout le chemin à parcourir en nous aidant des trois principes robustes qui permettent de quantifier le contenu et le rythme de la nécessaire mutation : ne retenir que des solutions compatibles avec un authentique développement soutenable, toujours appliquer les trois temps de la démarche négaWatt – "sobriété, efficacité, renouvelables" – et éviter de faire appel à des techniques dont la maturité n'est pas certaine au moins à moyen terme.

L'exercice prospectif reste cependant difficile à résumer sans risquer de perdre la richesse et la minutie du travail effectué ; il ne s'agit pas non plus de tenter de prédire ni même de prévoir le futur, car, comme le disait Pierre Dac, "les prévisions sont difficiles, surtout lorsqu'elles concernent l'avenir" ! Essayons néanmoins de brosser à grands traits les principaux contours de la société telle qu'elle pourrait être en 2050, selon la trajectoire décrite par le scénario négaWatt.

A cette époque, notre manière d'occuper l'espace a fortement évolué à l'issue d'un triple mouvement de revitalisation des zones rurales, de reconstruction des villes sur elles-mêmes et d'arrêt de l'extension des zones périurbaines au profit de leur densification. Cette dynamique a conduit à une répartition plus équilibrée à la fois de la population et des activités dans et entre les territoires.

En ville, la lutte contre la spécialisation des fonctions par zones (l'habitat, le travail, les commerces, les loisirs) a permis le retour à un urbanisme de quartier ou de village, qui privilégie la proximité et limite l'usage contraint de la voiture. Le bruit continu des moteurs à explosion n'est plus qu'un mauvais souvenir, et la circulation des véhicules est limitée à une vitesse compatible avec les autres usagers des espaces publics. L'éclairage des rues ne se déclenche que lorsqu'il y en a vraiment besoin, les citadins peuvent enfin revoir les étoiles dans la nuit.

Pratiquement tous les bâtiments anciens ont été rénovés et isolés, ils sont devenus plus confortables et beaucoup moins consommateurs d'énergie. La plupart sont raccordés à un réseau local de chaleur alimenté au bois ou au gaz renouvelable, réduisant d'autant leur impact sur l'environnement. Ce vaste programme de réhabilitation énergétique s'est étalé sur une quarantaine d'années, et a permis de créer des centaines de milliers d'emplois dans le bâtiment et l'industrie.

Les immeubles de logement collectif et de bureaux nouvellement bâtis ne dépassent pas cinq ou six étages. Souvent construits en bois et faisant la part belle aux matériaux biosourcés, ils forment des îlots où la végétation a toujours droit de séjour, apportant ombrage en été et douceur toute l'année. Leur toiture, parfois végétalisée, est presque toujours équipée de panneaux solaires. Ils savent exploiter au maximum les apports de chaleur gratuite venant du Soleil, des occupants, des équipements, de l'air vicié ou des eaux usées, limitant ainsi les besoins de chauffage à un ajustement de la température pour maintenir en permanence une sensation de confort : on ne jette plus les négawatts par la fenêtre ou avec l'eau du bain !

Les équipements électriques sont plus nombreux et les services qu'ils rendent plus étendus qu'aujourd'hui, aussi bien dans les logements que dans les bureaux, mais ils sont bien plus efficaces. Grâce à des automatismes perfectionnés et des veilles performantes, ils ne consomment de l'énergie que lorsque l'on s'en sert réellement. L'électricité est réservée aux "usages nobles", on ne la gaspille plus, par exemple, pour du chauffage par convecteurs à effet Joule ni pour des usages extravagants comme les écrans publicitaires.

Globalement, en 2050, la consommation d'énergie du secteur résidentiel et tertiaire a diminué, tous usages confondus, de plus de la moitié par rapport à 2010, pour un confort supérieur et des usages plus nombreux.

Les évolutions de l'urbanisme, de l'aménagement de l'espace et des modes de travail ont permis de réduire notablement les besoins de déplacement contraint pour des motifs personnels comme professionnels. Sauf dans l'habitat rural isolé, chacun peut trouver, dans un rayon de quelques centaines de mètres autour de son domicile, les commerces et les principaux services nécessaires à la vie quotidienne. Le développement du télétravail dans les nombreux "hôtels d'activités", nouvelle forme de l'immobilier d'entreprise, permet de mutualiser les équipements bureautiques performants et de limiter fatigue, perte de temps et gaspillage d'énergie tout en favorisant la socialisation des adeptes de ces pratiques. Cette nouvelle façon d'occuper des emplois administratifs ou créatifs n'exclut pas les réunions physiques "comme avant", mais la convivialité de l'échange a pris le pas sur la contrainte et l'habitude.

Des infrastructures diversifiées et une meilleure coordination entre les systèmes d'information et de billettique ont rendu les déplacements plus fluides en offrant des solutions personnalisées à chaque situation. Des transports en commun confortables, efficaces et bon marché occupent bien sûr une place centrale dans les villes comme pour les liaisons entre elles. Ils sont complétés par une gamme étendue de moyens de déplacement : pistes cyclables sûres et bien maillées pour vélos classiques ou à assistance électrique, microvéhicules légers conçus pour la ville[1], généralisation de l'autopartage et du covoiturage, retour des taxis collectifs, développement des minibus à la demande permettent de répondre aux besoins des personnes de tous les âges.

La production de biens d'équipement, largement relocalisée et utilisatrice en priorité de matières premières renouvelables, s'est résolument tournée vers l'écologie industrielle, favorisant les flux circulaires de matières premières et d'énergie, tant en amont, lors de la conception et de la fabrication, qu'en aval, avec la systématisation de la consigne, de la réparation,

1. Comme cet étrange véhicule *Ha :Mo* conçu par Toyota d'ores et déjà disponible en autopartage à Grenoble, voir http://www.citelibbyhamo.fr/.

de la récupération et du recyclage : “l’âge des choses légères[1]” est enfin venu…

L’agriculture a elle aussi opéré sa mutation vers une production bien plus équilibrée à tous les points de vue : environnemental et paysager, avec une réduction drastique des intrants chimiques, l’introduction de l’agroforesterie et la généralisation des méthodes culturales respectant les grands équilibres écologiques ; alimentaire, avec la disparition des élevages industriels au profit d’une production de viande et de laitages en moins grande quantité mais de bien meilleure qualité, et l’augmentation de la consommation de céréales, de légumineuses, de fruits et de légumes de saison ; social, avec le développement de l’emploi rural grâce à la diversification des débouchés, telles la production de matériaux et la valorisation énergétique de la biomasse.

Au total, la consommation d’énergie finale a été réduite, entre 2010 et 2050, de 55 %, répartis en 54 % pour la chaleur, 64 % pour la mobilité et 36 % pour l’électricité spécifique. Grâce à l’amélioration continue des chaînes énergétiques, et bien que la population se soit accrue de plus de 9 millions d’habitants, soit une augmentation de 15 %, il faut près de 3 fois moins d’énergie primaire pour satisfaire tous les besoins de la société française.

Les ressources mobilisées pour répondre à ces besoins ont radicalement changé de nature, puisqu’elles

1. Dans le livre *Il y aura l’âge des choses légères*… le designer Thierry Kazazian annonçait le nécessaire retour de la “légèreté” dans le design de tous nos biens de consommation : des objets simples, multiusages et multifonctions, modulables en fonction de l’utilisation réelle et dont les composants sont totalement recyclables (Victoires éditions, Paris, 2003).

sont à plus de 90 % d'origine renouvelable. Tout comme la rénovation du bâtiment et la diversification de l'agriculture, elles ont généré la création de dizaines de milliers d'emplois qualifiés au cœur même de tous les territoires, là où se trouvent les gisements inépuisables de Soleil, de vent ou de biomasse.

L'abandon progressif de la production d'électricité nucléaire n'a pas été le cataclysme économique et social que certaines Cassandre avaient promis. L'obligation de gérer l'héritage empoisonné du démantèlement et de la gestion des déchets a maintenu un niveau élevé d'emplois hautement qualifiés dans le secteur, et le nombre grandissant de réacteurs en fin de vie dans le monde entier a permis d'exporter le savoir-faire de l'industrie nucléaire française. Finalement, la reconversion de cette dernière s'est déroulée dans des conditions bien moins brutales et moins traumatisantes que celle des bassins houillers ou de la sidérurgie entre 1960 et 1980, qui avaient mis sur le carreau, souvent du jour au lendemain, des dizaines de milliers d'ouvriers et entraîné le déclin de régions entières.

Tout au long de la période, les importations d'énergies fossiles se sont réduites progressivement et régulièrement, jusqu'à se limiter à un peu de gaz naturel fossile, de pétrole pour des carburants spécifiques et la pétrochimie, et de charbon pour la sidérurgie. Cette baisse a dégagé des économies considérables de devises qui ont été réinjectées dans l'économie nationale pour financer une partie de la transition énergétique. La consommation de gaz naturel fossile a diminué légèrement jusqu'en 2035, tout en assurant la sécurité d'approvisionnement électrique entre la montée en puissance des programmes d'économies d'énergie, la fermeture des réacteurs nucléaires et le développement progressif des énergies renouvelables. Elle a par la suite amorcé une décroissance rapide, au fur et à mesure que les molécules de gaz renouvelable sont venues remplacer celles d'origine fossile dans les conduites et les réservoirs.

Doté de nombreuses qualités, comme sa flexibilité ou son caractère stockable, le vecteur gaz, devenu progressivement renouvelable, a pris une place grandissante dans l'approvisionnement : il couvre ainsi près de 30 % des besoins de chaleur et 60 % des besoins de mobilité.

La pénétration des énergies renouvelables n'a été rendue possible que grâce aux immenses progrès accomplis dans la conduite et dans la coordination des différents réseaux énergétiques qui sont tous devenus "intelligents" : le réseau électrique bien entendu, mais aussi le réseau de gaz, ainsi que les nombreux réseaux de chaleur qui se sont développés à l'initiative des acteurs locaux.

Prenant enfin conscience de l'importance des enjeux et comprenant qu'elles avaient entre leurs mains l'une des principales clés de la solution à la crise énergétique et climatique, les collectivités locales, propriétaires depuis toujours des réseaux publics, ont décidé d'assumer pleinement le rôle qui leur a été reconnu par la loi en tant qu'"autorités organisatrices de la transition énergétique". Les habitants et les entreprises de ces territoires ont trouvé là matière à se mobiliser autour de projets fédérateurs, porteurs de valeur sociale autant qu'économique et pourvoyeurs de nombreux emplois locaux.

Contrairement à ce qu'une appréciation erronée avait pu faire croire à certains, l'abandon du nucléaire n'a pas provoqué d'augmentation des émissions de gaz à effet de serre. La “décarbonisation” quasiment complète du secteur énergétique a permis de compenser l’impossibilité structurelle de l’agriculture d’atteindre un facteur de réduction des émissions supérieur à 1,8.

Enfin, l’autonomie et l’indépendance de la France en sortent considérablement renforcées puisque notre pays ne dépend quasiment plus d’agents économiques ou politiques extérieurs pour assurer son approvisionnement énergétique : la transition constitue ainsi une véritable “assurance-énergie” à long terme pour tous les ménages, les entreprises et les collectivités, car leur vie quotidienne comme leur avenir ne sont pratiquement plus soumis aux tensions spéculatives ou géopolitiques.

PARTIR À TEMPS, TROUVER LE BON TEMPO

Au terme de ce voyage jusqu’en 2050, ultime année de la trajectoire proposée par le scénario négaWatt, il est temps de revenir au présent pour nous interroger sur le bon rythme de la transition et sur la meilleure manière de l’amorcer.

Les transformations décrites ici à grands traits pourraient sembler profondes et hors de portée si elles devaient se réaliser brutalement. Mais il n’en est rien : elles s’étalent sur trente-cinq années, un peu moins de deux générations. Et ce qui sépare nos modes de vie d’aujourd’hui de cette projection en 2050 est probablement moins important que ce qui nous sépare des modes de vie d’il y a trente-cinq ans, à la fin des années 1970.

A cette époque, Internet était loin d’exister (1989), il fallait encore attendre des mois pour avoir un téléphone qui ne pouvait être que fixe, et la banalisation du portable tenait de la science-fiction. Le pétrole ne coûtait presque rien (13 dollars le baril en septembre 1978) et l'idée même qu'il puisse exister un pic pétrolier ou gazier serait passée pour totalement farfelue. Peu de monde hormis quelques hurluberlus visionnaires se souciait vraiment d'environnement ou de la menace des changements climatiques[1]. Il fallait adapter les villes à la voiture en rasant les quartiers anciens pour laisser passer les autoroutes en centre-ville, et, après la secousse du premier choc pétrolier, les Trente Glorieuses semblaient reparties pour durer un siècle...

En comparaison de cette époque, les évolutions progressives des modes de vie qui découlent du scénario négaWatt, rendues nécessaires par les contraintes vitales auxquelles nous sommes confrontés, restent finalement très relatives. En contrepartie, elles généreront de l'activité économique, créeront de nombreux emplois et amélioreront par bien des aspects la qualité de la vie quotidienne en enrichissant et en renforçant les liens sociaux.

Cependant la transition énergétique est par nature un processus qui prendra du temps pour parvenir à son terme. C'est précisément pour cette raison que les décisions à prendre pour l'engager doivent être prises sans attendre, de façon à anticiper les inéluctables et redoutables inerties qu'il faudra vaincre, puis éviter de tomber dans le piège de la précipitation et inscrire ce mouvement dans le bon tempo.

Pour bien prendre la mesure de l'urgence qu'il y a à renverser la vapeur – la moindre des choses en

1. La première audition du climatologue Hansen devant le Congrès américain alertant sur le changement climatique ne date que de 1988.

parlant d'énergie ! –, écoutons ce que des chercheurs de l'université de Potsdam[1] et les milliers de scientifiques du GIEC[2] nous disent dans leur cinquième rapport publié en 2014.

A partir des modèles climatiques les plus élaborés, ils ont calculé la quantité maximale de gaz carbonique fossile qu'il est possible d'émettre dans l'atmosphère tout en conservant suffisamment de chances (66 % selon leurs calculs) de maintenir la hausse moyenne de la température à la surface de la Terre au-dessous de 2 °C en 2100 – une valeur qui implique déjà des bouleversements considérables sur l'environnement et sur les sociétés humaines.

Ces résultats définissent les contours du véritable défi auquel l'humanité doit faire face : ce qui compte, ce n'est pas seulement la limitation des émissions annuelles, mais bien le cumul dans le temps de toutes les émissions de tous les gaz à effet de serre. Or la durée de séjour moyen dans la haute atmosphère (c'est-à-dire le temps nécessaire pour que leur concentration diminue de moitié) est de douze ans pour le méthane, de cent ans pour le CO_2, et peut atteindre plusieurs milliers d'années pour certains gaz fluorés.

D'après leurs évaluations, la quantité de CO_2 déjà émise par l'activité humaine entre 1870 et 2010 est de 1 850 milliards de tonnes. Pour conserver simplement 66 % de chances de ne pas dépasser les +2 °C,

1. Meinshausen, M. *et al.*, "Greenhouse Gas Emission Targets for Limiting Global Warming to 2 °C", *Nature* n° 458, 25 mars 2009.
2. Le GIEC est le Groupe d'experts intergouvernemental sur l'évolution du climat. Son cinquième rapport est disponible sur http://www.climatechange2013.org/images/report/WG1AR5_SPM_FINAL.pdf.

il ne faudrait pas émettre plus de 1 050 milliards de tonnes au total d'ici la fin de ce siècle.

Or nous (l'humanité tout entière) émettons 35 milliards de tonnes de CO_2 par an. Il ne nous reste donc devant nous pas plus de 1 050/35, soit trente ans de possibilité d'émissions au rythme actuel. Autrement dit, si nous ne changeons rien, il faudrait ne plus rien émettre après 2045, jusqu'en 2100 et au-delà !

Si en revanche on répartit ce *budget-carbone* équitablement sur les quatre-vingt-cinq ans qui nous séparent de 2100, le niveau annuel d'émissions ne doit pas dépasser 12 milliards de tonnes de CO_2, ce qui représente une division par 3 par rapport à ce qui se passe aujourd'hui !

Un véritable défi – mais qui ne nous permettra pas à lui seul de résoudre entièrement l'équation climatique : voici pourquoi.

UN CHOIX CORNÉLIEN DANS UN OCÉAN DE CONTRAINTES

D'abord, il est évidemment impossible de revenir instantanément à un niveau d'émissions annuelles aussi faible que ces 12 milliards de tonnes de CO_2 par an, même d'un coup de baguette magique ! Il faudra *a minima* plusieurs décennies pour l'atteindre, ce qui implique de viser ensuite un niveau encore plus bas afin de compenser les émissions "en trop", inévitables durant les premières décennies d'amorçage et de montée en puissance des politiques de transition énergétique.

Ensuite, il est très vraisemblable qu'une augmentation de 2 °C est trop élevée. De très nombreux scientifiques pensent que nous devrions nous efforcer de limiter le réchauffement terrestre moyen à 1,5 °C pour éviter des effets de seuil et des bouleversements majeurs affectant les sols et la biodiversité. Dans un monde plus chaud de 2 °C, en effet, la vitesse du changement climatique induirait des changements de végétation si rapide que les organismes vivants sur terre et dans l'eau douce n'arriveraient pas à suivre. Un tel niveau pourrait entraîner des phénomènes irréversibles comme la fonte d'une partie du permafrost ou des niveaux d'acidité dans l'océan modifiant les concentrations de plancton. Ou encore l'effondrement progressif dans l'océan de la calotte glaciaire du Groenland pouvant provoquer à terme une élévation du niveau des mers de… 7 mètres !

Si la limite est fixée non pas à + 2 °C mais à + 1,5 °C notre budget-carbone jusqu'à 2100 n'est alors plus de 1 050 milliards de tonnes, mais de seulement 400 milliards. Il est possible de remonter ce budget-carbone à 700 milliards de tonnes, mais il faut pour cela se contenter non pas de 66 % de "chances" mais de 33 % seulement, soit une seule petite chance sur trois d'atteindre cet objectif de limitation à + 1,5 °C : sommes-nous prêts à faire peser un tel risque sur les épaules de nos propres enfants ?

Un autre paramètre essentiel doit être pris en compte : la démographie. Les projections actuelles nous disent qu'entre 2015 et 2050, la population mondiale va passer de 7,3 à 9,5 milliards d'habitants. Sauf à considérer que les êtres humains ne naissent pas égaux en droits, l'éthique la plus élémentaire impose *a minima* que le niveau d'émissions par personne converge vers une valeur compatible avec un budget-carbone mondial acceptable. Cela implique que chaque pays dispose d'un "droit d'émission" fondé non en valeur relative sur son niveau d'émissions d'aujourd'hui, comme c'est le cas actuellement dans les négociations internationales, mais sur son poids démographique cumulé à l'horizon de 2050[1].

Puisque la France ne représente que 0,85 % de la population mondiale, cette approche équitable ne nous autorise pas un cumul de plus de 6 à 7 milliards de tonnes d'émissions de CO_2 dans l'atmosphère d'ici à 2050[2].

Le scénario négaWatt, avec environ 7,0 milliards de tonnes d'émissions cumulées en 2050, reste tout juste dans cette limite. Si par contre les tendances actuelles se poursuivent, la France aura dépassé son *quota solidaire d'émissions* dès 2030. Au-delà, nous participerons à rendre à coup sûr la planète invivable pour nos descendants, tout en spoliant d'autres êtres humains de leur droit légitime à émettre leur part de CO_2. La peste de l'égoïsme et le choléra de l'indifférence…

Tous ces scénarios examinés, discutés, disséqués par la communauté scientifique donnent une idée de l'ampleur de la tâche à accomplir pour réussir à tenir l'objectif. On peut négocier entre nations un accord international, mais on ne négocie pas avec le climat ni avec les limites de la biosphère : on les respecte. La conclusion s'impose alors, et nous engage : tout comme le scénario négaWatt y parvient pour la France,

1. C'est-à-dire l'addition du nombre prévisionnel d'habitants de chaque pays année par année jusqu'à 2050.
2. Cette analyse porte uniquement sur les émissions de CO_2. Bien entendu il faut prendre en compte tous les autres gaz à effet de serre qu'il faut également limiter très fortement, en particulier le méthane CH_4.

il faut avoir éliminé dans le monde entier pour 2050 la quasi-totalité des sources d'émissions de CO_2 d'origine fossile.

LA TRANSITION, UN PROJET DE SOCIÉTÉ

Devant de tels enjeux, la transition énergétique ne peut se résumer à une simple substitution entre technologies de production d'énergie, à un choix caricatural entre éolien et nucléaire : elle est un processus de transformation en profondeur de l'organisation de notre société.

Ce n'est pas une découverte pour qui a compris à quel point cette organisation et le système économique qui la sous-tend sont structurés par notre modèle énergétique. Mais il est essentiel pour tout le monde d'en anticiper et d'en assumer par avance les conséquences.

Passage obligé vers l'incontournable réconciliation entre l'humanité et la planète dont elle est l'hôte, cette transformation ne pourra se faire sans modification des jeux d'acteurs et des positionnements des parties prenantes. Comment dès lors éviter que tous ceux qui tirent bénéfice du système actuel se considèrent comme les perdants désignés de la transition, et mettent tout leur poids dans la balance pour empêcher toute évolution ?

Entre politique de l'autruche et oiseaux de mauvais augure, il faut se rendre à l'évidence : si c'est bien l'humanité tout entière qui sortira grande gagnante sur le long terme d'une transition énergétique réussie, tout le monde ne le sera pas nécessairement à court terme. Pour que cet obstacle ne se transforme pas en mur sur lequel la transition viendrait se fracasser, il est donc essentiel qu'elle ne soit pas perçue comme une fatalité angoissante mais comme une opportunité enthousiasmante, à laquelle tout un chacun peut se sentir d'adhérer sans crainte. Deux exigences pour y parvenir : un langage de vérité sur les enjeux, sur l'urgence de changer et sur les possibles dommages collatéraux, et un arsenal approprié de mesures d'accompagnement pour que les évolutions nécessaires ne tournent pas à la casse sociale.

A contrario du chacun pour soi qu'entretient la survalorisation de l'individualisme et de la compétition, la transition énergétique exige que chaque citoyen ait conscience de participer à sa manière à l'effort collectif : dans la durée, dans toutes les facettes de sa vie et en s'appropriant les valeurs de l'utilité sociale et environnementale qu'elle porte, ferments d'une citoyenneté renouvelée.

Cela nécessitera dans le secteur professionnel un immense effort de formation, non seulement pour adapter les gestes aux innovations techniques et aux nouvelles méthodes de travail, mais aussi pour donner du sens aux nécessaires changements, pour s'assurer de la compréhension intime et durable par chacun du *pourquoi* et du *comment* de la transition énergétique.

C'est particulièrement le cas dans le secteur du bâtiment, où la tendance historique à la parcellisation et à la spécialisation des tâches a conduit à une dévalorisation sociale de ceux qui y travaillent en termes de revenus et de considération. Elles devront laisser la place à une requalification générale et à une promotion de la coopération entre métiers. Conditions impératives si l'on veut atteindre les objectifs, les exigences de qualité dans la construction neuve et encore plus dans la rénovation doivent être à la source d'un retour du savoir-faire et de l'excellence sur les chantiers, d'où ils ont été trop souvent exclus au profit de techniques industrialisées à outrance et de gestes simplifiés à l'extrême[1].

Pour atteindre les performances attendues des bâtiments à basse consommation, la mise en œuvre des solutions techniques doit être irréprochable, par exemple pour assurer l'étanchéité à l'air des immeubles, pour installer un chauffe-eau solaire ou pour régler des systèmes et des automatismes. Il est essentiel que cet impératif soit bien compris par tous les corps de métiers : le maçon doit savoir que le poseur de fenêtres a besoin d'un encadrement parfaitement rectiligne, l'électricien ne doit pas découper n'importe comment des saignées dans l'isolant pour passer ses câbles, le poseur de faux plafonds ne doit pas écraser la gaine de ventilation qui sert aussi au chauffage…

De même, dans l'agriculture, il ne s'agit plus de produire au moindre coût des "volumes" de denrées alimentaires en saturant le sol et les nappes phréatiques d'engrais chimiques et de pesticides, en tassant le sol par des labours trop profonds et trop fréquents ou en épuisant les ressources en eau à force de pomper pour l'irrigation. Les différents métiers devront s'enrichir des connaissances nécessaires à la mise en œuvre de techniques culturales respectueuses des équilibres écologiques en vue d'une production bien plus diversifiée entre alimentation, matériaux, matières premières et énergie, tout en prenant soin de maintenir la qualité agronomique des sols, ce patrimoine commun légué par les générations successives de paysans. Les compétences purement techniques devront bien sûr être

1. Ainsi l'artisan plâtrier d'hier est-il devenu aujourd'hui un "poseur de plaques" au kilomètre…

renforcées, mais la compréhension du fonctionnement des écosystèmes et des cycles biologiques sera tout aussi essentielle.

Ces deux exemples montrent que la "société de la connaissance" – qui n'est pas que numérique – trouvera dans la transition énergétique un vaste champ d'application à la fois concret, utile et surtout profondément démocratique car partagé entre le plus grand nombre.

Mais les difficultés sociales et personnelles que créeront les inévitables pertes d'emplois dans les secteurs en déclin ne doivent être ni ignorées ni laissées sans réponse : s'il doit y avoir des gagnants et des perdants, cela doit être au niveau des équilibres entre secteurs d'activité, pas au niveau des personnes elles-mêmes, dont les interrogations voire la détresse doivent être reconnues et entendues.

Les situations individuelles liées aux besoins de reconversion ne pourront se régler qu'à la condition que les *partenaires sociaux*, représentants des entreprises et des salariés, adoptent ensemble une nouvelle ligne de conduite : ils doivent eux aussi faire leur mutation et, de défenseurs des avantages acquis ou du bénéfice net avant impôt, devenir non seulement lanceurs d'alerte et veilleurs au grain, mais aussi force de propositions.

Comme leurs homologues dans les pays qui ont pris de l'avance sur le nôtre, ils abandonneront alors leur posture traditionnelle purement défensive pour se mettre dans une logique constructive car, fort heureusement, "les idées mènent autant le monde que les rapports de force" (Jacques Delors)[1].

1. Interview reprise dans "La marche de l'Histoire" sur France Inter, le 20 mai 2014.

OUTRE-RHIN, UN VIRAGE BIEN NÉGOCIÉ

L'exemple de la transition énergétique "à l'allemande" est à cet égard très intéressant. Le principal syndicat, DGB, proche du SPD, le parti socialiste allemand, a d'abord apporté un très fort soutien au développement simultané du charbon et du nucléaire dans l'immédiat après-guerre. Au milieu des années 1970, des débats internes ont commencé à émerger sur la prise en compte de l'environnement dans ses orientations stratégiques, mais sans vraiment de suite.

C'est la catastrophe de Tchernobyl, vécue avec une très grande intensité en Allemagne, qui a fait basculer le DGB, lors de son congrès de 1986, en faveur d'une sortie progressive du nucléaire malgré la présence en son sein de la puissante fédération des travailleurs de ce secteur.

Au-delà du traumatisme qu'a provoqué sur l'ensemble de la population et sur les dirigeants cette catastrophe aux portes d'une Allemagne pas encore réunifiée, ce choix éminemment démocratique releva clairement de l'intérêt bien compris des 6 millions d'adhérents du DGB dans tous les secteurs de l'industrie et des services.

Côté patronat, le PDG de Siemens, l'une des entreprises allemandes les plus puissantes, qui s'était impliquée très fortement dans le nucléaire dès la fin des années 1960, déclara trente ans plus tard que le nucléaire représentait 5 % de son chiffre d'affaires mais 95 % de ses ennuis ! Il faisait bien entendu ainsi référence à la très visible agitation post-Tchernobyl des écologistes allemands qui bloquaient les voies ferrées et empêchaient son entreprise de travailler. Mais il annonçait aussi de manière indirecte, sinon son approbation, du moins son acceptation de l'accord politique sur la sortie du nucléaire qui se préparait entre le SPD et les Grünen et qui sera scellé deux ans plus tard, lorsqu'ils seront réunis au sein du gouvernement de coalition issu des élections de 2001.

C'est finalement Fukushima qui aura raison des dernières velléités de Siemens dans le nucléaire : quelques semaines à peine après la catastrophe, le géant allemand annonçait son retrait du secteur et son soutien à la transition énergétique décidée par le gouvernement d'Angela Merkel avec l'appui des partenaires sociaux et de la quasi-totalité de la classe politique allemande, entérinant définitivement l'accord de 2001.

Contrairement à une thèse parfois défendue de ce côté-ci du Rhin par les inconditionnels de l'atome, la décision allemande de sortie définitive du nucléaire n'a donc rien d'un arrangement purement politicien entre des partis portés au pouvoir dans le cadre d'une petite ou d'une *grande coalition*[1].

C'est au contraire le fruit de longs et farouches débats au sein de la société allemande et de tous les corps intermédiaires qui la font vivre, partis politiques, syndicats, entreprises, ONG et simples citoyens rassemblés dans les *Burger-initiatieven* qui ont fleuri outre-Rhin dans les années 1980 et ont largement contribué à rendre crédibles les alternatives ancrées dans les pratiques sociales.

1. Le terme *Grosse Koalition* désigne l'alliance toujours surprenante pour les Français entre les deux grands partis de droite (CDU CSU) et de gauche (SPD) pour gouverner le pays, mais la coalition qui oblige chacun à des compromis est une pratique fortement ancrée dans la culture politique allemande dont la Constitution de 1949 imposée par les Alliés interdit structurellement l'apparition d'un pouvoir central trop fort…

Au terme de ce bel exemple de démocratie, la transition avance aujourd'hui à grands pas, et le consensus est total au sein de la société : 93 % des Allemands font confiance à l'*Energiewende,* à ce *virage énergétique* qui, loin d'être un dérapage incontrôlé, construit désormais l'avenir énergétique de la quatrième puissance économique mondiale.

POUR LA FRANCE, ENFIN LE TEMPS DES DÉCISIONS ?

Le contraste est saisissant avec la situation de la France. Le nucléaire, malgré ses déboires techniques, ses difficultés financières et les profondes incertitudes sur son avenir, reste une forme moderne de *religion d'Etat*. Ses cardinaux sont à la tête des grandes administrations et des grandes entreprises qu'il contrôle, ses évêques sont nommés aux postes-clés des organisations représentatives des partenaires sociaux et ses missionnaires se trouvent dans les troupes de certains syndicats enfermés dans le dogme d'un nucléaire représentant l'alpha et l'oméga en matière d'énergie.

Tous ces affidés de l'atome font bloc pour refuser d'admettre des évidences qui les dérangent : "Toutes les grandes vérités sont d'abord des blasphèmes", observait si justement Bernard Shaw…

Dans un pays de monarchie républicaine aussi centralisé que le nôtre, où les initiatives citoyennes peinent à se faire entendre et où les partenaires sociaux sont souvent plus soucieux de conservatisme qu'épris de changement, il n'est pas étonnant de constater que c'est à la suite de promesses de campagne formulées par des prétendants au trône de président de la République qu'a pu s'ouvrir, enfin et par deux fois, un débat public sur l'avenir énergétique de la France.

Ce fut d'abord le cas du Grenelle de l'environnement, promesse en 2007 du candidat Sarkozy. La question du nucléaire en était exclue, mais cette initiative a pu permettre quelques belles avancées… avant que ne soit sifflée la fin de la partie par le fameux "L'environnement, ça commence à bien faire !" proclamé à l'occasion d'un Salon de l'agriculture.

Ce fut de nouveau le cas cinq ans plus tard avec l'engagement du candidat Hollande sur la réduction de la part du nucléaire et la promesse de l'ouverture d'un débat sur la transition énergétique. La loi qui s'est finalement ensuivie après deux ans et demi de péripéties pourrait bien, si les décrets d'application sont au rendez-vous, marquer enfin l'amorce d'un mouvement vers une authentique transition énergétique.

11

QUELQUES BONNES RAISONS D'ESPÉRER

La première édition du *Manifeste négaWatt*, parue il y a presque quatre ans en même temps que le scénario 2011-2050, était sous-titrée "Réussir la transition énergétique"[1].

Depuis, beaucoup d'événements sont survenus sur le chemin tourmenté menant à un nouveau paysage énergétique mondial. Est-on sur le chemin de la réussite, et dans le bon tempo ?

La très attendue COP21[2] qui va se tenir à Paris en décembre 2015 représente une échéance cruciale et un nouvel espoir après l'échec retentissant de celle de Copenhague en 2009, minée par l'égoïsme des grands et l'affairisme des puissants.

Quoi qu'il advienne, l'échéance de la COP21 a déjà agi comme un butoir pour accélérer quelques décisions politiques qui auraient pris beaucoup plus de temps autrement. Mais elle n'est pas le seul élément qui a alimenté l'allure tourmentée de la transition

1. La présente deuxième édition du *Manifeste négaWatt* a été écrite durant l'été 2015, soit près de quatre ans après la première édition et quatre mois avant la COP21.

2. Vingt et unième Conférence des parties (prenantes) de la Convention-cadre des Nations unies sur le changement climatique (CCNUCC) issue du protocole de Kyoto.

énergétique depuis Fukushima : deux pas en avant, un pas en arrière, un pas de côté, des objectifs mais toujours pas de vraie feuille de route…

EN FRANCE, LA SORTIE DU "TOUT-NUCLÉAIRE" ?

En France, à lui seul, l'engagement du candidat Hollande dans la foulée du drame japonais de réduire la part du nucléaire de 75 % à 50 % en 2025 a constitué après son élection une véritable rupture : pour la première fois un président de la Ve République osait se prononcer non pas sur un maintien ou une augmentation, mais bien sur une réduction de la part du nucléaire dans le mix de production électrique français.

Mais un tel verrou ne saute pas si facilement : exprimé seulement en pourcentage de la production et non en valeur absolue, cet objectif pourrait être atteint sans fermer un seul réacteur si la consommation d'électricité augmentait, ce qu'envisageait ouvertement l'ancien patron d'EDF Henri Proglio. Ce serait exact si la consommation intérieure, de 474 térawattheures en 2014, augmentait de… 290 térawattheures[1], soit + 61 % ! Mais aucune étude, aucun scénario rendu

1. En 2014, la production électrique totale française a été de 540,6 térawattheures dont 66,6 térawattheures d'exportations. Sur cette production, 415,9 térawattheures, soit 77 %, ont été assurés par le nucléaire (source : RTE, rapport 2014). La consommation intérieure, de 474 térawattheures, devrait s'élever de 290 térawattheures pour qu'une production nucléaire inchangée de 415,9 térawattheures assure 50 % de la production, qui serait alors de 474 + 290 + 66,6 = 830,6 térawattheures, avec un niveau inchangé des exportations.

public n'est venu en renfort de cette vision d'une France surconsommatrice et surnucléarisée...

Bien au contraire, l'heure est depuis plusieurs années à une stagnation voire une légère baisse de la consommation, appelée à se prolonger durablement. Selon toutes les prévisions, y compris celles de RTE, pourtant filiale d'EDF, ce sont plutôt entre 20 et 25 réacteurs sur les 58 en fonctionnement qu'il faudrait arrêter à l'horizon pour respecter le taux de 50 % sur lequel le candidat Hollande s'était engagé.

Mais encore faudrait-il pour cela avoir le pouvoir juridique de décider de la fermeture d'un réacteur nucléaire. Ce n'est curieusement pas le cas de l'Etat lui-même, mais seulement de l'exploitant (EDF) pour des *raisons industrielles* (autrement dit, selon son bon vouloir) ou bien de l'Autorité de sûreté (l'ASN) pour des raisons de sécurité. A l'issue des rudes discussions qui ont accompagné le débat sur la loi de transition dans l'enceinte du Parlement et plus encore dans les couloirs des plus hautes instances de l'Etat, ce dernier a renoncé à introduire une disposition lui permettant sur cette question de reprendre la main sur EDF, une entreprise dont il est pourtant propriétaire à 85 %.

Tout au plus, dans la loi, la puissance maximale du parc nucléaire a-t-elle été limitée précisément à celle du parc actuel, 63,2 gigawatts, ce qui imposerait en cas de démarrage de l'EPR de Flamanville de fermer une puissance équivalente, soit 1 650 mégawatts, c'est-à-dire *grosso modo* celle des deux réacteurs en bout de course de Fessenheim.

Comme si la classe politique française, encore conditionnée par le dogme du "tout électrique-tout nucléaire", se cabrait devant l'obstacle à ses yeux infranchissable de la fermeture du moindre réacteur, fût-il le plus dangereux et le moins rentable.

Cette réaction n'est pas de bon augure pour aborder la question autrement plus sensible de l'éventuelle prolongation du parc existant au-delà de quarante ans et des décisions qu'il faudra bien prendre pour l'après-2025, un horizon pour l'heure maintenu dans un flou inquiétant malgré la proximité de cette échéance.

QUAND LES CITOYENS PRENNENT LA PAROLE

L'organisation du Débat national sur la transition énergétique (DNTE) au printemps 2013 et la mise en chantier d'une loi spécifique ont réservé quelques bonnes surprises qui, même si elles sont loin d'être suffisantes, méritent d'être soulignées.

Revenons sur le DNTE, tout d'abord[1]. L'organisation en France d'un débat public long et compliqué sur une question qui ne l'est pas moins n'a rien d'évident. Pour qui se contente d'en rester à l'écume des choses, notre système énergétique actuel semble fonctionner à merveille : la majorité de nos concitoyens parviennent sans trop de problèmes à se chauffer, à avoir de l'eau chaude, à se déplacer et à payer leur facture de gaz et d'électricité ; les entreprises, quant à elles, bénéficient – grâce au nucléaire, nous répète-t-on à l'envi – de l'électricité la moins chère d'Europe ; le prix à la pompe des carburants n'a jamais été si peu élevé en valeur relative depuis le contre-choc pétrolier de 1979 ; et les agents employés par nos champions nationaux

1. Sept mois de débat, dont les trois auteurs du présent ouvrage ont été des acteurs très impliqués, dans toutes les instances.

de l'énergie bénéficient d'avantages qui servent de référence à un "modèle social" auquel, cela va de soi, tout le monde aspire. Pourquoi donc vouloir changer à tout prix l'ordre des choses puisque tout va si bien dans le meilleur des mondes de l'énergie ?

Pour tous ceux qui, salariés, actionnaires, fournisseurs, sous-traitants, banquiers ou assureurs de ces grandes entreprises, profitent plus ou moins directement de tous les bienfaits de cette situation, le statu quo est devenu le maître-mot. Engoncés dans leurs certitudes, ils ne perçoivent pas qu'un grand mouvement de réappropriation par les citoyens et les territoires émerge sur ces questions énergétiques : bien qu'encore ténu, il prend de l'ampleur et s'exprime avec force et justesse dès lors qu'on lui en laisse l'occasion.

Tel est l'un des principaux enseignements tirés de l'expression des plus de 1 000 citoyens invités à s'exprimer en mai 2013 dans le cadre d'une *journée citoyenne* organisée simultanément dans 11 régions métropolitaines et 3 régions d'outre-mer[1].

Les trois quarts d'entre eux ont considéré que la transition énergétique aura des effets positifs pour la société – et 52 % directement pour eux, les citoyens. Ils considèrent qu'elle aura aussi des bienfaits sur l'économie et sur l'emploi qui découleront de la réduction de notre dépendance vis-à-vis de l'extérieur, du rééquilibrage de notre balance commerciale et du développement des filières technologiques et industrielles, notamment

1. La méthode du Danish Board of Technology (http://www.tekno.dk/?lang=en), utilisée pour la première fois en France à cette occasion, a permis de garantir la diversité sociologique du panel et sa représentativité, la qualité de son accompagnement et la neutralité des documents de préparation remis en amont de la journée.

dans les renouvelables – mais oubliant cependant au passage celles, moins voyantes, de l'efficacité.

Pointant pour la moitié d'entre eux les risques de l'inaction ils se disent à une très large majorité, prêts à agir eux-mêmes dans leur vie quotidienne. Mais ils enjoignent l'Etat et les entreprises de prendre résolument la tête du mouvement afin de s'assurer que l'effort à réaliser sera durable et équitablement partagé.

A l'inverse, seule une faible minorité, moins de 15 %, a exprimé des craintes ou des doutes sur l'intérêt et les conséquences de cette transition sur l'économie, leur pouvoir d'achat ou leur niveau de confort. Ce type de critiques a été repris en boucle au sein du CNDTE[1] par les représentants des grandes entreprises et de la plupart des syndicats[2], il est vrai tous issus de la fédération patronale ou syndicale de l'énergie au sein de leur organisation et donc enclins à défendre d'abord leurs propres intérêts et leur propre statut. Il est d'ailleurs frappant de constater que, contrairement à ce qui se passe en Allemagne et dans d'autres pays, l'énergie est en France très souvent du ressort exclusif de ceux qui travaillent dans cette branche, aussi bien côté syndical que patronal. Comme si ces questions trop sérieuses ne pouvaient être laissées

1. L'éphémère Conseil national du débat sur la transition énergétique était constitué de 7 collèges de 8 membres représentatifs des "forces vives" de la France (parlementaires, employeurs, syndicats, ONG environnementales, autres personnes morales, élus locaux et Etat).
2. A l'exception notable de la CFDT, qui a adopté une position largement favorable à la transition énergétique, et a ensuite été à l'origine de la création du réseau des "Acteurs en transition", qui tente de fédérer les organisations et organismes de toutes natures autour d'une même volonté d'accélérer le mouvement.

à l'appréciation des citoyens et devaient rester une affaire de spécialistes…

Dans ce contexte, cette consultation citoyenne est l'un des grands mérites du DNTE, avec celui d'avoir permis la confrontation et la comparaison de scénarios énergétiques très diversifiés, la question du nucléaire étant cette fois-ci mise sur la table de la discussion.

À LA RECHERCHE DE LA BONNE TRAJECTOIRE

Ce sont pas moins de onze scénarios portant sur l'ensemble des usages de l'énergie et allant jusqu'à l'horizon 2050 qui ont été proposés en débat au CNDTE et analysés par un "groupe expert" avant d'être regroupés en quatre "trajectoires".

Les résultats de cette analyse sont riches d'enseignements, et l'on ne peut que regretter que le rapport final[1] comparant ces quatre trajectoires n'ait été rendu public, en toute discrétion, que près d'un an après la fin des travaux, quelques jours seulement avant l'ouverture du débat sur le projet de loi au Parlement…

La première trajectoire, nommée DEC pour "décarbonation", fait très fortement appel au nucléaire pour réduire les émissions de CO_2 (620 térawattheures en 2050, soit 49 % de plus qu'en 2014, l'équivalent de la production de 17 EPR). Elle recourt également à une très importante production de biocarburants (23 mégatonnes d'équivalent pétrole en 2050 contre 6 en 2020).

1. Téléchargeable sur http://www.carbone4.com/download/Etude_Trajectoires_DNTE_C4.pdf.

La seconde, DIV, pour "diversification", a été élaborée par l'ANCRE[1], un regroupement d'organismes publics de recherche sur l'énergie, fondé entre autres par le CEA et l'IFPEN[2]. Cette trajectoire maintient la production nucléaire en 2050 à un niveau élevé (340 térawattheures), et diversifie les sources d'énergies renouvelables tout en retenant des hypothèses fortes d'avancées technologiques sur le stockage, l'hydrogène ou encore la capture-séquestration du CO_2. Elle prévoit curieusement une légère baisse entre 2030 et 2050 de la capacité installée tant pour l'éolien (de 43 à 40 gigawatts électriques) que pour le photovoltaïque (de 36 à 33 gigawatts électriques), celle du parc nucléaire restant stable sur cette période.

La troisième trajectoire, nommée EFF, s'appuie de façon très affirmée sur l'efficacité énergétique et les renouvelables. Elle repose sur l'exercice prospectif "vision 2030-2050" mené par l'ADEME.

Enfin la quatrième, dénommée SOB pour "sobriété", correspond très précisément au scénario négaWatt[3].

Fait marquant, aucune des trajectoires ni aucun des onze scénarios mis sur la table du DNTE ne considère que la consommation totale d'énergie (tous usages confondus) va augmenter : un consensus existe

1. Alliance nationale de coordination de la recherche sur l'énergie, http://www.allianceenergie.fr/.
2. Le Commissariat à l'énergie atomique et l'Institut français du pétrole… qui ont ajouté respectivement à leurs sigles "Energies alternatives" et "Energies nouvelles" tout en faisant étonnamment disparaître les mots "atomique" ou "pétrole" des pages d'accueil de leurs sites (http://www.cea.fr/et http://www.ifpenergiesnouvelles.fr/) !
3. Il s'agit de sa version actualisée au début 2013, spécifiquement en vue du DNTE.

désormais sur ce point, en rupture avec les discours dominants des décennies précédentes, y compris lors du Grenelle de l'environnement en 2007.

Néanmoins, les quatre trajectoires se divisent en deux groupes contrastés pour ce qui est de l'évolution de la demande, et donc de l'effort de sobriété et d'efficacité à accomplir. L'un rassemble les deux premières trajectoires (DEC et DIV) et envisage une baisse modérée de la consommation d'énergie finale (−20 % pour DEC, −24 % pour DIV en 2050 par rapport à 2010). L'autre groupe, comprenant les deux autres trajectoires (EFF et SOB), considère qu'il est possible de faire nettement mieux et de réduire de moitié cette consommation (−49 % pour EFF et −53 % pour SOB[1]).

La différence entre les deux approches n'est pas un détail mais bien au contraire un point fondamental. En effet l'analyse comparative menée au sein du *groupe d'experts* pour savoir si les différentes trajectoires respectaient le fameux facteur 4 des accords de Kyoto[2] a été sans appel : seule la trajectoire SOB, avec un facteur de 5,6 à 6,2 selon les variantes analysées, dépasse sensiblement cet objectif. La trajectoire EFF l'atteint tout juste (facteur 3,7 à 4,0), tandis que les deux autres en restent très éloignées, DEC se situant entre 2,4 et 3,0 et DIV entre 2,3 et 2,8.

1. A cause de nombreux et assez complexes problèmes de périmètres d'étude et de cohérence de données, certains chiffres diffèrent de ceux publiés par négaWatt. Les chiffres repris ici sont ceux du rapport publié par le ministère.
2. Pour rappel, ce facteur implique une division par 4 de l'ensemble des émissions de gaz à effet de serre en 2050 par rapport à l'année de référence des accords de Kyoto, soit 1990.

L'explication est simple : l'énergie ne représente "que" 69 % de toutes les émissions de gaz à effet de serre (et non pas du seul CO_2). Or on ne sait pas réduire celles de l'agriculture, qui comptent pour 22 % du total, au-delà d'un facteur 2 à 3. La simple arithmétique impose donc aux autres secteurs, à commencer par l'énergie, d'aller beaucoup plus loin dans une logique de compensation.

Ainsi le facteur 4 n'a-t-il de chance d'être atteint qu'à trois conditions impératives : réduire fortement la consommation d'énergie, le taux de 50 % apparaissant comme minimal, réduire les émissions d'origine énergétique d'un facteur très supérieur à 4, ET réaliser des efforts conséquents dans tous les autres secteurs, l'agriculture bien sûr, mais aussi l'industrie ou la gestion des déchets.

N'ayant pris en compte réellement que le volet énergétique, les auteurs des scénarios sous-tendant les trajectoires DEC et EFF ont proposé *de facto* des scénarios… illégaux ! En effet, la loi POPE a inscrit dès 2005 dans la loi la division par 4 des émissions de gaz à effet de serre[1] d'ici à 2050 et la loi "Grenelle 1", votée en août 2009 à la quasi-unanimité du Parlement, a réaffirmé cet engagement pris par la France de parvenir au facteur 4 sur toutes les émissions de gaz à effet de serre entre 1990 et 2050.

1. Article 2 du Titre Premier de la loi n° 2005-781 du 13 juillet 2005 de programme fixant les orientations de la politique énergétique (dite loi POPE) : "La lutte contre le changement climatique est une priorité de la politique énergétique qui vise à diminuer de 3 % par an en moyenne les émissions de gaz à effet de serre de la France." Une baisse de 3 % équivaut au facteur 4.

C'est donc logiquement – et heureusement – que le débat qui s'était amorcé avec rudesse au sein du CNDTE a été tranché par le président de la République dans son discours devant la Conférence environnementale de septembre 2013, appelant clairement à une réduction de 50 % de la consommation d'énergie finale en 2050[1].

Cet objectif, pierre angulaire d'une transition réussie, a été mentionné dans le projet de la loi sur la transition énergétique dès sa version initiale et il a survécu à 6 examens successifs dans les deux Chambres, ce qui n'est pas son moindre mérite au vu des attaques multiples qui l'ont visé. Il est désormais inscrit dans l'article premier de la loi votée en juillet 2015. Il en représente l'un des éléments les plus structurants, reprenant ainsi les conclusions des analyses portées par négaWatt depuis l'élaboration de son premier scénario publié en 2003.

Les groupes de travail du CNDTE se sont également penchés sur la comparaison des coûts d'investissement et des niveaux de réduction de la facture énergétique de la France entre ces quatre trajectoires, et ils ont produit un rapport lui aussi très riche d'enseignements[2].

1. "Nous devons agir. Avoir une vision c'est bien, agir c'est mieux. La transition est un mouvement et doit donc avoir deux jambes. La première c'est l'efficacité énergétique, c'est-à-dire consommer moins et mieux l'énergie. Si nous voulons atteindre le fameux « facteur 4 », c'est l'objectif fixé, nous devons inscrire comme perspective de réduire de 50 % notre consommation d'énergie finale à l'horizon 2050." (François Hollande, discours d'ouverture de la Conférence environnementale pour la transition écologique, 20 septembre 2013.)
2. "Quels coûts, quels bénéfices et quel financement de la transition énergétique", rapport du groupe de travail n° 4 du DNTE. Voir

Ainsi cette analyse a montré que le cumul des investissements sur la période 2012-2050 s'élèverait pour chacune des trajectoires respectivement à 1910 milliards d'euros pour DIV, à 2088 pour DEC, à 2131 pour EFF et à 2334 pour SOB : un écart maximal de l'ordre de 20 %, peu discriminant compte tenu de la très grande différence entre les systèmes énergétiques qui en résultent[1].

Le résultat sur la facture énergétique cumulée sur la même période est plus net : elle serait réduite de 1666 milliards d'euros pour DIV, de 1734 pour DEC, de 2133 pour EFF et enfin de 2524 pour SOB. Un écart qui atteint 51 % entre les deux extrêmes, DIV et SOB, avec un net avantage à ce dernier – copié-collé, rappelons-le, du scénario négaWatt. Cette plus forte réduction grâce à la trajectoire SOB représenterait une réduction du coût des importations de 858 milliards d'euros, soit l'équivalent de seize ans de la facture énergétique actuelle pouvant être injectés dans l'économie !

Une analyse macroéconomique réalisée par l'ADEME et l'OFCE[2] montre en outre qu'un scénario de type négaWatt ne peut être qualifié de "décroissant", mais conduit au contraire à une croissance différentielle du PIB de l'ordre de +4 % en volume sur 2015-2035 puis un maintien de ce niveau jusqu'à 2050. L'explication

annexes 4 et 5. Téléchargeable sur http://www.developpement-durable.gouv.fr/IMG/pdf/gt4_financement_dnte.pdf.

1. Sans compter la sous-évaluation notoire du coût des hypothèses de renouvellement du parc nucléaire (grand carénage ou EPR) pour les trajectoires qui le conservent…

2. L'Observatoire français des conjonctures économiques (OFCE) est un centre indépendant de recherche, de prévision et d'évaluation des politiques publiques au sein de Sciences Po.

est ici aussi assez simple : la mise en route rapide de la transition génère des activités nouvelles durables, permet la reconversion de pans entiers de l'industrie dans des secteurs en difficulté, stimule la recherche-développement et réinjecte dans l'économie du pouvoir d'achat économisé par la réduction de la facture énergétique.

De la croissance ? Oui, mais sélective, ni toxique ni malsaine, et pas à n'importe quel prix !...

EN ROUTE VERS LES 100 % RENOUVELABLES !

Probablement encouragée par la confirmation présidentielle de la fin du tabou nucléaire et stimulée par les travaux du CNDTE auxquels elle a été associée, l'ADEME a franchi elle aussi un pas important en lançant à l'automne 2013 une étude sur la faisabilité et le coût d'un système électrique 100 % renouvelable, sans nucléaire ni fossiles.

Malgré des conditions de publication quelque peu rocambolesques laissant penser qu'il y avait eu des pressions en haut lieu pour, au minimum, la retarder, les résultats de cette étude ont claqué comme un coup de tonnerre dans le ciel du petit monde de l'énergie : elles apportent plusieurs bonnes nouvelles, en plus de celle de son existence même !

Appuyées sur une méthodologie rigoureuse et argumentée rejoignant en bien des points celle de la partie électrique du scénario négaWatt, ses conclusions sont robustes et conduisent à des constats très clairs.

Premier constat : la France dispose d'un potentiel considérable de production d'électricité renouvelable, qui va bien au-delà de ses propres besoins, avec la possibilité d'une répartition entre filières différente selon les régions et souvent complémentaire d'une région à l'autre.

Deuxième constat : le passage à une électricité 100 % renouvelable est techniquement possible du point de vue de l'équilibre offre-demande aussi bien annuellement (en énergie) qu'instantanément (en puissance), moyennant une adaptation du réseau de transport et le recours aux technologies "power-to-gas".

Troisième constat : même en prenant des hypothèses conservatrices sur le coût des technologies renouvelables et optimistes sur ceux du nucléaire, le coût total de cette mutation pour le consommateur n'est pas plus élevé que le maintien du nucléaire à un niveau significatif dans le mix français, probablement même inférieur.

Quatrième constat : dans tous les cas, y compris si une part de nucléaire est maintenue, les coûts de production de l'électricité sont appelés à augmenter. La première priorité doit donc être à la sobriété et à l'efficacité énergétique, qui seule permettra de maîtriser la facture des ménages et des entreprises.

En outre une analyse détaillée de l'étude montre que toutes les marges de manœuvre permettant d'améliorer encore les résultats en faveur du triptyque "sobriété-efficacité-renouvelable[1]" sont loin d'être épuisées : il ne s'agit donc nullement d'une étude "extrémiste", en limite de faisabilité – ce que le scénario négaWatt n'est d'ailleurs pas non plus ! – mais bien d'un exercice plutôt modéré et assez prudent.

Avec cette étude, la France "officielle" se met enfin à l'heure des exercices internationaux de prospective de haut niveau tel que le modèle Kombikraftwerk

1. Voir sur http://www.negawatt.org/note-danalyse-etudeADEME-p146.html.

développé dès 2006 par l'institut allemand Fraunhofer. Après avoir démontré la faisabilité d'un système électrique 100 % renouvelable, puis en avoir chiffré précisément le coût pour l'Allemagne, ce centre de recherche réputé travaille désormais sur la fourniture de "services-système" par les milliers d'installations photovoltaïques et d'éoliennes qui devront à terme prendre le relais de l'inertie apportée par les alternateurs géants des centrales nucléaires ou fossiles pour assurer des services aussi sensibles que le réglage de la fréquence ou la gestion du courant réactif.

Sans entrer dans le détail d'explications techniques complexes, il faut savoir que ces éléments constituent en quelque sorte la "clé de voûte" de tout système électrique, sans lesquels il ne peut pas fonctionner, et représentent désormais l'ultime obstacle de nature technique pour que les énergies renouvelables puissent dépasser des taux de pénétration supérieurs à 50 %. On connaît aujourd'hui avec certitude les solutions permettant de dépasser ce seuil, mais il y a encore besoin, avant de les mettre en œuvre à grande échelle, de les tester et de redéfinir les relations techniques et contractuelles entre les producteurs et les opérateurs de réseaux.

On peut évidemment regretter que l'étude de l'ADEME ne couvre que le secteur de l'électricité, contrairement au scénario négaWatt qui englobe tous les usages et tous les secteurs de l'énergie dans une logique systémique complète. Mais on peut la voir comme la première pièce d'un puzzle qui doit continuer à se construire, en abordant notamment la question des transports qui, si la même rigueur est appliquée, conduira très vraisemblablement aux mêmes conclusions que celles du scénario négaWatt sur la place du gaz renouvelable dans ce secteur.

Maintenant que le long processus législatif dont le DNTE a été le point de départ est achevé, que reste-t-il, dans le texte de loi, ces trente mois d'effervescence ? Que retenir de ce huis clos qui, malheureusement, n'a pas attiré l'attention médiatique qu'aurait méritée l'importance des enjeux en débat ?

Et que reste-t-il du passage à la moulinette parlementaire des quinze recommandations[1] de la synthèse finale de juillet 2013 ? Tout d'abord un vrai marqueur de la rupture avec l'époque révolue où l'on pouvait continuer à croire que la croissance pouvait être infinie dans un monde fini : l'inscription dans le marbre d'une loi de la République française du triptyque négaWatt *sobriété-efficacité-renouvelables* a un petit goût de révolution culturelle dans une France restée si longtemps figée…

Des motifs de satisfaction aussi dans le patchwork des objectifs de l'article 1, tels que la confirmation de la division par 2 en 2050 de la consommation d'énergie finale, le maintien de la réduction à 50 % en 2025 de la part du nucléaire dans la production d'électricité, ou encore l'introduction, aussi inattendue qu'opportune, juste avant le vote final, d'une augmentation programmée de la composante carbone des taxes sur la consommation d'énergie pour atteindre 100 euros la tonne en 2030.

Pour le reste, un empilement, hétéroclite et sans assez de cohérence d'ensemble, de dispositions sectorielles

1. Des "recommandations" rebaptisées "enjeux" au tout dernier moment de la dernière séance à la demande – ou plutôt de l'ultimatum – du Medef et de Force ouvrière. Afin qu'elles n'apparaissent ni trop ambitieuses ni trop contraignantes ?

qui conduit, selon le *transitiomètre* mis en place par le Réseau action climat, et le CLER[1] à un bilan mitigé allant de 50 % des engagements potentiellement remplis pour les énergies renouvelables et la protection du climat à seulement 13 % pour la part du nucléaire et 17 % pour les émissions de GES dans les transports.

Les associations de collectivités locales, notamment les régions et les intercommunalités (métropoles et communautés urbaines, d'agglomération ou de communes), ont par ailleurs été très présentes dans le DNTE, revendiquant haut et fort plus de compétences et plus de liberté d'action dans leurs territoires, fortes de leurs réalisations déjà remarquables et de leurs projets souvent audacieux.

Des initiatives plus marginales, mais qui commencent à faire parler d'elles comme les TEPOS[2], le fournisseur coopératif d'électricité 100 % renouvelable Enercoop ou encore le mouvement Energie partagée centré sur l'investissement citoyen, témoignent de ce mouvement de fond appelé à prendre de l'ampleur pour parvenir à contourner et à dépasser les obstacles de la centralisation excessive de notre système énergétique.

Au final, compte tenu du climat tendu qui a régné tout au long du DNTE et des débats parlementaires qui ont suivi, on peut considérer que ce verre à moitié plein

1. Le RAC-France (Réseau action climat, branche française du Climate Action Network) et le CLER (Réseau pour la transition énergétique) sont deux ONG particulièrement actives sur les questions énergétiques. Le détail de leur analyse est accessible sur http://www.transitionenergetique.org/transitiometre/index.html.

2. "Territoires à énergie positive".

de la Loi constitue une avancée satisfaisante au regard d'un projet de loi initial plutôt timoré.

Mais comme souvent en France, ces fragiles avancées du législateur restent dans l'attente des dizaines de décrets et autres arrêtés nécessaires pour que les dispositions de la loi entrent effectivement en vigueur : la transition est donc sous la menace d'un enlisement réglementaire et administratif qui peut aller jusqu'à un discret mais très efficace étouffement !

DANS L'ENTRE-DEUX…

Près de quatre ans après la publication initiale du *Manifeste négaWatt*, la France de l'énergie reste donc dans un curieux entre-deux, à la fois téméraire sur le long terme et craintive à court terme, ambitieuse en paroles et frileuse en actes, innovante dans les territoires mais farouchement conservatrice à Paris.

Cet état se révèle surtout dans le choix de… ne pas choisir : une production nucléaire réduite à 50 % en 2025 mais sans plan de fermeture des réacteurs ; un objectif confirmé de réduire de moitié la demande d'énergie, mais sans aucun scénario cohérent avec ce rythme ; un nucléaire confirmé comme fleuron de notre indépendance énergétique, mais dans le même discours l'éloge de l'ouverture possible du capital d'Areva aux deux constructeurs nucléaires chinois…

Face à un cap que l'on sent flottant, mal assuré, la transition énergétique en France est donc dans un dangereux entre-deux, où la période post-organisation de la COP21 peut laisser place à une redoutable dépression.

Notre pays doit finir d'exorciser ses vieux démons du nucléaire et du pétrole ; il doit rassembler toute l'énergie dont il sait parfois faire preuve pour réussir la transition énergétique, l'un des rares projets de société susceptibles de métamorphoser ce pays où le poids des conservatismes bride trop souvent l'élan citoyen.

Nous devons nous y engager sans naïveté et sans découragement, avec "le pessimisme de l'intelligence et l'optimiste de la volonté".

12

EN ROUTE POUR LA TRANSITION ÉNERGÉTIQUE !

Cette transition énergétique, nous devons l'aborder avec confiance et nous y engager résolument. Les solutions existent pour nous sortir enfin de la double dépendance aux énergies fossiles et au nucléaire. Et elles sont à portée de notre main, pour peu que nous acceptions d'ouvrir les yeux et de les reconnaître comme telles.

Constituées d'une multitude de choix et de techniques, ces solutions sont déjà appliquées à plus ou moins grande échelle dans tous les domaines. Le paysage qu'elles dessinent ressemble à un tableau impressionniste : de près, on ne voit que des taches de couleur plus ou moins nettes, qui semblent simplement juxtaposées. En prenant un peu de recul, on comprend que ces taches s'assemblent entre elles de manière harmonieuse pour "faire système" et se répondre les unes aux autres. Si nous prenons encore un peu plus de recul de façon à introduire le temps comme troisième dimension, c'est une image de plus en plus nette de notre avenir énergétique qui est en train de prendre corps sous nos yeux. Nous nous rendons alors compte que cet autre paysage énergétique n'est pas seulement indispensable et incontournable, il est aussi souhaitable et désirable.

Comment faire, alors, pour transformer cette image en réalité concrète ? Il nous faut pour cela réunir d'abord quatre ingrédients en quantité suffisante : de l'intelligence, des bras, de l'argent et du temps.

De *l'intelligence* ? L'humanité en est manifestement bien dotée, même si elle n'utilise pas toujours à bon escient sa capacité créative... La transition énergétique lui donne l'opportunité d'en faire le meilleur usage et lui ouvre les portes d'une formidable aventure qui ne peut que stimuler l'imagination et l'innovation.

Des bras ? Il n'en manque pas non plus : ce sont toutes ces femmes et tous ces hommes qui sont prêts à se mobiliser, avec toute leur énergie, pour œuvrer utilement à l'intérêt collectif en donnant du sens à leur vie. Nul doute qu'ils auront de quoi s'occuper et pour longtemps, mais qu'ils y trouveront aussi une formidable satisfaction.

De *l'argent* ? Sur cette planète jetée en pâture aux appétits insatiables de la finance mondialisée, ce n'est pas ce qui fait défaut : puisque l'on arrive toujours à financer des projets pharaoniques inutiles ou absurdes, pourquoi serait-il impossible de trouver des fonds pour un projet vital, dont on sait qu'il sera à coup sûr profitable dans tous les sens du terme ?

Et *le temps*, cet ingrédient qui file tout seul, qu'il est impossible de fabriquer ni de stocker à l'avance pour le ressortir au cas où il viendrait à manquer... En aurons-nous assez pour freiner la machine à gaspiller sans gripper trop de rouages de l'économie, pour maintenir l'accumulation de carbone dans l'atmosphère dans une proportion tout juste acceptable, pour désintoxiquer nos sociétés gavées d'énergie ?

Cette dernière question ne se posait pas de manière aussi nette il y a quelques années encore. Elle est aujourd'hui cruciale et nous taraude. Parce que tous les indicateurs sont au rouge. Parce qu'il va falloir aborder de front le redoutable trio que forment la fin des fossiles trop faciles, les bouleversements climatiques et l'épée de Damoclès de l'atome. Parce que, dans le même temps, nous devrons diviser par 2 les consommations mondiales d'énergie et assurer la quasi-totalité de la production par les renouvelables.

LE TEMPS DES DÉCISIONS, LE TEMPS DU COURAGE

Le scénario négaWatt nous montre que nous avons les moyens d'échapper aux serres de ce trio infernal. Mais ce temps si précieux nous est compté, et nous n'avons plus le luxe de pouvoir nous tromper en nous engageant plus avant dans des voies sans issue, qu'elles soient legs toxiques du passé ou foi irraisonnée dans les vertus de la science.

La transition énergétique soutenable, telle qu'elle a été décrite tout au long de ce *Manifeste négaWatt*, est le contraire d'un tel saut dans l'inconnu : c'est une voie du moindre risque et un chemin de non-regret, car même si demain d'autres pistes sérieuses et éthiquement acceptables s'offraient à nous, ce temps n'aura pas été perdu sans besoin de revenir en arrière : jalonné de sobriété et d'efficacité, tout le parcours déjà effectué ne sera plus à faire.

Certes, les décisions à prendre ne sont pas simples. Elles représentent une forme de rupture avec le passé qui a laissé s'installer peu à peu une situation presque hors de contrôle, mais dont certains acteurs ont fait leur miel et n'ont donc aucun intérêt au changement. Dès lors, il faut s'attendre à des réticences et à des résistances : elles sont prévisibles mais elles ne doivent faire perdre de vue ni la profondeur des impérieuses raisons d'agir, ni la hauteur de l'ambition des objectifs qu'il nous faut poursuivre.

C'est pourquoi l'ultime ingrédient dont nous avons besoin, le catalyseur qui va faire que les quatre premiers vont pouvoir se renforcer les uns les autres, n'est autre que *le courage* d'affronter la réalité en face et d'inviter tous nos contemporains à faire de même. Le courage de dire que les problèmes sont vitaux et que les solutions vont demander des efforts, mais qu'elles sont entre nos mains et qu'il ne dépend que de nous de les mettre en œuvre sans attendre. Le courage, aussi, de bousculer les intérêts particuliers qui pousseront certains à se mettre en travers de la route.

S'il fallait prendre un exemple historique, c'est sans doute au trente-deuxième président des Etats-Unis d'Amérique, Franklin Delano Roosevelt, qu'il faudrait se référer.

Lester Brown, un des meilleurs spécialistes mondiaux de l'observation de l'état de l'environnement, fondateur du Worldwatch Institute et de l'Earth Policy Institute, fait souvent référence à l'attitude de Roosevelt au lendemain de la cuisante défaite de Pearl Harbor, en décembre 1941, qui a vu la moitié de la flotte américaine du Pacifique détruite par une attaque-surprise des Japonais. Quelques semaines plus tard, il réunit tous les dirigeants de l'industrie automobile américaine, la plus grande puissance industrielle mondiale de l'époque, pour leur demander de participer à l'effort de guerre en construisant des dizaines de milliers de blindés, d'avions et de navires. Aux industriels qui trouvaient que ce serait peut-être difficile de faire cela en plus de leur activité habituelle de construction de voitures, il répondit : “Je crois que vous ne m'avez pas compris. Nous allons interdire la vente d'automobiles aux Etats-Unis." Et c'est ce qu'il fit... N'ayant pas le choix, l'industrie automobile américaine se révéla parfaitement capable de répondre en un temps record bien au-delà des objectifs initiaux, puisqu'elle construisit trois fois plus d'avions que ce que Roosevelt avait demandé.

Bien sûr, les époques et les lieux ne sont pas comparables : l'ennemi que nous avons à combattre aujourd'hui n'est autre que nous-mêmes, ou plutôt l'addiction de plusieurs décennies d'ébriété énergétique. Les mesures à prendre ne sont pas non plus les mêmes, celles qui nous concernent aujourd'hui sont beaucoup plus diffuses et variées.

Du courage et de l'audace, Roosevelt et son équipe en avaient fait preuve une première fois lorsqu'ils n'avaient pas hésité à adopter, dans les cent premiers jours du premier mandat présidentiel en 1933, un nombre impressionnant de lois et de dispositions connues sous le nom de "New Deal", qui impriment encore aujourd'hui leurs marques sur le pays tout entier. Pour casser la spirale de la Grande Crise de 1929, ils avaient délibérément pris le risque de bousculer l'*establishment*, de rompre avec le pessimisme et de sortir les citoyens de leur abattement en choisissant de miser sur le long terme contre les ravages de la spéculation à court terme.

Ce n'est peut-être pas un hasard si les énergies renouvelables furent l'une des composantes de ce rebond salutaire au plus profond de la crise. Une des idées de Roosevelt consistait en effet à créer de toutes pièces la Tennessee Valley Authority, un organisme qui reçut pour mission de réguler les crues du Mississippi en construisant des barrages écrêteurs équipés de turbines pour produire de l'électricité hydraulique.

En quelques années, ce projet sortit de la misère plusieurs Etats du Sud.

Mais l'une des choses que Roosevelt avait bien comprises est encore plus essentielle aujourd'hui : lorsque le temps est compté, lorsqu'on sait à l'avance que le passage est étroit, il ne faut pas hésiter à prendre rapidement des décisions qui bousculent les habitudes, à traduire une vision pour demain en une politique offensive et volontaire qui finalement entraînera l'adhésion de tous. Agir vite, réveiller les consciences en fixant un cap clair et réaliste pour ne pas éparpiller les forces.

Or une transition énergétique soutenable est certainement le projet industriel, social et économique le plus ambitieux que l'on puisse imaginer aujourd'hui pour notre pays : il n'existe tout simplement pas d'alternative qui soit capable de répondre en même temps et aussi bien à tous les enjeux climatiques, énergétiques, environnementaux et sociétaux auxquels nous devons faire face.

La considérer comme "une contrainte de plus" serait une erreur ; s'y lancer à reculons sans comprendre les formidables opportunités qu'elle nous offre serait passer à côté de l'essentiel. Il nous faut desserrer l'étau, nous désaccoutumer de l'énergie facile, progresser ensemble vers l'*autonomie énergétique* et pouvoir ainsi affronter avec plus de sérénité les graves crises qui sont devant nous.

RENDRE POSSIBLE CE QUI EST SOUHAITABLE

Mais la décision politique n'est pas tout : ceux qui nous représentent n'ont entre leurs mains qu'une partie de la solution. L'autre partie, c'est nous !

Dans un monde aussi complexe que le nôtre, nous avons appris à déléguer à ceux qui ont la responsabilité de nous représenter le pouvoir de prendre des décisions, de voter des lois. C'est la base de la démocratie, mais c'est insuffisant : la transition énergétique ne se fera pas seulement en haut lieu, elle n'aura aucun sens ni aucune chance de réussir sans l'action des citoyens refusant la résignation qui les envahit trop souvent. Le monde de l'énergie est aujourd'hui rempli d'idées toutes faites, de sceptiques et de vieux dinosaures : grandes gueules, mais cerveaux étroits ! Chacun de nous doit s'informer, chercher à comprendre et aiguiser son esprit critique pour finalement agir.

Agir dans notre vie quotidienne, chaque fois que nous avons à prendre une décision qui a une influence, grande ou petite, sur nos consommations d'énergie. Agir aussi avec ceux qui nous entourent, collectivement.

Rejoindre un groupe local, ou une association, une ONG, l'une de ces innombrables initiatives "pour empêcher que le monde ne se défasse", comme le disait Albert Camus[1].

Agir car l'énergie, aujourd'hui au centre de notre vie, déterminera aussi celle de nos héritiers : il en va de notre responsabilité pour que, comme le disait si justement le philosophe Hans Jonas, "les effets de notre action soient compatibles avec la permanence d'une vie authentiquement humaine[2]".

1. Discours de réception du prix Nobel de littérature, 1957.
2. Citation extraite de l'un des ouvrages fondateurs de la pensée écologique : *Le Principe responsabilité*, écrit en 1979 et traduit en français en 1990 (éditions du Cerf, Paris).

Agir parce que, si l'énergie que nous consommons est au cœur des crises de ce monde, celle qui est en nous est à la source des solutions.

Association négaWatt
Juin-août 2015

POSTFACE

Né en 1947, l'Américain Amory B. Lovins est l'un des meilleurs spécialistes mondiaux des politiques énergétiques. Physicien de formation (il a étudié à Harvard et à Oxford), il fonde en 1982 le Rocky Mountain Institute dans le Colorado[1]*. Outre le Department of Energy (le ministère américain de l'Energie), il a conseillé l'ONU et l'OCDE, ainsi que 13 des 50 Etats des USA. Lauréat du prix Nobel alternatif en 1983, auteur de nombreux ouvrages comme* Facteur 4*, il a été élu en 2009, par* Time Magazine*, parmi les 100 personnalités les plus influentes au monde.*

"Père" du concept de négawatt exposé dès 1989 dans un article, "The NegaWatt Revolution – Solving The CO_2 Problem", il a bien voulu accepter d'écrire la postface de cet ouvrage. C'est pour nous un réel honneur et une reconnaissance.

Association négaWatt

A l'époque où la France s'apprêtait à lancer son expérience unique au monde du "tout électrique-tout nucléaire", un membre éminent du Gouvernement m'appela : "Le Gouvernement, me dit-il, est partagé

1. www.rmi.org.

sur le bien-fondé de l'aventure nucléaire, mais on nous répond qu'il n'y a pas d'alternative. Est-ce exact ?" Mes recherches m'apprirent que la France possédait d'énormes réserves d'efficacité énergétique et l'un des meilleurs potentiels en énergies renouvelables au monde. Malgré tout, les sceptiques ont perdu, et cette priorité nucléaire a écarté toute autre option pour des décennies.

Quarante ans plus tard, le résultat est clair. L'affectation d'énormes ressources humaines et financières de l'Etat à ce projet a créé un impressionnant système basé sur le nucléaire et encadré par le puissant Corps des mines pour superviser la politique énergétique du pays. Le tout par une décision politique du seul gouvernement, pratiquement sans consultation du Parlement.

Le nucléaire a connu son apogée en France en 2005, lorsqu'il a fourni 78,5 % de la production électrique nationale. Pour en arriver là, il a fallu absorber les surplus en équipant 30 % des foyers français de chauffage électrique – un mode de chauffage si coûteux que des millions de personnes n'ont plus les moyens de se le payer, et qui génère des pointes de puissance journalières et saisonnières extrêmement fortes, avec 60 gigawatts de plus en hiver qu'en été. Ce système nécessite un fonctionnement de nombreux réacteurs en suivi de charge[1] jusqu'à en arrêter certains le week-end, des exportations massives, et des importations significatives d'électricité allemande

1. C'est-à-dire en faisant varier rapidement dans des proportions importantes la puissance délivrée de façon à suivre les variations de la demande, ce qui n'est pas le mode de fonctionnement habituel des réacteurs nucléaire, prévus pour produire en base.

à base de charbon. En fait, l'Allemagne reste le seul pays constamment exportateur net d'électricité vers la France, grâce à des prix de gros tirés vers le bas par les renouvelables.

Le parc nucléaire d'EDF, qui atteint 30,4 ans en moyenne à la mi-2015, ne génère pas assez de revenus pour couvrir des coûts en forte augmentation, sans même parler du remplacement des réacteurs. L'importante hausse programmée des prix de l'électricité va rendre l'efficacité énergétique et les renouvelables encore plus compétitives. La consommation électrique française corrigée du climat n'augmente plus depuis 2011, et la consommation brute a atteint en 2014 son plus bas niveau depuis 2002. La nouvelle loi sur la transition énergétique de 2015 vise à réduire la part du nucléaire dans la production électrique à 50 % d'ici à 2025, et à augmenter celle des renouvelables à 40 % d'ici à 2030. En 2014, pour la première fois, avec 14,4 gigawatts de capacité éolienne et solaire, les renouvelables hors hydroélectricité ont généré plus d'électricité que les énergies fossiles.

Entre subventions militaires et soutien financier de l'Etat, le bilan économique du nucléaire français reste opaque, mais son résultat est clairement négatif. La mauvaise santé financière d'EDF (détenue à 86 % par l'Etat) est évidente, avec ses 34 milliards d'euros de dette fin 2014 malgré les aides massives du gouvernement. AREVA (détenue à 92 % par l'Etat) est techniquement en faillite et son sauvetage coûtera encore plusieurs milliards d'euros aux contribuables français. Au lieu des progrès annoncés, la construction des réacteurs des années 1990 a coûté 2,4 fois plus cher et leurs chantiers de construction ont duré 2 fois plus longtemps que les premiers réacteurs, vingt ans plus tôt.

Avec Olkiluoto-3 et Flamanville-3, dont les coûts et les délais s'envolent encore, la perte de savoir-faire est telle que le renouvellement du parc n'est plus réaliste. L'ensemble du programme EPR est même menacé par les "anomalies très sérieuses", révélées très tardivement, dans les couvercles et fonds de cuve forgés dans l'usine AREVA du Creusot.

Au total, cet engagement unique dans le nucléaire n'a permis à la France de réduire sa consommation brute d'énergies fossiles que de 9 % entre 1973 et 2014. Elle consomme aujourd'hui à peu près autant de pétrole par habitant que l'Allemagne, ou que l'Europe des 27, et plus que l'Italie (qui n'a pas de nucléaire) ou la Grande-Bretagne (qui produit du pétrole et du gaz). Le pétrole fournit 45 % de l'énergie finale française et les énergies fossiles 68 %. La facture énergétique bat régulièrement des records, même si elle a reculé en 2013-2014 grâce à la baisse du prix du pétrole et à un hiver clément. Jusqu'à ces dernières années, où l'efficacité énergétique et les renouvelables recevaient encore peu de soutien, le système énergétique français émettait plus de carbone qu'à son minimum de 1987. Et en comptant l'uranium importé, contrairement aux statistiques officielles qui font du nucléaire une ressource domestique, près de 82 % de l'énergie primaire française est importée.

Le nucléaire n'est en fait pas le seul moyen de protéger le climat. Il est si coûteux et si lent à construire que le même investissement dans l'efficacité énergétique, les énergies renouvelables ou la cogénération économise bien plus rapidement 2 à 40 fois plus de CO_2. Dans ces conditions, construire de nouvelles centrales retarderait et ne ferait que réduire la protection du climat par rapport à ces alternatives.

Le temps est venu pour une approche vraiment différente. L'impressionnant travail d'analyse du scénario négaWatt montre comment une utilisation intelligente et efficace de l'énergie, combinée aux énergies renouvelables modernes, pourrait doter la France d'un système énergétique fiable, résilient, autonome et économiquement performant. La France a la chance de disposer non seulement de gisements de négawatts et d'énergies renouvelables, mais aussi de talents et de compétences parmi les meilleurs au monde : seule sa stratégie a pêché. Les mêmes prouesses techniques et organisationnelles qui ont permis de créer l'industrie nucléaire pourraient être mises au service de l'esprit d'entreprise, de la compétitivité et de l'innovation pour bâtir une alternative bien plus robuste économiquement et techniquement.

D'autres pays ont déjà choisi cette voie. L'Allemagne, avec la création de centaines de milliers d'emplois dans les renouvelables, a déjà gagné son pari d'investir dans la conception, la fabrication et l'installation de solutions efficaces et renouvelables. En 2014, 27 % de la production électrique était le fait de diverses sources renouvelables (contre moins de 20 % en France, malgré une bonne année pour l'hydraulique). L'Italie était à 38 %. Le Danemark, probablement à plus de 55 %, est en route pour se passer totalement des énergies fossiles en 2050, de même que la Suède. Le Portugal est passé de 17 % à 65 % d'électricité renouvelable entre 2005 et 2014. L'Espagne (46 %) et l'Ecosse (50 %) complètent la liste des pays européens n'ayant que peu d'hydroélectricité et produisant en 2014 plus de la moitié de leur électricité grâce aux renouvelables, avec une excellente fiabilité et sans ajout de stockage de masse. La France devrait pouvoir faire mieux.

Au cours des quatre dernières années, les renouvelables (hors grande hydraulique) ont bénéficié en moyenne de 250 milliards de dollars d'investissement annuel permettant d'installer 80 gigawatts de capacité par an. Cette croissance explosive se double d'un effondrement des prix dont une division par 5 des modules solaires à base de silicium cristallin. En Chine, pays qui se positionne en leader sur ces filières, la production d'électricité renouvelable a augmenté aussi vite que la production nucléaire française dans le passé, grâce à un système de planification de même type, et elle va bientôt faire encore mieux.

Face à cela, les commandes mondiales continuent à diminuer, car elles n'ont plus de sens économique. A la mi-2015, il y avait dans le monde 62 unités nucléaires officiellement "en construction", mais 5 l'étaient depuis trente ans, et au moins les trois quarts étaient en retard. Même avant Fukushima, les constructions de nouvelles centrales nucléaires n'arrivaient pas à compenser les fermetures. Aucune construction n'intervient dans le cadre d'un véritable système de marché. Aux Etats-Unis, 100 % et plus de subventions sur la construction n'ont pas suffi pour les 34 projets de réacteurs proposés depuis 2005, dont seulement 4 vont finalement peut-être être construits, tous sans capital privé indépendant.

Comme d'autres études nationales et régionales, le *Manifeste négaWatt* met en évidence la force et la diversité remarquables des atouts de la France pour construire l'après-nucléaire et l'après-pétrole. Il intègre une approche de la sobriété qui est rarement prise en compte dans les autres pays.

Il existe aussi d'autres possibilités techniques, comme celles que le Rocky Mountain Institute a détaillées en 2011 dans *Reinventing Fire: Bold Business Solutions for the New Energy Era*[1]. Ce livre explique comment l'économie américaine pourrait être 2,6 fois plus développée en 2050 qu'en 2011, mais sans pétrole, sans charbon et sans nucléaire, et avec 35 % de gaz naturel en moins[2]. Tout cela pour un coût actualisé net inférieur de 5 000 milliards de dollars à celui d'un scénario tendanciel, et sans nouvelles inventions ni nouvelles lois. Une étude similaire de *Reinventing Fire* pour la Chine y révèle des opportunités encore plus impressionnantes.

Pour permettre la sortie du pétrole, *Reinventing Fire* propose une approche centrée sur les véhicules électriques, un peu différente de celle du *Manifeste négaWatt*. En effet, de nouvelles techniques de fabrication permettent de produire des véhicules en matériaux composites ultralégers et ultra-aérodynamiques, qui se contentent de batteries 2 à 3 fois moins puissantes, donc moins chères, ce qui renforce et accélère les baisses de coûts déjà obtenues par des entreprises comme Tesla et BMW. La synergie entre les rapides progrès dans les fibres de carbone, les batteries et les piles à combustible pourrait permettre un saut technologique aussi spectaculaire que le passage des machines à écrire aux ordinateurs.

Ces voitures, consommant l'équivalent de 1 à 2 litres pour 100 kilomètres, pourront rouler à l'électricité ou à l'hydrogène ; les camions et les avions, dont l'efficacité peut être triplée, pourront utiliser des biocarburants de nouvelle génération ou de l'hydrogène

1. Voir le site www.reinventingfire.com.
2. Les Etats-Unis possèdent des réserves de gaz naturel conventionnel importantes, sans même exploiter les gaz de schiste.

liquide ; les camions pourront également utiliser du gaz naturel fossile, et plus tard du méthane renouvelable. Le besoin de biocarburants liquides alors nécessaires aux Etats-Unis serait alors moins du quart du pétrole utilisé aujourd'hui dans ce pays pour les transports. Dans le contexte américain, les deux tiers pourraient provenir de déchets de biomasse, le reste étant produit sans concurrence avec les récoltes alimentaires et sans dégrader les sols ou le climat.

Une autre innovation importante présentée dans *Reinventing Fire* est la "conception intégrée" *(integrative design)*, qui consiste à optimiser les bâtiments, les usines ou les véhicules dans leur globalité, en recherchant des avantages multiples plutôt qu'en considérant les sous-parties individuellement. Cette approche rend le plus souvent les grosses économies d'énergie plus rentables que les petites et permet, grâce à des rendements croissants, de mieux valoriser les économies d'énergie. Aux Etats-Unis, la conception intégrée permettrait de tripler ou même quadrupler l'efficacité des bâtiments (avec un taux de rendement interne de 33 %) et de doubler celle de l'industrie (avec un retour sur investissement moyen de 21 %), entraînant une diminution d'environ 1 % par an de la demande d'électricité, en dépit d'une croissance économique soutenue et de l'arrivée sur le marché d'une flotte de véhicules électriques. Et la conception intégrée continue de progresser au moins aussi vite que la technologie : ainsi, des opérations de rénovation menées selon ce concept par le RMI ont apporté des économies de 38 % en 2010 à l'Empire State Building, et de 70 % dans un complexe de bâtiments publics à Denver en 2013, rendant ce dernier plus efficace que la plupart des bureaux basse consommation neufs. Dans le neuf, les nouveaux bureaux du Rocky Mountain Institute, sur le point d'être achevés à Basalt, Colorado, visent une consommation d'énergie totale inférieure à 50 kilowattheures par mètre carré par an, plus que compensée par leur production solaire.

Reinventing Fire a également conclu que les problèmes de la mobilité et de l'électricité spécifique sont plus faciles à résoudre ensemble que séparément. Des véhicules "intelligents" échangeant de l'électricité et des informations avec des réseaux "intelligents" par le biais de bâtiments "intelligents" facilitent l'intégration de l'éolien et du photovoltaïque par une plus grande flexibilité et des capacités de stockage accrues. Ces ressources variables peuvent très bien fournir la majorité de l'électricité sur un réseau donné (nous avons simulé jusqu'à 86 % de taux de pénétration du solaire et de l'éolien au Texas, les 14 % restants provenant d'autres renouvelables), dès lors qu'elles sont diversifiées par types et par localisations, que leur production est prévisible et qu'elles sont intégrées dans un système offre-demande flexible. Ce modèle nécessiterait peu de stockage, et moins de nouvelles lignes à haute tension qu'on ne le pense généralement, surtout dans un contexte où le transport d'électricité est mis en concurrence avec l'efficacité énergétique, le pilotage de la demande et la production décentralisée.

Finalement, l'intégration des renouvelables variables au réseau nécessitera probablement moins de moyens de secours et de stockage que ceux qui existent déjà pour gérer l'intermittence lourde et non prévisible des grandes centrales thermiques. Un portefeuille diversifié de ressources décentralisées permet d'éviter ce genre de situation pénalisante.

Le système énergétique américain est obsolète, polluant et fragile. Comme celui de la France, il devra être remplacé d'ici à 2050. *Reinventing Fire* a mis en évidence que le coût du nouveau système électrique à construire par les Etats-Unis sera à peu près le même quel qu'il soit (business-as-usual, nouveau nucléaire plus charbon "propre", renouvelables centralisées, ou renouvelables décentralisées). Mais ce choix engendrera de profondes différences en termes de risques technologiques, financiers, politiques, énergétiques, climatiques, de santé et de sécurité. Le scénario basé sur les renouvelables décentralisées offre la meilleure réponse à ces risques, et se montre le seul à pouvoir éliminer le risque ravageur de black-out. Son fonctionnement peut reposer sur des microréseaux connectés mais isolables. Le Danemark et Cuba utilisent déjà ces architectures de réseau résilientes qui rendent les effets en cascade menant aux grands black-out impossibles. La production décentralisée augmente également la fiabilité au quotidien.

Au cours des quatre premières années de la période 2010-2050 couverte par le scénario de *Reinventing Fire*, les Etats-Unis ont à peu près suivi la trajectoire décrite, et sont en fait en avance en ce qui concerne l'adoption des renouvelables, dont les coûts ont diminué plus rapidement que nous le pensions. Maintenant, avec sa nouvelle loi sur la transition énergétique, la France est en train de s'orienter graduellement dans la même direction. La crise économique que subit son secteur électronucléaire, combinée aux projets encourageants en matière d'efficacité et de renouvelables, devrait accélérer ce changement.

Dans ce contexte, et même sans adopter toutes les options de *Reinventing Fire*, le *Manifeste négaWatt* est une contribution importante au débat actuel sur la meilleure manière de rendre le monde plus prospère, plus équitable, plus propre et plus sûr, en passant des énergies fossiles et nucléaire à l'utilisation rationnelle et efficace des énergies renouvelables. Cette nouvelle édition prend en compte quatre ans d'expérience supplémentaires et arrive à point nommé, alors que c'est la première fois depuis 1973 qu'un vrai débat sur l'énergie émerge en France.

Le "feu réinventé" que constituent les énergies renouvelables utilisées efficacement peut faire notre travail, sans travailler à notre perte. Ce livre décrit comment ce pays peut devenir l'un des leaders de la transition énergétique mondiale : *Let's go* – pour la France !

AMORY B. LOVINS,
Cofondateur et *Chief Scientist* du Rocky Mountain Institute,
Old Snowmass, Colorado, Etats-Unis.
29 juillet 2015.
Texte traduit par Lionel Bony.

AUTEURS ET CONTRIBUTEURS

Cette nouvelle version du Manifeste négaWatt *est, comme la première, avant tout l'expression d'une démarche et d'un travail collectif. Mais au-delà de cette identité commune autour du concept de "négaWatt", cet ouvrage est d'abord le fruit de la réflexion et du travail d'un groupe de femmes et d'hommes animés par la conviction que, même si des décisions politiques sont nécessaires, la transition énergétique ne se décrète pas d'en haut, et qu'elle ne peut qu'émaner d'initiatives citoyennes comme celles dans lesquelles ils sont impliqués et d'expertises indépendantes comme celles qu'ils ont développées depuis maintenant quinze ans.*

Les auteurs

... qui ont conçu et rédigé ce Manifeste *:*

MARC JEDLICZKA : Fondateur en 1991 et directeur général depuis 1999 d'Hespul, association spécialisée dans la filière photovoltaïque raccordée au réseau et vice-président du CLER depuis 2001. Il est également fondateur du fournisseur alternatif d'électricité Enercoop et de l'association européenne des producteurs indépendants d'énergies renouvelables EREF. Porte-parole de l'association négaWatt depuis 2003.

Thierry Salomon : Ingénieur ECAM et DEA d'énergétique. Fondateur en 1976 et ancien directeur d'une association technique sur les énergies renouvelables et la maîtrise de l'énergie. Depuis 2000, responsable-développement d'un bureau d'études sur l'optimisation énergétique et auteur de plusieurs ouvrages sur l'énergie. Ancien président entre 2003 et fin 2014 de l'association négaWatt, actuellement vice-président et porte-parole.

avec la collaboration de :

Yves Marignac : Expert et consultant depuis 1997, directeur de Wise-Paris, un organisme indépendant sans but lucratif, spécialisé dans le nucléaire et les politiques énergétiques.

Les relecteurs

... dont l'œil averti en a largement valu deux !

Monique Fauré : Sociologue et responsable associative.

Dominique Gauzin-Müller : Architecte, enseignante dans les écoles d'architecture de Strasbourg et de Stuttgart, auteure de nombreux ouvrages de référence sur le développement durable, journaliste et rédactrice en chef du magazine *EcologiK*.

Paul Neau : Responsable depuis plus de quinze ans d'un bureau d'études environnementales, travaillant sur l'intégration des parcs éoliens et de centrales photovoltaïques dans leur environnement humain et naturel. Coauteur de guides de référence sur l'énergie éolienne.

Les "scénaristes"

... dont les idées claires et les nuits blanches partagées avec les trois auteurs ont permis d'élaborer le scénario négaWatt 2011 et ses mises à jour :

BERNARD CHABOT : Ingénieur et économiste, spécialiste de l'analyse et de la prospective énergétique, ancien expert senior à l'ADEME, puis consultant et formateur indépendant. Auteur de nombreux travaux et publications de référence, dont plusieurs monographies sur les énergies renouvelables dans l'*Encyclopædia universalis*.

STÉPHANE CHATELIN : Ingénieur en énergétique, directeur de l'association négaWatt.

CHRISTIAN COUTURIER : Ingénieur, expert de l'utilisation énergétique de la biomasse et du biogaz. Directeur du pôle "Energie et déchets" de l'association Solagro, spécialisée dans la maîtrise de l'énergie, les énergies renouvelables et l'agroenvironnement. Coordinateur de la partie "énergie" du scénario Afterres2050. Président de l'association négaWatt depuis fin 2014.

VINCENT LEGRAND : Ingénieur en physique, spécialisation énergétique et nucléaire. *Master of sciences* à Texas A & M University puis Sciences Po Paris. A travaillé sur les politiques énergétiques, puis sur un projet européen de mise en œuvre locale du développement durable. Directeur de l'Institut négaWatt depuis sa création, en 2009.

THOMAS LETZ : Docteur-ingénieur en énergétique. Après plus de vingt ans d'activité dans le domaine du solaire thermique au niveau européen, est actuellement en poste dans un bureau d'études spécialisé depuis trente ans dans la maîtrise de l'énergie (campagnes de mesures, analyse de données).

PHILIPPE QUIRION : Economiste, chercheur en économie de l'environnement au CIRED, ancien président et actuel membre du bureau exécutif du Réseau action climat France.

EMMANUEL RAUZIER : Professeur d'énergétique. Directeur d'études d'une licence professionnelle "Bâtiments à hautes performances énergétiques". Formateur en développement durable.

ANNE RIALHE : Docteur de l'Ecole des mines de Paris, ingénieure de l'Ecole supérieure de l'énergie et des matériaux d'Orléans, directrice d'un bureau d'études sur les questions énergétiques et environnementales (planification et politiques publiques de l'énergie, développement de la construction et de l'urbain à haute qualité environnementale).

OLIVIER SIDLER : Ingénieur en énergétique de l'Ecole polytechnique fédérale de Lausanne, DEA de physique de l'énergie. Directeur d'un bureau d'études spécialisé depuis plus de trente ans dans la maîtrise de l'énergie et l'utilisation des énergies renouvelables. Spécialiste européen de la mesure énergétique et des bâtiments à très basse consommation.

LORAINE ZACHIAUX : Professeure émérite et directrice du LRA (Laboratoire de recherches avancées) à Schkat (Suède), spécialiste de la prospective holistique des réseaux exergétiques et des interactions évolutives des cellules inorganiques.

Les contributeurs

... tous les autres membres de la Compagnie des négaWatts qui ont activement contribué aux réflexions et aux propositions présentées dans cet ouvrage :

GUY ARCHAMBAULT : Journaliste spécialisé “bâtiment, écoconstruction et environnement”.

RAPHAËLLE GAUTHIER : Juriste, spécialiste du droit de l’environnement, chargée de mission énergie dans une grande collectivité, a suivi de nombreuses négociations internationales sur le climat.

SYLVAIN GODINOT : Ingénieur en environnement, ancien coordinateur du RAC-France. Conseiller énergies pour des collectivités locales.

THOMAS GUÉRET : Ingénieur des travaux publics de l’Etat, spécialisé en maîtrise de l’énergie et dans la lutte contre les émissions de gaz à effet de serre en France et à l’international.

MICHEL IRIGOIN : Ingénieur INSA Lyon génie énergétique, directeur de l’énergie et des moyens techniques d’une grande collectivité locale et membre du groupe de travail “Energie” de l’Association des ingénieurs territoriaux de France (AITF).

YVES JAUTARD : Architecte, directeur d’une société spécialisée dans l’utilisation des énergies renouvelables pour les bâtiments.

BENOÎT LEBOT : Ingénieur divisionnaire TPE, conseiller au Programme des Nations unies pour le développement (PNUD) pour accompagner les pays en développement dans leurs programmes de réduction des gaz à effet de serre, d'émergence des énergies renouvelables et de promotion de l'efficacité énergétique. Ancien responsable des actions de maîtrise de la demande d'électricité à l'ADEME, puis à l'Agence internationale de l'énergie.

BRUNO PEUPORTIER : Chercheur et enseignant à l'Ecole des mines de Paris, spécialiste de l'analyse énergétique et environnementale sur les bâtiments (haute qualité environnementale et ACV – analyse du cycle de vie).

Avec une pensée particulière pour :

DOMINIQUE MAIGROT, ingénieure à l'ADEME puis fondatrice d'un bureau d'études sur la maîtrise de l'énergie et la qualité environnementale. Membre fondatrice de l'association négaWatt. *DoM est bien trop tôt disparue… Son courage et ses convictions restent pour nous un exemple.*

Enfin, nos plus vifs et plus sincères remerciements vont à :

STÉPHANE HESSEL, pour son appui constant dans notre action jusqu'à son décès en février 2014 ;

AMORY B. LOVINS et son correspondant en France, LIONEL BONY ;

JULIE HAZEMANN, qui assure auprès de négaWatt une précieuse veille documentaire ;

ANTOINE BONDUELLE et SIMON MÉTIVIER, qui ont apporté leurs connaissances à l'analyse du volet industriel, ainsi qu'à l'ensemble des membres de négaWatt qui ont soutenu ce projet et ont contribué à cette réflexion collective.

L'ASSOCIATION NÉGAWATT

L'*Association négaWatt* a été créée en septembre 2001, à l'initiative de professionnels de l'énergie qui souhaitaient promouvoir en toute indépendance un nouveau modèle énergétique donnant la priorité à la sobriété, à l'efficacité et aux énergies renouvelables, les trois piliers fondateurs de la "démarche négaWatt".

Composée exclusivement de personnes physiques agissant en leur nom propre, elle constitue début 2015 un réseau de plus de 1 400 adhérents venant de tous horizons et qui ont choisi de mettre en commun leurs connaissances et leurs expériences de terrain.

Sa cheville ouvrière est la Compagnie des négaWatts, un collège de 25 experts aux métiers très divers (ingénieurs, architectes, sociologues, juristes, économistes, responsables associatifs), qui en assurent la direction et en décident les orientations.

Les échanges réguliers entre les membres s'effectuent au travers de plusieurs listes de discussion et de groupes de travail spécifiques. Ils sont complétés par l'Université négaWatt, organisée chaque année depuis 2006, qui permet de prolonger et d'amplifier de manière conviviale ces échanges.

La Compagnie des négaWatts a élaboré en 2003, puis mis à jour et approfondi en 2006 un scénario énergétique pour la France à l'horizon de 2050, traduction prospective de la "démarche négaWatt".

Une refonte complète des outils et des méthodes, décidée à l'été 2010, a abouti, après plus d'un an de travail, à la publication fin septembre 2011 du "scénario négaWatt 2011-2050", qui a été depuis régulièrement mis à jour afin de suivre les évolutions constatées en France et ailleurs dans le monde.

L'écriture et la publication chez Actes Sud à l'automne 2011 de la première version du *Manifeste négaWatt. Réussir la transition énergétique* a été l'occasion de compléter ce travail par une réflexion de fond et par l'élaboration de mesures opérationnelles qui a constitué la matière première d'un ouvrage se voulant aussi pédagogique que possible.

Un deuxième ouvrage chez le même éditeur, *Changeons d'énergies. Transition, mode d'emploi* a permis, en partant d'exemples concrets d'initiatives "venues d'en bas", de montrer de manière accessible que la transition énergétique prônée par négaWatt était d'ores et déjà en marche.

Ce troisième opus paru à l'automne 2015, à quelques mois de la COP21, permet, tout en actualisant la description de la démarche et du scénario négaWatt, de faire le point sur les analyses et propositions portées par l'association et relayées par de nombreux acteurs tout au long du débat public du printemps 2013 et du processus parlementaire engagé à l'automne de la même année.

Les ressources financières de l'association – dont les activités reposent pour l'essentiel sur les contributions bénévoles de ses membres – proviennent des cotisations de ses adhérents et de dons, complétés pour certaines études et actions, par le soutien de fondations et d'organisations non gouvernementales.

L'association a reçu en 2007 le prix européen EuroSolar pour "son rôle modèle pour une nouvelle politique énergétique en France".

Pour plus d'information, pour adhérer ou pour faire un don : www.negawatt.org, contact@negawatt.org.

L'INSTITUT NÉGAWATT

Créé en 2009 par l'association négaWatt sous la forme d'une SARL dont elle est le seul actionnaire, l'Institut négaWatt est un organisme de formation, d'études et de recherches ayant pour vocation de préparer et d'accompagner la transition énergétique de notre société en prenant comme référence les travaux de l'association négaWatt.

Animé par une volonté de mutualisation des connaissances, l'Institut négaWatt se donne ainsi pour objectifs :

– de renforcer les compétences et la capacité d'expertise des acteurs de l'énergie ;

– de développer les propositions d'évolution des politiques énergétiques et climatiques ;

– d'accompagner la mise en œuvre de ces propositions, sur la base des orientations et des travaux du scénario négaWatt.

Filiale à 100 % de l'association, l'Institut a la volonté d'inscrire pleinement son activité dans les fondamentaux de l'association : indépendance, approche systémique du domaine de l'énergie, connaissance et prise en compte des enjeux globaux comme des réalités du terrain, vision prospective, éthique et travail coopératif.

Depuis sa création, l'Institut négaWatt a d'abord développé son pôle de formation, qui vise à diffuser les bonnes pratiques dans l'ensemble des domaines de l'énergie représentant aujourd'hui un enjeu significatif.

Ces formations sont prioritairement dispensées auprès des décideurs, des prescripteurs et des personnes en charge de la mise en œuvre de projets. L'ambition du programme de formation est de traiter aussi bien de sujets globaux (contexte et enjeux, approche territoriale, urbanisme, politique énergétique, etc.) que de sujets techniques précis et concrets, nécessaires à la mise en œuvre de la "transition énergétique négaWatt".

Prolongation opérationnelle de ses actions de formation dans le domaine spécifique de la rénovation énergétique des bâtiments, l'Institut négaWatt a conçu, développé et mis en œuvre le concept DORéMI dans un certain nombre de régions-pilotes avec l'intention de l'étendre à l'ensemble du territoire national.

Ce *Dispositif opérationnel de rénovation des maisons individuelles* vise à répondre à la nécessité de massifier le programme de rénovation des logements tel que prévu dans le scénario négaWatt.

Pour plus d'information : www.institut-negawatt.com, contact@institut-negawatt.com.

RESSOURCES

ORGANISMES ET SITES

Problématiques énergétiques

CLUB DE ROME : Groupe de réflexion et de prospective réunissant des scientifiques, des économistes, des fonctionnaires internationaux et des industriels des pays développés, qui s'est fait connaître en 1972 par la publication de son étude *The Limits of Growth* (littéralement, "Les limites de la croissance", traduit un peu rapidement par *Halte à la croissance* dans l'édition française).
http://www.clubofrome.org/

GIEC : Groupe intergouvernemental d'experts sur l'évolution du climat (en anglais IPCC). Réseau, créé par l'ONU en 1988, regroupant plusieurs milliers de scientifiques mandatés par leurs Etats pour étudier les causes et les conséquences des changements climatiques observés depuis le début des années 1970. Le quatrième rapport du GIEC a été publié en 2007, le cinquième en 2014.
http://www.ipcc.ch/

GLOBAL CHANCE : Association de scientifiques et d'experts étudiant les problématiques énergétiques, animée par

Benjamin Dessus et Bernard Laponche. *Les Cahiers de Global Chance* sont une référence incontournable !
http://www.global-chance.org/index.php

RÉSEAU ACTION CLIMAT-France : Réseau associatif de lutte contre les changements climatiques qui est aussi la branche française du Climate Action Network agissant au niveau mondial sur ce sujet. Outre les nombreuses initiatives qui y sont relayées, le site est riche en ressources documentaires et en liens.
http://www.rac-f.org/

Sobriété et efficacité énergétiques

ADEME : Le site de l'Agence de l'environnement et de la maîtrise de l'énergie contient, outre des informations institutionnelles sur de nombreux sujets liés à l'énergie, des conseils pratiques aux particuliers et la liste des espaces info-énergie.
http://www.ademe.fr/

ENERTECH : Ce bureau d'études spécialisé dans l'efficacité énergétique dans le bâtiment a publié sur son site de très nombreux résultats de campagnes de mesures permettant d'apprécier les consommations d'énergie par usage, des bases de données d'équipements performants et des conseils en matière de maîtrise de l'énergie.
http://www.enertech.fr/

ROCKY MOUNTAIN INSTITUTE : Le RMI est dirigé par Amory B. Lovins, coauteur du livre *Facteur 4* et inventeur du mot "négawatt". Son équipe de consultants et de chercheurs travaille sur l'efficacité énergétique dans tous les domaines : industrie, habitat, "hypercar". De nombreux

documents sont téléchargeables, dont la revue *RMI Solutions NewsLetter*.
http://www.rmi.org/

Energies renouvelables

BIOÉNERGIE : Site portail francophone du bois-énergie.
http://www.bioenergie-promotion.fr/

CLER – le réseau pour la transition énergétique : Association créée en 1984 et réunissant aujourd'hui plus de 300 membres qui sont des associations de terrain, des professionnels, des organismes de formation et des collectivités locales, acteurs indépendants du monde de l'efficacité et des énergies renouvelables de toute la France. Le CLER a cofondé avec la Fondation Abbé Pierre le RAPPEL, Réseau des acteurs de la pauvreté et de la précarité énergétique (http://www.precarite-energie.org/) et accueille en son sein depuis 2014 les collectivités engagées dans la démarche des Territoires à énergie positive, les TEPOS.
http://www.cler.org/

FRANCE ÉNERGIE ÉOLIENNE : Association participant activement au développement de la filière éolienne en France. La FEE a constitué, entre 2005 et 2012, la branche éolienne du Syndicat des énergies renouvelables (SER), dont elle s'est séparée pour des raisons de divergence stratégique.
http://www.fee.asso.fr/

PHOTOVOLTAÏQUE INFO : Site français de référence indépendant sur le photovoltaïque. Informations mises régulièrement à jour données sur la filière, suivi des puissances

installées, articles sur les sujets d'actualités, guides à l'attention des maîtres d'ouvrage, etc.
http://www.photovoltaique.info/

RTE – Réseau de transport d'électricité : filiale d'EDF en charge de la gestion des réseaux de transports d'électricité (lignes HT et THT), elle a pour mission de veiller à la qualité des infrastructures et à une gestion optimale du flux d'électricité sur le réseau. Outre la publication des bilans annuels de consommation et de production, RTE réalise tous les deux ans un exercice intitulé "bilan prévisionnel" qui résume la vision prospective à dix ans de l'entreprise à partir de ce qu'elle constate sur son réseau. Le site de RTE offre en outre un outil de suivi en temps réel de la production d'électricité en France qui renseigne sur la consommation totale, le type d'énergies utilisées et les émissions de CO_2 générées.
http://www.rte-france.com/

SOLAGRO : Créée en 1981, Solagro est une entreprise associative à but non lucratif, ayant pour projet d'ouvrir la réflexion et d'agir en faveur de voies alternatives pour l'agriculture, l'alimentation, la biomasse et l'usage des sols. Ces objectifs s'inscrivent dans une logique de gestion économe, solidaire et de long terme des ressources naturelles : énergie, biodiversité, eau, air. Solagro a notamment réalisé le scénario Afterres2050.
www.solagro.org

BIBLIOGRAPHIE

Club de Rome, *Halte à la croissance ? Rapport sur les limites de la croissance*, traduction et édition française, Fayard, Paris, 1972

Yves Cochet, *Antimanuel d'écologie*, Bréal, Rosny-sous-Bois, 2009

GIEC, *Cinquième rapport du GIEC*, 2014, http://www.ipcc.ch/

Global Chance, *Petit mémento énergétique*, *Les Cahiers de Global Chance*, hors-série nº 1, janvier 2003

Global Chance et négaWatt, *Du gâchis à l'intelligence. Le bon usage de l'électricité*, *Les Cahiers de Global Chance*, nº 27, janvier 2010

Ivan Illich, *Energie et équité*, Seuil, Paris, 1973

Tim Jackson, *Prospérité sans croissance : la transition vers une économie durable*, De Boeck, Bruxelles, 2010

Naomi Klein, *Tout peut changer. Capitalisme et changement climatique*, coédition Actes Sud/Lux, 2015

Jade Lindgaard, *Je crise climatique*, La Découverte, 2014

Claude Lorius, *Voyage dans l'Anthropocène*, Actes Sud, Arles, 2011

Malte Meinshausen *et al.*, "Greenhouse-Gas Emission Targets for Limiting Global Warming to 2 °C", *Nature*, nº 458, 25 mars 2009

Pape François, *Encyclique "Laudato si"*, 2015

Pauline Mispoulet, Raphaële Yon-Araud, *Energie et prospérité. Les entrepreneurs au cœur de la transition énergétique*, Les Petits Matins, 2014

Hermann Scheer, *L'Autonomie énergétique*, Actes Sud, Arles, 2007

Nicholas Stern, *Rapport sur l'économie du changement climatique*, rédigé pour le gouvernement du Royaume-Uni, résumé en français, 2006

Ernst von Weizsäcker, Amory B. Lovins, L. Hunter Lovins, *Facteur 4 : deux fois plus de bien-être en consommant deux fois moins de ressources. Rapport du Club de Rome*, Terre vivante, Mens, 1997

PETIT GLOSSAIRE DE L'ÉNERGIE

BIOGAZ : mélange de méthane (CH_4) et de dioxyde de carbone (CO_2) obtenu par le procédé de méthanisation, pouvant être brûlé tel quel dans une chaufferie ; le biogaz prend le nom de biométhane lorsqu'il est purifié à plus de 95 % de méthane pour pouvoir être injecté dans le réseau gazier ou être utilisé comme carburant automobile (dans ce cas on l'appelle aussi bio-GNV).

BIOMASSE : ensemble de toutes les matières organiques, principalement d'origine végétale, susceptibles de fournir de l'énergie soit par combustion (bois, paille, huiles végétales, etc.), soit par transformation en gaz par l'intermédiaire de réactions de fermentation ou de gazéification.

CO_2 : symbole chimique du gaz carbonique ou dioxyde de carbone, qui se dégage lors de la combustion d'un combustible fossile (pétrole, gaz ou charbon) ou végétal (bois) par combinaison du carbone qu'il contient avec l'oxygène de l'air. Le CO_2 d'origine fossile est le principal gaz à effet de serre, contrairement à celui qui est dégagé par la combustion de matières végétales puisque celui-ci a été piégé lors de la croissance de la plante et donc est neutre vis-à-vis de l'effet de serre.

COGÉNÉRATION : production simultanée de chaleur et d'électricité, ce qui permet d'améliorer le rendement global en valorisant mieux l'énergie dégagée (typiquement, un passage de 40 % à 60 % de rendement ou plus).

EFFET JOULE : dégagement de chaleur due au passage d'un courant électrique dans un matériau conducteur. Cause majeure des pertes dans les lignes électriques (8 % de la production en France), c'est cet effet qui est utilisé par les diverses applications thermiques de l'électricité : convecteur, cumulus, grille-pain, four électrique, etc.

ÉNERGIE FINALE : énergie consommée par l'utilisateur final (qu'il soit un particulier, une entreprise ou une collectivité). En pratique, c'est l'énergie mesurée par le compteur d'électricité, de gaz ou par la pompe à essence de la station-service. Elle est égale à l'énergie primaire moins les pertes de transformation, d'acheminement et de distribution. En 2010, la consommation totale d'énergie finale en France, toutes formes et tous usages confondus, a été de 1 904 térawattheures.

ÉNERGIE PRIMAIRE : énergie contenue dans les ressources énergétiques telles qu'on les trouve à l'état brut dans la nature (pétrole, gaz, charbon, uranium, vent, soleil, biomasse, etc.). En 2010, la consommation totale d'énergie primaire en France, toutes formes et tous usages confondus, a été de 2 996 térawattheures. Les pertes dans le système énergétique se sont élevées à 36,4 % de l'énergie primaire consommée.

ÉNERGIE UTILE : part de l'énergie consommée par l'utilisateur final, qui sert réellement à rendre le service énergétique attendu. L'énergie utile est égale à l'énergie finale moins les pertes à l'utilisation. Par exemple, l'énergie utile servant au chauffage d'un logement est égale à l'énergie finale moins toutes les pertes du système de chauffage (génération de chaleur, distribution, émission, régulation) : elle correspond à l'énergie réellement fournie dans le volume du logement pour maintenir la température au niveau souhaité.

EPR : initiales désignant un projet de réacteur nucléaire dit "de troisième génération". Le sigle EPR signifiait à l'origine *European Pressurized Reactor*, changé pour *Evolutionary Power Reactor*. Le premier prototype de ce réacteur de 1 600 mégawatts électriques est en construction depuis 2005 à Olkiluoto en Finlande (mise en service initialement prévue en 2009 et repoussée à 2018), le second sur le site de Flamanville en France depuis 2007 (mise en service initialement prévue en 2012 et repoussée elle aussi à fin 2018).

EXTERNALITÉS : les externalités, positives ou négatives, désignent tous les effets indirects sur l'environnement, l'économie, la société ou la santé publique de toute activité, notamment la consommation d'énergie. Par exemple, le chauffage au fioul a des coûts "internes" (le combustible, l'entretien, l'amortissement des équipements) mais aussi de nombreux coûts "externes" (la pollution à l'extraction et la transformation du pétrole, les conséquences pour la santé publique des fumées émises par la cheminée de la chaudière, la pollution générée par le camion de livraison, etc.). Ces externalités sont le plus souvent des coûts "cachés", jamais ou très mal pris en compte dans le bilan économique.

GAZ À EFFET DE SERRE (GES) : catégorie de gaz dont le séjour dans l'atmosphère a pour conséquence une augmentation de l'effet de serre qui régule le climat et la température moyenne à la surface de la Terre en piégeant une partie du rayonnement solaire. Les principaux gaz à effet de serre sont le dioxyde de carbone (ou gaz carbonique – CO_2), issu de la combustion des énergies fossiles, le méthane (CH_4), issu de la fermentation entérique des ruminants et des rizières, le protoxyde d'azote (N_2O), issu de la décomposition des engrais chimiques dans le sol, et les gaz fluorés, utilisés essentiellement comme fluides pour la climatisation dans le bâtiment et l'automobile.

GAZ DE SCHISTE : l'une des formes non conventionnelles du gaz "naturel" piégé dans la roche-mère dans les terrains schisteux, que l'on extrait en injectant dans le sous-sol de l'eau à haute pression additionnée d'un grand nombre de produits chimiques polluants (technique dite de "fracturation hydraulique").

GAZÉIFICATION : procédé de combustion en déficit d'oxygène, qui permet de produire du gaz de synthèse ("syngas", autrefois appelé "gaz manufacturé"), un mélange de vapeur d'eau, d'hydrogène et de monoxyde de carbone que l'on peut ensuite transformer en méthane à travers diverses réactions chimiques.

GIGAWATT (GW) : voir *Watt*.

GIGAWATTHEURE (GWh) : voir *Kilowattheure*.

JOULE (J) : unité d'énergie dans le système métrique international, correspondant à l'énergie consommée d'une puissance de 1 watt durant 1 seconde. En toute rigueur, les statistiques relatives à l'énergie devraient toujours être exprimées en joules. A défaut, le kilowattheure peut être utilisé, sachant que 1 kWh = 3 600 000 J.

KILOWATT (kW) : voir *Watt*.

KILOWATTHEURE (kWh) : unité mesurant l'énergie, qui correspond à la quantité d'énergie consommée par un appareil d'une puissance de 1 kilowatt fonctionnant pendant 1 heure (ne pas écrire kW/h, erreur fréquente même dans des publications techniques). Couramment utilisée pour l'électricité, elle peut aussi l'être pour les autres formes d'énergie.

Ses multiples les plus usuels sont le mégawattheure (1 MWh = 1 000 kWh), le gigawattheure (1 GWh = 10^6 kWh) et le térawattheure (1 TWh = 10^9 kWh). La consommation moyenne d'électricité d'un Français est d'environ 7 000 kilowattheures par an.

MÉGATONNE ÉQUIVALENT PÉTROLE (Mtep) : voir *Tonne équivalent pétrole (tep)*.

MÉGAWATT (MW) : voir *Watt*.

MÉGAWATTHEURE (MWh) : voir *Kilowattheure*.

MÉTHANATION : procédé de production de méthane synthétique par la réaction chimique, dite “de Sabatier”, entre de l’hydrogène et du gaz carbonique. L’hydrogène peut être obtenu par électrolyse de l’eau et le gaz carbonique peut être extrait du biogaz brut qui en contient 40 % ou bien capturé à la sortie d’une unité de combustion (chaufferie, process industriel, etc.).

MÉTHANE : le plus simple des composés organiques de la famille des hydrocarbures, c’est-à-dire contenant des atomes d’hydrogène (H) et de carbone (C). Sa formule chimique est CH_4. Il se présente sous forme d’un gaz qui peut être fossile (le “gaz naturel”) ou renouvelable. Dans ce dernier cas, il peut être d’origine biologique (biométhane ou biogaz obtenu par méthanisation) ou obtenu par synthèse (gazéification ou méthanation).

MÉTHANISATION : procédé de production de méthane renouvelable biologique par fermentation anaérobie (en l’absence d’oxygène) de matières organiques dans un réacteur, dans des conditions de température et d’humidité contrôlées. Les matières solides restantes constituent un digestat utilisable comme amendement organique et proche du compost.

NÉGAWATT : mot inventé par l’expert américain des stratégies énergétiques Amory B. Lovins, fondateur du Rocky Mountain Institute, pour désigner de manière globale l’énergie non consommée ou économisée par des actions de sobriété ou d’efficacité.

PLUIES ACIDES : acidification de l’eau de pluie, due à une trop forte présence de polluants atmosphériques, notamment les oxydes d’azote, causant des dégâts aux forêts et aux sols, et apparue de manière extrêmement grave dans les années 1980, notamment en Europe et en Amérique du Nord. Un traité international signé en 1988 a permis de limiter les émissions en cause et le phénomène s'est plus ou moins stabilisé sans disparaître pour autant.

PUISSANCE : la puissance est une quantité d'énergie par unité de temps. L'unité de puissance est le watt (W), qui correspond à une énergie de 1 joule* pendant 1 seconde. Par exemple, une ampoule d'une puissance de 20 watts utilisée durant 100 heures va consommer 2 kilowattheures.

RT 2012 : réglementation exigeant que les bâtiments neufs respectent un niveau de performance énergétique pour le chauffage, l'eau chaude sanitaire, l'éclairage, la ventilation et les auxiliaires de chauffage (pompes, circulateurs). La RT 2012, issue des décisions du Grenelle de l'environnement, généralise les bâtiments à basse consommation.

SURFACE AGRICOLE UTILE (SAU) : surface destinée à la production agricole, généralement subdivisée en trois grandes catégories : les terres arables (grandes cultures, cultures maraîchères, prairies artificielles…), les surfaces toujours en herbe (prairies permanentes, alpages) et les cultures pérennes (vignes, vergers…). Le développement de cultures énergétiques peut bien sûr avoir un impact négatif sur la SAU.

TÉRAWATTHEURE (TWh) : voir *Kilowattheure*.

TONNE ÉQUIVALENT PÉTROLE (tep) : unité conventionnelle de consommation d'énergie (elle ne fait pas partie du système métrique international) utilisée par les économistes, correspondant à l'énergie moyenne contenue dans 1 tonne de pétrole.

Ses multiples sont les kilotonnes équivalent pétrole (1 ktep = 1 000 tep) et les mégatonnes équivalent pétrole (1 Mtep = 10^6 tep).

WATT (W) : unité de puissance dans le système métrique international, correspondant à une énergie de 1 joule pendant 1 seconde. Ses multiples usuels sont le kilowatt (1 kW = 1 000 W), le mégawatt (1 MW = 10^6 W ou 1 000 kW), le gigawatt (1 GW = 10^9 W ou 10^6 kW).

1210. CLAUDE LORIUS ET LAURENT CARPENTIER
Voyage dans l'Anthropocène

1211. ROLAND GORI
La Dignité de penser

1212. JEREMY RIFKIN
La Troisième Révolution industrielle

1213. JEAN-LOUIS GOURAUD
Le Pérégrin émerveillé

1214. OLIVIER ASSOULY
Les Nourritures divines

1215. YÔKO OGAWA
La Mer

1216. KHALIL GIBRAN
Les Ailes brisées

1217. YU HUA
La Chine en dix mots

1218. IMRE KERTÉSZ
Dossier K.

1219. VÉRONIQUE MORTAIGNE
Cesaria Evora

1220. SHABESTARÎ
La Roseraie du Mystère

1221. JUNAYD
Enseignement spirituel

1222. CAROLE ZALBERG
Mort et vie de Lili Riviera

1223. ANNA ENQUIST
Contrepoint

1224. AKIRA YOSHIMURA
Un spécimen transparent

1225. JUSTIN CARTWRIGHT
La Promesse du bonheur

1226. AREZKI MELLAL
Maintenant, ils peuvent venir

1227. JEAN CLAUDE AMEISEN
Sur les épaules de Darwin. Les battements du temps

1228. JOSEPH E. STIGLITZ
Le Prix de l'inégalité

1229. MARIE GROSMAN ET ROGER LENGLET
Menace sur nos neurones

1230. FRANCIS HALLÉ
La Condition tropicale

1231. DAVID VAN REYBROUCK
Contre les élections

1232. HÉLÈNE FRAPPAT
Inverno

1233. HÉLÈNE GAUDY
Si rien ne bouge

1234. RÉGINE DETAMBEL
Opéra sérieux

1235. ÉRIC VUILLARD
La Bataille d'Occident

1236. ANNE DELAFLOTTE MEHDEVI
Fugue

1237. ALEX CAPUS
Léon et Louise

1238. CLAUDIA PIÑEIRO
Les Veuves du jeudi

1239. MIEKO KAWAKAMI
Seins et Œufs

1240. HENRY BAUCHAU
L'Enfant rieur

1241. CLAUDE PUJADE-RENAUD
Dans l'ombre de la lumière

1242. LYNDA RUTLEDGE
Le Dernier Vide-Grenier de Faith Bass Darling

1243. FABIENNE JUHEL
La Verticale de la lune

1244. W. G. SEBALD
De la destruction

1245. HENRI, JEAN-LOUIS ET PASCAL PUJOL
Question(s) cancer

1246. JOËL POMMERAT
Le Petit Chaperon rouge

1247. JÉRÔME FERRARI
Où j'ai laissé mon âme

1248. LOLA LAFON
Nous sommes les oiseaux de la tempête qui s'annonce

1249. JEANNE BENAMEUR
Profanes

1250. PATRICK DEWITT
Les Frères Sisters

1251. ALAN DUFF
Un père pour mes rêves

1252. JAN GUILLOU
Les Ingénieurs du bout du monde

1253. METIN ARDITI
Prince d'orchestre

1254. DON DELILLO
Great Jones Street

1255. ROOPA FAROOKI
Le Choix de Goldie

1256. MARIA ERNESTAM
Toujours avec toi

1257. JEAN-YVES LOUDE
Lisbonne, dans la ville noire

1258. PRALINE GAY-PARA
Contes très merveilleux

1259. MATHIAS ENARD
Rue des Voleurs

1260. LAURENT GAUDÉ
Pour seul cortège

1261. WAJDI MOUAWAD
Anima

1262. ÉRIC VUILLARD
Congo

1263. CÉLINE CURIOL
L'Ardeur des pierres

1264. ANNE PERCIN
Le Premier Été

1265. LAURENCE VILAINE
Le silence ne sera qu'un souvenir

1266. CÉCILE LADJALI
Louis et la Jeune Fille

1267. PHILIPPE DE LA GENARDIÈRE
Le Roman de la communauté

1268. YÔKO OGAWA
Les Tendres Plaintes

1269. HANAN EL-CHEIKH
Toute une histoire

1270. HERBJØRG WASSMO
Un verre de lait, s'il vous plaît

1271. JAUME CABRÉ
L'Ombre de l'eunuque

1272. JEAN-CLAUDE GRUMBERG
45 ça va

1273. ANDRÉ BRINK
Mes bifurcations

1274. PAUL AUSTER
Chronique d'hiver

1275. JÉRÔME FERRARI
Variétés de la mort

1276. ALICE FERNEY
Cherchez la femme

1277. CLAUDIE GALLAY
Une part de ciel

1278. FLEMMING JENSEN
Le Blues du braqueur de banque

1279. DAVID VAN REYBROUCK
Congo. Une histoire

1280. ANNE MARTIN-FUGIER
Galeristes

1281. ANTON TCHEKHOV
Platonov

1282. AHMED KALOUAZ
À l'ombre du jasmin

1283. HUGH HOWEY
Silo

1284. NAGUIB MAHFOUZ
Karnak Café

1285. INTERNATIONALE DE L'IMAGINAIRE N° 29
Alerte : patrimoine immatériel en danger

1286. AKI SHIMAZAKI
Tonbo

1287. LAURENT GAUDÉ
Onysos le furieux

1288. RAPHAËLLE RIOL
Amazones

1289. ANTOINE PIAZZA
Un voyage au Japon

1290. RUSSELL BANKS
La Relation de mon emprisonnement

1291. KAMEL DAOUD
La Préface du nègre

1292. MARC BIANCARELLI
Murtoriu

1293. FERNANDO MARÍAS
Je vais mourir cette nuit

1294. TOMAS ESPEDAL
Marcher

1295. SIRI HUSTVEDT
Vivre, penser, regarder

1296. MARILYNNE ROBINSON
Gilead

1297. MICHEL TREMBLAY
La Traversée du continent

1298. CAROLINE DE MULDER
Ego tango

1299. KAOUTAR HARCHI
L'Ampleur du saccage

1300. VALENTINE GOBY
Kinderzimmer

1301. CAROLE ZALBERG
Chez eux

1302. CATHERINE O'FLYNN
Ce qui était perdu

1303. BILL CLEGG
Portrait d'un fumeur de crack en jeune homme

1304. JEAN-PAUL FITOUSSI
Le Théorème du lampadaire

1305. LES ÉCONOMISTES ATTERRÉS
Changer l'Europe !

1306. MARIE-SABINE ROGER
Bon rétablissement

1307. PIERRE LOTI
Les Désenchantées

1308. ALAIN QUELLA-VILLÉGER
Évadées du harem

1309. CLAUDIA PIÑEIRO
Bétibou

1310. JESPER MALMOSE
Borgen

1311. FRANS DE WAAL
Le Bonobo, Dieu et nous

1312. ROLAND GORI
La Fabrique des imposteurs

1313. JOËL POMMERAT
Pinocchio

1314. MILTON HATOUM
Deux frères

1315. CLAUDIE GALLAY
L'amour est une île

1316. NANCY HUSTON
Danse noire

1317. RAPHAËL JERUSALMY
La Confrérie des chasseurs de livres

1318. PASCAL MORIN
Comment trouver l'amour à cinquante ans quand on est parisienne (et autres questions capitales)

1319. LOLA LAFON
La Petite Communiste qui ne souriait jamais

1320. E. L. DOCTOROW
Homer & Langley

1321. CHI LI
Les Sentinelles des blés

1322. EDWARD KELSEY MOORE
Les Suprêmes

1323. OLIVIER BARDE-CABUÇON
Les Adieux à l'Empire

1324. FRÉDÉRIQUE DEGHELT
Les Brumes de l'apparence

1325. W. R. BURNETT
Terreur apache

1326. PETER HELLER
La Constellation du Chien

1327. JAMES S. A. COREY
L'Éveil du Léviathan

1328. JEANNE BENAMEUR
Pas assez pour faire une femme

1329. SYLVAIN PATTIEU
Des impatientes

1330. ÉRIC VUILLARD
Conquistadors

1331. MATHIEU LARNAUDIE
Strangulation

1332. LOÏC MERLE
L'Esprit de l'ivresse

1333. CLARO
Tous les diamants du ciel

1334. ANNE-MARIE GARAT
Amours de loin

1335. NATHALIE DÉMOULIN
La Grande Bleue

1336. OLIVER ROHE
Ma dernière création est un piège à taupes

1337. DAVID GILBERT
Les Normaux

1338. JAVIER CERCAS
Les Lois de la frontière

1339. JAN GUILLOU
Les Dandys de Manningham

1340. YÔKO OGAWA
Le Petit Joueur d'échecs

1341. JEAN CLAUDE AMEISEN
Sur les épaules de Darwin. Je t'offrirai des spectacles admirables

1342. THOMAS PIKETTY
Chroniques 2004-2012

1343. PIERRE RABHI
Éloge du génie créateur de la société civile

1344. ALAA EL ASWANY
Automobile Club d'Égypte

1345. LÁSZLÓ KRASZNAHORKAI
Guerre & guerre

1346. MARIA ERNESTAM
Le Peigne de Cléopâtre

1347. WLADIMIR ET OLGA KAMINER
La Cuisine totalitaire

1348. MARTA MORAZZONI
La Note secrète

1349. FRÉDÉRIC LORDON
La Malfaçon

OUVRAGE RÉALISÉ
PAR L'ATELIER GRAPHIQUE ACTES SUD
REPRODUIT ET ACHEVÉ D'IMPRIMER
EN FÉVRIER 2019
PAR NORMANDIE ROTO IMPRESSION S.A.S.
À LONRAI
POUR LE COMPTE DES ÉDITIONS
ACTES SUD
LE MÉJAN
PLACE NINA-BERBEROVA
13200 ARLES

DÉPÔT LÉGAL
1re ÉDITION : OCTOBRE 2015
No impr. : 1900500
(Imprimé en France)